▶▶ 光盘主要内容

本光盘为《计算机应用案例教程系列》丛书的配套多媒体教学光盘,光盘中的内容包括18 小时与图书内容同步的视频教学录像和相关素材文件。光盘采用真实详细的操作演示方式,详细讲解了电脑以及各种应用软件的使用方法和技巧。此外,本光盘附赠大量学习资料,其中包括 3 ～ 5 套与本书内容相关的多媒体教学演示视频。

▶▶ 光盘操作方法

将 DVD 光盘放入 DVD 光驱,几秒钟后光盘将自动运行。如果光盘没有自动运行,可双击桌面上的【我的电脑】或【计算机】图标,在打开的窗口中双击 DVD 光驱所在盘符,或者右击该盘符,在弹出的快捷菜单中选择【自动播放】命令,即可启动光盘进入多媒体互动教学光盘主界面。

光盘运行后会自动播放一段片头动画,若您想直接进入主界面,可单击鼠标跳过片头动画。

▶▶ 光盘运行环境

- ● 赛扬 1.0GHz 以上 CPU
- ● 512MB 以上内存
- ● 500MB 以上硬盘空间
- ● Windows XP/Vista/7/8 操作系统
- ● 屏幕分辨率 1280×768 以上
- ● 8 倍速以上的 DVD 光驱

U0284002

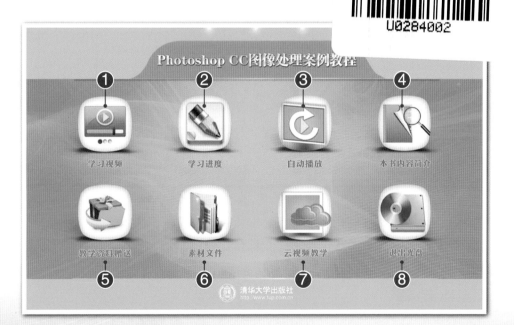

① 进入普通视频教学模式　② 进入学习进度查看模式　③ 进入自动播放演示模式　④ 阅读本书内容介绍

⑤ 打开赠送的学习资料文件夹　⑥ 打开素材文件夹　⑦ 进入云视频教学界面　⑧ 退出光盘学习

[光盘使用说明]

▶▶ 普通视频教学模式

▶▶ 学习进度查看模式

▶▶ 自动播放演示模式

▶▶ 赠送的教学资料

▶ 360安全卫士

▶ 下载手机应用程序

▶ 有道词典翻译软件

▶ 使用鲁大师检测硬件

▶ 驱动精灵软件

▶ 使用魔方优化大师

▶ 刷机精灵软件

▶ 一键Root大师

▶ 磁盘分区软件

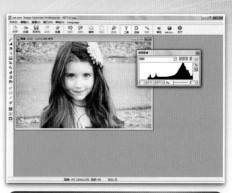

▶ 图像压缩软件

▶ 使用ACDSee浏览图片

▶ 木马专家2016

▶ 搜狗输入法软件

▶ 广告清理软件

▶ 视频编辑专家

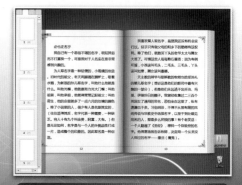

▶ 阅读图书

计算机应用案例教程系列

计算机常用工具软件案例教程

于冬梅◎编著

清华大学出版社

北京

内 容 简 介

本书是《计算机应用案例教程系列》丛书之一，全书以通俗易懂的语言、翔实生动的案例，全面介绍了计算机常用工具软件的使用方法与相关技巧。本书共分 12 章，涵盖了工具软件基础知识，硬件管理工具软件，学习与阅读工具软件，文件管理工具软件，磁盘管理工具软件，图形图像处理工具软件，多媒体管理工具软件，网络应用与通信工具软件，系统维护工具软件，虚拟设备工具软件，安全防范工具软件和手机管理工具软件等内容。

本书内容丰富，图文并茂，双栏紧排，附赠的光盘中包含书中实例素材文件、18 小时与图书内容同步的视频教学录像以及 3~5 套与本书内容相关的多媒体教学视频，方便读者扩展学习。本书具有很强的实用性和可操作性，是一本适合于高等院校及各类社会培训学校的优秀教材，也是广大初中级计算机用户和不同年龄阶段计算机爱好者学习计算机知识的首选参考书。

本书对应的电子教案可以到 http://www.tupwk.com.cn/teaching 网站下载。

图书在版编目(CIP)数据

计算机常用工具软件案例教程 / 于冬梅　编著.—北京：清华大学出版社，2016（2025.1重印）

（计算机应用案例教程系列）

ISBN 978-7-302-44536-4

Ⅰ. ①计… Ⅱ. ①于… Ⅲ. ①工具软件－教材 Ⅳ. ①TP311.56

中国版本图书馆 CIP 数据核字(2016)第 174437 号

责任编辑：胡辰浩　袁建华
版式设计：妙思品位
封面设计：孔祥峰
责任校对：曹　阳
责任印制：丛怀宇

出版发行：清华大学出版社
　　　　　网　　　址：https://www.tup.com.cn，https://www.wqxuetang.com
　　　　　地　　　址：北京清华大学学研大厦 A 座　　　　邮　　编：100084
　　　　　社 总 机：010-83470000　　　　　　　　　　邮　　购：010-62786544
　　　　　投稿与读者服务：010-62776969，c-service@tup.tsinghua.edu.cn
　　　　　质 量 反 馈：010-62772015，zhiliang@tup.tsinghua.edu.cn
　　　　　课 件 下 载：https://www.tup.com.cn，010-62794504
印 装 者：天津鑫丰华印务有限公司
经　　销：全国新华书店
开　　本：185mm×260mm　　　　印　　张：19　　　　字　　数：486 千字
　　　　　（附光盘 1 张）
版　　次：2016 年 7 月第 1 版　　　印　　次：2025 年 1 月第 10 次印刷
定　　价：69.00 元

产品编号：067994-03

前言

熟练使用计算机已经成为当今社会不同年龄层次的人群必须掌握的一门技能。为了使读者在短时间内轻松掌握计算机各方面应用的基本知识，并快速解决生活和工作中遇到的各种问题，清华大学出版社组织了一批教学精英和业内专家特别为计算机学习用户量身定制了这套《计算机应用案例教程系列》丛书。

丛书、光盘和教案定制特色

▶ 选题新颖，结构合理，为计算机教学量身打造

本套丛书注重理论知识与实践操作的紧密结合，同时贯彻"理论+实例+实战"3 阶段教学模式，在内容选择、结构安排上更加符合读者的认知习惯。从而达到老师易教、学生易学的目的。丛书完全以高等院校、职业学校及各类社会培训学校的教学需要为出发点，紧密结合学科的教学特点，由浅入深地安排章节内容，循序渐进地完成各种复杂知识的讲解，使学生能够一学就会、即学即用。

▶ 版式紧凑，内容精炼，案例技巧精彩实用

本套丛书采用双栏紧排的格式，合理安排图与文字的占用空间。其中 290 多页的篇幅容纳了传统图书一倍以上的内容，从而在有限的篇幅内为读者奉献更多的计算机知识和实战案例。丛书内容丰富，信息量大，章节结构完全按照教学大纲的要求来安排，并细化了每一章的内容，符合教学需要和计算机用户的学习习惯。书中的案例通过添加大量的"知识点滴"和"实用技巧"的注释方式突出重要知识点，使读者轻松领悟每一个案例的精髓所在。

▶ 书盘结合，素材丰富，全方位扩展知识能力

本套丛书附赠一张精心开发的多媒体教学光盘，其中包含了 18 小时左右与图书内容同步的视频教学录像。光盘采用真实详细的操作演示方式，紧密结合书中的内容对各个知识点进行深入的讲解，读者只需要单击相应的按钮，即可方便地进入相关程序或执行相关操作。附赠光盘收录书中实例视频、素材文件以及 3~5 套与本书内容相关的多媒体教学视频。

▶ 在线服务，贴心周到，方便老师定制教案

本套丛书精心创建的技术交流 QQ 群(101617400、2463548)为读者提供 24 小时便捷的在线交流服务和免费教学资源。便捷的教材专用通道(QQ：22800898)为老师量身定制实用的教学课件。老师也可以登录本丛书的信息支持网站(http://www.tupwk.com.cn/teaching)下载图书的相关教学资源。

本书内容介绍

《计算机常用工具软件案例教程》是这套丛书中的一本，该书从读者的学习兴趣和实际需求出发，合理安排知识结构，由浅入深、循序渐进，通过图文并茂的方式讲解计算机常用工具软件的基础知识和操作方法。全书共分为 12 章，主要内容如下。

第 1 章：介绍计算机工具软件基础知识相关内容。

第 2 章：介绍计算机硬件管理工具软件的操作方法和技巧。

第 3 章：介绍计算机学习与阅读工具软件的操作方法和技巧。

第 4 章：介绍计算机文件管理工具软件的操作方法和技巧。

第 5 章：介绍计算机磁盘管理工具软件的操作方法和技巧。

第 6 章：介绍计算机图形图像处理工具软件的操作方法和技巧。

第 7 章：介绍计算机多媒体管理工具软件的操作方法和技巧。

第 8 章：介绍计算机网络应用与通信工具软件的操作方法和技巧。

第 9 章：介绍计算机系统维护工具软件的操作方法和技巧。

第 10 章：介绍计算机虚拟设备工具软件的操作方法和技巧。

第 11 章：介绍计算机安全防范工具软件的操作方法和技巧。

第 12 章：介绍手机管理工具软件的操作方法和技巧。

读者定位和售后服务

本套丛书为所有从事计算机教学的老师和自学人员而编写，是一套适合于高等院校及各类社会培训学校的优秀教材，也可作为计算机初中级用户和计算机爱好者学习计算机知识的首选参考书。

如果您在阅读图书或使用电脑的过程中有疑惑或需要帮助，可以登录本丛书的信息支持网站(http://www.tupwk.com.cn/teaching)或通过 E-mail(wkservice@vip.163.com)联系，本丛书的作者或技术人员会提供相应的技术支持。

除封面署名的作者外，参加本书编写的人员还有陈笑、曹小震、高娟妮、李亮辉、洪妍、孔祥亮、陈跃华、杜思明、熊晓磊、曹汉鸣、陶晓云、王通、方峻、李小凤、曹晓松、蒋晓冬、邱培强等。由于作者水平所限，本书难免有不足之处，欢迎广大读者批评指正。我们的邮箱是 huchenhao@263.net，电话是 010-62796045。

最后感谢您对本丛书的支持和信任，我们将再接再厉，继续为读者奉献更多、更好的优秀图书，并祝愿您早日成为计算机的应用高手！

《计算机应用案例教程系列》丛书编委会

2016 年 5 月

目录

第1章

工具软件基础知识

　　软件是用户与硬件之间的接口界面，是计算机系统设计的重要依据，用户主要通过软件与计算机进行交流。为了方便用户，同时也为了使计算机系统具有较高的总体效果，在设计计算机系统时，设计者必须全局考虑软件与硬件的结合，以及用户和软件的要求。

对应光盘视频

例 1-1　下载并安装"迅雷 7"软件

1.1 软件基础知识

软件是按照特定顺序组织在一起的一系列计算机数据和指令的集合。而计算机中的软件不仅指运行的程序，也包括各种关联的文档。作为人类创造的诸多知识的一种，软件同样需要知识产权的保护。根据计算机软件的用途来划分，可以将其分为系统软件和应用软件两大类。

1.1.1 系统软件

系统软件的作用是协调各部分硬件的工作，并为各种应用软件提供支持，将计算机当作一个整体，不需要了解计算机底层的硬件工作内容，即可使用这些硬件来实现各种功能。

系统软件主要包括操作系统和一些基本的工具软件，如各种编程语言的编译软件，硬件的检测与维护软件以及其他一些针对操作系统的辅助软件等。

目前，操作系统主要类型包括微软的Windows、苹果的Mac OS以及UNIX、Linux等，这些操作系统所适用的用户也不尽相同，计算机用户可以根据自己的实际需要选择不同的操作系统，下面将分别对几种操作系统进行简单介绍。

1. Windows 7 操作系统

Windows 7 系统是由微软公司开发的一款操作系统。该系统旨在让人们的日常计算机操作变得更加简单和快捷，为人们提供高效易行的工作环境。Windows 7 系统和以前的系统相比，具有很多优点：更快的速度和性能，更个性化的桌面，更强大的多媒体功能，Windows Touch 带来极致触摸操控体验，Home groups 和 Libraries 简化局域网共享，全面革新的用户安全机制，超强的硬件兼容性，革命性的工具栏设计等。

> **知识点滴**
>
> 2015 年 1 月 13 日，微软正式终止了对 Windows 7 的主流支持，但仍然继续为 Windows 7 提供安全补丁支持，直到 2020 年 1 月 14 日正式结束对 Windows 7 的所有技术支持。

2. Windows 8 操作系统

Windows 8 是由微软公司开发的、具有革命性变化的操作系统，Windows 8 系统支持来自 Intel、AMD 和 ARM 的芯片架构，这意味着 Windows 系统开始向更多平台迈进，包括平板计算机和 PC。作为目前最新的操作系统，Windows 8 增加了很多实用功能，主要包括全新的 Metro 界面、内置 Windows 应用商品、应用程序的后台常驻、资源管理器采用"Ribbon"界面、智能复制、IE10 浏览器、内置 pdf 阅读器、支持 ARM 处理器和分屏多任务处理界面等。

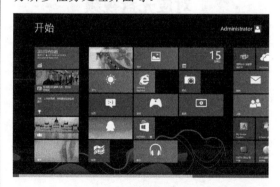

3. Windows 10 操作系统

在正式版本发布一年内，所有符合条件的 Windows 7、Windows 8.1 的用户都将可以免费升级到 Windows 10，所有升级到 Windows 10 的设备，微软都将提供永久生命周期的支持。Windows 10 是微软发布的最后一个独立 Windows 版本，下一代 Windows 将作为更新形式出现。2015 年 11 月 12 日，Windows 10 的首个重大更新 TH2(版本 1511，10.0.10586)正式推送，所有 Windows10 用户均可升级至此版本。

4. Windows Server 2008 操作系统

WindowsServer 2008 是微软的一个服务器操作系统，它继承了 Windows Server 2003 的优良特性。使用 Windows Server 2008 可以使 IT 专业人员对服务器和网络基础结构的控制能力更强。Windows Server 2008 通过加强操作系统和保护网络环境提高了系统的安全性，通过加快 IT 系统的部署与维护，使服务器和应用程序的合并与虚拟化更加简单，同时，为用户特别是为 IT 专业人员提供了直观、灵活的管理工具。

知识点滴

Windows Server 2008 的主要优点有：更强的控制能力，更安全的保护，更大的灵活性，更快的关机服务等。

5. Windows Server 2012 操作系统

Windows Server 2012(开发代号：Windows Server 8)是微软的一个服务器系统。这是 Windows 8 的服务器版本，并且是 Windows Server 2008 R2 的继任者。该操作系统已经在 2012 年 8 月 1 日完成编译 RTM 版，并且在 2012 年 9 月 4 日正式发售。Windows Server 2012 操作系统有 Foundation、Essentials、Standard 以及 Data center 这 4 个版本。

▶ Windows Server 2012 Essentials 面向中小企业，用户限定在 25 位以内，该版本简化了界面，预先配置云服务连接，不支持虚拟化。

▶ Windows Server 2012 标准版提供完整的 Windows Server 功能，限制使用两台虚拟主机。

▶ Windows Server 2012 数据中心版提供完整的 Windows Server 功能，不限制虚拟主机数量。

▶ Windows Server 2012 Foundation 版本仅提供给 OEM 厂商，限定用户 15 位，提供通用服务器功能，不支持虚拟化。

6. Mac OS 操作系统

Mac OS 是一套运行于苹果 Macintosh 系列计算机上的操作系统。Mac OS 是首个在商用领域成功的图形用户界面。现行的最新的系统版本是 OS X 10.10 Yosemite，并且网上也有在 PC 上运行的 Mac 系统，简称 Mac PC。

Mac OS 系统具有以下 4 个特点：

▶ 全屏模式：全屏模式是 Mac OS 操作系统中最为重要的功能。一切应用程序均可以在全屏模式下运行。这并不意味着窗口模式将消失，而是表明在未来有可能实现完全的网格计算。iLife 11 的用户界面也表明了这一点。这种用户界面将极大简化计算机的使用，减少多个窗口带来的困扰。它将使用户获得与 iPhone、iPod touch 和 iPad 用户相同的体验。

▶ 任务控制：任务控制整合了 Dock 和控制面板，可以窗口和全屏模式查看应用。

▶ 快速启动面板：Mac OS 系统的快速启动面板的工作方式与 iPad 完全相同。它以类似于 iPad 的用户界面显示计算机中安装的一切应用，并通过 App Store 进行管理。用户可滑动鼠标，在多个应用图标界面间切换。

▶ Mac App Store 应用商店：Mac App Store 的工作方式与 iOS 系统的 App Store 完全相同。它们具有相同的导航栏和管理方式。这意味着，无需对应用进行管理。当用户从

该商店购买一个应用后，Mac 计算机会自动将它安装到快速启动面板中。

7. Linux 操作系统

Linux 是一套免费使用和自由传播的类 Unix 操作系统，是一个基于 POSIX 和 Unix 的多用户、多任务、支持多线程和多 CPU 的操作系统。能运行主要的 Unix 工具软件、应用程序和网络协议。它支持 32 位和 64 位硬件。Linux 继承了 Unix 以网络为核心的设计思想，是一个性能稳定的多用户网络操作系统。

Linux 操作系统诞生于 1991 年 10 月 5 日(这是第一次正式向外公布时间)。Linux 存在着许多不同的 Linux 版本，但都使用了 Linux 内核。Linux 可安装在各种计算机硬件设备中，比如手机、平板电脑、路由器、视频游戏控制台、台式计算机和超级计算机等。

1.1.2 程序设计语言

程序设计语言用于书写计算机程序的语言。语言的基础是一组记号和一组规则。根据规则由记号构成的记号串的总体就是语言。在程序设计语言中，这些记号串就是程序。程序设计语言有 3 个方面的因素，即语法、语义和语用。语法表示程序的结构或形式，亦即表示构成语言的各个记号之间的组合规律，但不涉及这些记号的特定含义，也不涉及使用者。语义表示程序的含义，亦即

表示按照各种方法所表示的各个记号的特定含义，但不涉及使用者。

程序设计语言的发展经历了5代，机器语言、汇编语言、高级语言、非过程化语言和智能化语言，其具体情况如下所示。

➤ 机器语言：机器语言是用二进制代码指令表达的计算机语言，其指令是用0和1组成的一串代码，它们有一定的位数，并分成若干段，各段的编码表示不同的含义，例如某计算机字长为16位，即有16个二进制数组成一条指令或其他信息。16个0和1可组成各种排列组合，通过线路变成电信号，让计算机执行各种不同的操作。

➤ 汇编语言：是机器指令的符号化，与机器指令存在着直接的对应关系，所以汇编语言同样存在着难学难用、容易出错、维护困难等缺点。但是汇编语言也有自己的优点：可直接访问系统接口，汇编程序翻译成的机器语言程序的效率高。从软件工程角度来看，只有在高级语言不能满足设计要求，或不具备支持某种特定功能的技术性能(如特殊的输入输出)时，汇编语言才被使用。

➤ 高级语言：是面向用户的、基本上独立于计算机种类和结构的语言。其最大的优点是，形式上接近于算术语言和自然语言，概念上接近于人们通常使用的概念。高级语言的一个命令可以代替几条、几十条甚至几百条汇编语言的指令。因此，高级语言易学易用，通用性强，应用广泛。高级语言种类繁多，可以从应用特点和对客观系统的描述两个方面对其进一步分类。

➤ 非过程化语言：4GL是非过程化语言，编码时只需说明"做什么"，不需描述算法细节。数据库查询和应用程序生成器是4GL的两个典型应用。用户可以用数据库查询语言(SQL)对数据库中的信息进行复杂的操作。用户只需将要查找的内容在什么地方、根据条件进行查找等信息告诉SQL，SQL将自动完成查找过程。第四代语言大多是指基于某种语言环境上具有4GL特征的

软件工具产品，如SystemZ、PowerBuilder、FOCUS等。第四代程序设计语言是面向应用，为最终用户设计的一类程序设计语言。它具有缩短应用开发过程、降低维护代价、最大限度地减少调试过程中出现的问题等优点。

➤ 智能化语言：主要是为人工智能领域设计的，如知识库系统、专家系统、推理工程、自然语言处理等。

1.1.3 语言处理程序

计算机只能直接识别和执行机器语言，因此要在计算机上运行高级语言程序就必须配置程序语言翻译程序，即编译程序。编译软件把一个源程序翻译成目标程序的工作过程分为5个阶段：词法分析、语法分析、语义检查和中间代码生成、代码优化、目标代码生成。编译主要是进行词法分析和语法分析，又称为源程序分析。在分析过程中，若发现有语法错误，则会给出提示信息。

1.1.4 数据库管理程序

数据库是以一定的组织方式存储起来的、具有相关性的数据的集合。数据库管理系统是在具体计算机上实现数据库技术的系统软件，由它来实现用户对数据库的建立、管理、维护和使用等功能。目前流行的数据库管理系统软件有Access、Oracle、SQL Server、DB2等。

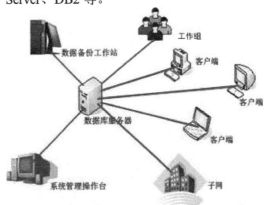

1.1.5 应用程序

所谓应用程序，是指除了系统软件以外的所有软件，它是用户利用计算机及其提供的系统软件为解决各种实际问题而编制的计算机程序。由于计算机已渗透到了各个领域，因此，应用软件是多种多样的。

目前，常见的应用软件有各种用于科学计算的程序包、各种字处理软件、信息管理软件、计算机辅助设计教学软件、实时控制软件和各种图形软件等。

应用软件是指为了完成某些工作而开发的一组程序，它能够为用户解决各种实际问题。下面列举几种应用软件。

1. 用户程序

用户程序是用户为了解决特定的具体问题而开发的软件。编写用户程序时应充分利用计算机系统的各种现有软件，在系统软件的和应用软件包的支持下可以更方便、有效地研制用户专用程序，例如火车站或汽车站的票务管理系统、人事管理部门的人事管理系统、财务部门的财务管理系统等。

2. 办公类软件

办公室软件主要指用于文字处理，电子表格制作、幻灯片制作、简单数据库处理等的软件，在这类软件中，最常用的办公软件套装有金山 WPS 和 Microsoft 公司的 Office

系列软件。

3. 图像处理软件

图像处理软件主要用于编辑或处理图形图像文件，应用于平面设计、三维设计、影视制作等领域、如 Photoshop、CorelDRAW、会声会影、美图秀秀等。

4. 媒体播放器

媒体播放器是指计算机中用于播放多媒体的软件，包括网页、音乐、视频和图片 4 类播放器软件，如 Windows Media Player、迅雷看看、暴风影音、Flash 播放器。

5. 安全软件

安全软件是指辅助用户管理计算机安全的软件程序，广义的安全软件用途十分广泛，主要包括防止病毒传播，防护网络攻击，屏蔽网页木马和危害性脚本，以及清理流氓软件。

常用的安全软件很多，如防止病毒传播的卡巴斯基个人安全套装、防止网络攻击的天网防火墙，以及清理流氓软件的恶意软件清理助手等。多数安全软件的功能并非唯一的，既可以防止病毒传播，也可以防护网络攻击，如"360 安全卫士"既可以防止一些有害插件、木马，还可以清理计算机中的一些垃圾等。

6. 桌面工具

桌面工具主要是指一些应用于桌面的小型软件，可以帮助用户实现一些简单而琐碎的功能，提高用户使用计算机的效率或为用户带来一些简单而有趣的体验。例如，帮助用户定时清理桌面、进行四则运算、即时翻译单词和语句、提供日历和日程提醒、改变操作系统的界面外观等。

在各种桌面工具中，最著名且常用的就是微软在 Windows 中提供的各种附件了，包括计算器、画图、记事本、放大镜等。除此之外，Windows 7 还提供了一些桌面小工具。

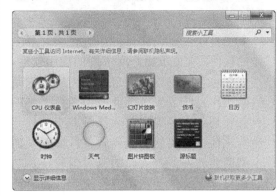

7. 行业软件

行业软件是指针对特定行业，具有明显行业特点的软件。随着办公自动化的普及，越来越多的行业软件被应用到生产活动中。常用的行业软件包含各种股票分析软件、列车时刻查询软件、科学计算软件、辅助设计软件等。

行业软件的产生和发展，极大地提高了各种生产活动的效率。尤其计算机辅助设计软件的出现，使工业设计人员从大量繁复的绘图中解脱出来。最著名的计算机辅助设计软件是 AutoCAD。

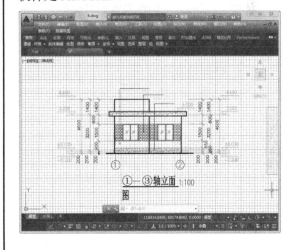

1.2 工具软件概述

工具软件用来辅助人们学习、工作、软件开发、生活娱乐等各方面。使用工具软件能提高工作、生产、学习等效率。

1.2.1 工具软件简介

工具软件是在计算机中进行学习和工作的软件，类似于用户所了解的应用软件，不仅仅包含应用软件所包含的内容。它是指除操作系统、大型商业应用软件之外的一些软件。大多数工具软件是共享软件、免费软件、自由软件或者软件厂商开发的小型商业软件。其代码的编写量较小，功能相对单一，但却是用户解决一些特定问题的有力工具。工具软件包括 Ultra Edit 文本编辑器、WinRAR 解压缩软件、QQ 音乐播放器等。

工具软件有着广阔的发展空间，是计算机技术中不可缺少的组成部分。许多看似复杂繁琐的事情，只要找对了相应的工具软件都可以轻易地解决，如查看 CPU 信息、整理内存、优化系统、播放在线视频文件、在线英文翻译等。

1.2.2 工具软件的分类

针对计算机应用及各行业领域，有着不同的应用、管理、维护等的工具软件。下面通过一些简单的分类来了解工具软件所包含的内容。

1. 硬件检测软件

硬件检测软件主要进行出厂、型号、运转情况等的优化、查看、管理等信息的处理，例如 CPU-Z 软件便是一款专门用于检测 CPU 硬件的软件，对个别硬件，硬件检测软件还可以对其进行维护、维修等处理。

2. 系统维护软件

系统维护软件主要对计算机操作系统进行必要的垃圾清理、开机优化、运行优化、维护、备份等操作。例如，Windows 优化大师软件，不仅可以清除系统中的垃圾文件、还可以对系统进行优化、检测和维护。

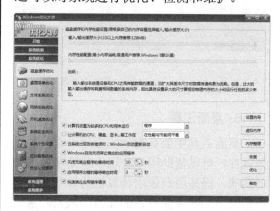

3. 文本编辑与语言软件

文件编辑和语言软件是两方面的内容。其中，文本编辑软件除了包含商用的 Office 应用工具之外，还包含一些其他的编辑工具，如代码、软件项目工程方面的编辑等。

语言软件主要是针对老年群体的在线阅读工具，以方便视力不好的人士利用语言软件来听取文本性内容。

4. 文件管理软件

文件管理是针对计算机中一些文本及文件夹的管理。除了操作系统对文件以及文件夹的基本管理之外，用户还可以通过一些工具软件进行必要的安全性管理，如压缩、加密等。

5. 个性桌面软件

个性桌面打破了死气沉沉、呆板的系统自带桌面，用户可以使用自己喜欢的明星照片、个性图片作为桌面背景。

6. 多媒体编辑软件

在当今娱乐与生活相结合的年代，多媒体在生活中是必不可少的。例如，通过网络看电影、电视剧等视频文件，听歌曲、听唱片、听广播等一些音频文件。

另外，多媒体还包含对视频和音频文件的编辑、采集等。

7. 图像处理软件

说到图像处理，人们可以快速地想起Photoshop 商业软件，它在图像处理领域占据着非常重要的地位。

但除此之外，还有不同的图像处理小工具软件，如查看工具软件、编辑工具软件，以及将图像制成 TV、制作成相册的工具软件等。

8. 虚拟设备软件

为了方便地管理计算机中大容量的数据，可将其压缩为一些光盘格式的文件。这样，既保护了数据，也节省了磁盘空间。但是，在读取这些数据时，需要通过一些虚拟光驱设备，才能进行播放及浏览。

除此之外，在虚拟机设备中还包含一些用于系统方式的虚拟机。可以通过虚拟机，安装一些计算机操作不同或者相同的系统软件，以方便用户学习。

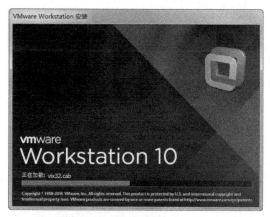

9. 动画与三维动画软件

不管是生活娱乐、影视媒体，还是网页设计中，都可以看到动画的身影。可见，动画已经成为诸多领域不可缺少的一部分，它更多以强烈、直观、形象的方式表达，深受用户喜爱。制作动画和三维动画的软件非常多，除一些大型的商业软件外，还包含一些工具软件。

10. 磁盘管理软件

磁盘管理软件已经不是陌生的内容了，它为计算机服务很多年。并且，为用户数据提供了很多帮助，甚至挽回了部分的经济损失，如恢复磁盘数据软件。

11. 光盘刻录软件

为了便于数据的保存与携带，用户更多地将数据复制到 U 盘中。但是，在没有 U 盘之前，更多的用户将数据刻录到光盘上，所以这就必须要使用光盘刻录软件。

那么，有个 U 盘为什么还要使用光盘刻录软件呢？因为，有一些数据使用 U 盘较不方便：与 U 盘相比，光盘的成本要低得多。例如，用户可以将一些操作系统文件制作成光盘启动及安装文件。

12. 网络应用软件

网络已经成为人们生活中的一部分，而在这浩瀚汪洋的网络中，如果快速前进，没有辅助的工具软件是非常难于驾驭的。

因此，在网络应用软件中，本书将介绍一些简单的网络应用工具，如网页浏览软件、网络传输软件、网络共享软件等。

13. 网络通信软件

在网络资源共享、信息通信中，工具软件都是必不可少的。因此用户可以借助一些可视化、操作灵活的工具软件进行通信，如电子邮件软件、即时通信软件、网络电话与传真等。

14. 网络聊天软件

除了上述的网络通信软件外，现在最流行、使用最广泛的就是聊天软件了，如 QQ 通信工具、微信、阿里旺旺等。

15. 计算机安全软件

在网络中翱翔时间长了，难免要遇到一些木马、病毒类的东西，使用户非常担心。因此，本书较多介绍了安全软件方面的内容和安全卫士、杀毒软件之类的应用。

16. 手机管理软件

现在，手机用户已经超过了个人计算机的数量，并且随着手机不断发展、智能手机的不断普及，手机的应用软件也随之变得非常广泛，并且与计算机之间的连接维护、升级也在不断地变化。

17. 电子书与RSS阅读软件

电子书方便用户阅读，并且降低了消费成本。而通过电子书和RSS订阅，可以非常方便地获取最新的信息。

18. 汉化与翻译软件

在生活、工作中，人们可能会阅读一些外文资料，不太专业的人士阅读起来非常吃力。这时，就需要借助一些汉化或者翻译方面的工具软件，它就类似于翻译词典，将一些内容直译成汉语。

19. 学生教育软件

在网络中，可以非常方便地搜索出一些关于辅助学生教育方面的软件,如英语家教、同步练习等。有些软件，用户可以直接安装到计算机中使用,便于学习。在学习过程中，软件可以与服务器同步更新,便于及时了解最新知识。

20. 行业管理软件

说起"行业软件",显而易见,这些软件

针对性比较强,并且对某些行业非常有帮助,例如,一些会计软件、律师软件,时刻给用户提供一些专业方面的知识,以及一些典型的案例等。

1.3 软件的获取、安装与卸载

用户在使用工具软件之前,需要先获取工具软件源程序,并将其安装到计算机中。这样用户才能使用这些软件,并为之进行必要的管理及应用。而对于不需要的软件,用户还可以进行卸载,还原计算机磁盘空间及减小计算机运行负载。

1.3.1 软件的获取方式

获取软件的渠道主要有 3 种,如通过实体商店购买软件的安装光盘,通过软件开发商的官方网站下载等。

1. 从实体商店购买

很多商业性的软件都是通过全国各地的软件零售商销售的。在这些软件零售商的商店中,用户可购买各类软件的零售光盘或授权许可序列号。

2. 从软件开发商网站下载

一些软件开发商为了推广其所销售的软

件,会将软件的测试版或正式版放到互联网中,供用户随时下载。

对于测试版软件,网上下载的版本通常会限制一些功能,等用户注册之后才可以完整地使用所有的功能。而对于一些开源或免费的软件,用户可以直接下载并使用所有的功能。

3. 在第三方的软件网站下载

除了购买光盘和官方网站下载软件外,用户还可以通过其他的渠道获取软件。在互联网中,存在很多第三方的软件网站,可以提供各种免费软件或共享软件的下载。

1.3.2 软件的安装方法

在获取软件之后，用户即可安装软件。在 Windows 操作系统中，工具软件的安装通常都是通过图形化的安装向导进行的，用户只需要在安装向导过程中设置一些相关的选项即可。

大多数软件的安装包括确认用户协议、选择安装路径、选择软件组件、安装软件文件以及完成安装 5 个步骤。

【例 1-1】下载并安装"迅雷 7"软件。 视频

step 1 在"迅雷"官方网站，找到要下载的软件，单击对应的【立即下载】按钮。下载"迅雷 7"软件。

step 2 双击打开【迅雷 7】安装程序。

step 3 打开软件安装向导，选择【已阅读并同意迅雷软件】复选框，单击【自定义安装】按钮。

step 4 打开【安装位置】对话框，单击【浏览】按钮。

step 5 打开【浏览文件夹】对话框，设置文件安装路径，单击【确定】按钮。

step⑥ 返回【安装位置】对话框，单击【立即安装】按钮。

step⑦ 软件开始进行安装。

step⑧ 等待软件安装完毕，单击【立即体验】按钮，即可使用"迅雷7"软件。

1.3.3 软件的卸载方法

如果用户不再需要使用某个软件，则可以将该软件从 Windows 操作系统中卸载。其中，卸载软件主要包括下列 3 种方法。

1. 使用软件自带卸载程序

大多数软件都会自带一个软件卸载程序。用户可以从【开始】|【所有程序】|软件名称的目录下，选择相关的卸载命令。

或者，直接在该软件的安装目录下，查找卸载程序文件，并双击该文件。

打开文件卸载程序，单击【卸载】按钮即可。

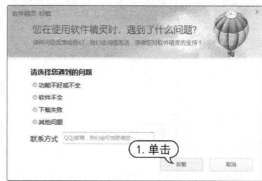

2. 使用 Window 中的添加或卸载程序

Windows 系统自带了添加卸载程序，以帮助用户卸载不需要的程序软件。

在【开始】菜单中，选择【控制面板】命令，在打开的【控制面板】对话框中，单击【程序】图标。

在打开的【程序和功能】对话框中，右击需要删除的程序，在打开的快捷菜单中，选择【卸载】命令。

最后，在打开的卸载对话框中，根据提示进行卸载即可。

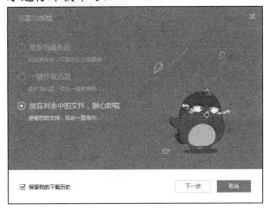

3. 使用工具软件进行卸载

卸载工具软件或者商业软件时，用户也可以利用专门的软件卸载工具或者其他软件所包含的卸载功能来卸载该软件。

例如，在【360 软件管家】软件中，选择【软件卸载】选项卡，单击需要卸载的软件对应的【一键卸载】或者【卸载】按钮，即可卸载软件。

1.4　启动与退出工具软件

在计算机中安装工具软件后，用户可使用软件进行相关操作，在此之前应先掌握启动与退出工具软件的方法，本节将具体介绍相关的操作方法。

1.4.1　启动工具软件

如果准备使用工具软件，那么应先启动该工具软件，下面以启动 WinRAR 工具软件为例，介绍启动工具软件的操作方法。

【例 1-2】启动 WinRAR 工具软件。

step 1 单击【开始】按钮，选择【所有程序】命令。

step 2 在打开的菜单中，单击【WinRAR】文件夹，单击【WinRAR】程序图标。

step 3 即可打开【WinRAR】程序。

1.4.2 退出工具软件

不再使用工具软件时，应将其退出，从而节省内存。退出工具软件的方法很多，下面以退出 WinRAR 工具软件为例，分别介绍使用菜单退出和使用【关闭】按钮退出工具软件的操作方法。

1. 使用菜单退出工具软件

启动 WinRAR 工具软件后，选择【文件】|【退出】菜单命令，即可退出工具软件。

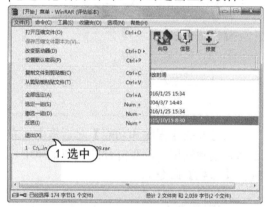

2. 使用【关闭】按钮退出软件

启动 WinRAR 工具软件后，在标题栏单击【关闭】按钮，这样也可以退出工具软件。

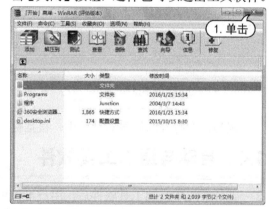

1.5 软件知识产权保护

知识产权是基于创造性智力成果和工商业标记依法产生的权利统称。作为人类创造的诸多知识的一种，软件同样需要知识产权的保护。随着软件行业的发展，越来越多的软件开发企业和个人认识到知识产权的重要性，开始使用法律武器保护软件的著作权益。

1.5.1 软件许可的分类

在了解软件知识产权之前，首先需要了解软件的许可和许可证。软件由开发企业或个人开发出来以后，就会创造一个授权许可证。许可证的许可范围包括发表权、署名权、修改权、复制权、发行权、出租权、信息网络传播权、翻译权等权利。

根据中华人民共和国《计算机软件保护条例》的规定，软件著作权人可以许可他人行使其软件著作权，并有权获得报酬。软件著作权人可以全部或者部分转让其软件著作权，并有权获得报酬。任何企业或个人只有在取得相应的许可后，才能进行相关的行为。

软件的开发企业或个人有权向任何用户授予全部的软件许可或部分许可。根据授予的许可权利，可以将目前的软件分为以下两大类。

1. 开源软件

除了封闭源代码的软件外，还有一类软件往往在发布时连带源代码一起发布，这类软件叫做开源软件。开源软件往往会遵循开源软件许可协议，以及开源社区的一些不成文规则。

常见的开源软件许可协议主要包括GPL、LGPL、BSD、NPL、MPL、APACHE等。遵循这些开源软件的许可证都有3点共同特征，如下所示。

➤ 发布义务：遵循开源软件许可协议的软件开发者有将软件源代码免费公开发布的义务。

➤ 保护代码完整：在发布源代码时，必须保证代码的完整性、可用性。

➤ 允许修改：已发布的源代码允许他人修改和引用，以开发出其他产品。

2. 专有软件

专有软件，又称非自由软件、专属软件、私有软件等，是指由开发者开发出来之后，保留软件的修改权、发布权、复制权、发行权和出租权等，限制非授权者使用的软件。

专有软件最大的特征就是闭源，即封闭源代码，不提供软件的源代码给用户或其他人。对于专有软件而言，源代码是保密的。专有软件又可以分为商业软件和非商业软件两种。

➤ 商业软件：是指由商业原因而对专有软件进行的限制。包含商业限制的专有软件又被称作商业专有软件。目前大多数在销售的软件都属于商业专有软件，例如，微软Windows、Office、Visual Studio等。商业专有软件限制了用户的所有权利，包括使用权、复制权和发布权等。用户在行驶这些权利之前，必须向软件的所有者支付费用或提供其他的补偿行为。

> **知识点滴**
>
> 软件的所有者为防止用户非授权的使用、复制等行为，往往会在软件中设置种种障碍，设置软件陷阱，例如各种激活、软件锁定、破坏用户计算机数据等。这些行为也给商业专有软件带来了一些争议。

➤ 非商业软件：除了商业专有软件外，还有一些软件也属于专有软件。这些软件的所有者保留了软件的源代码、开发和使用的权利，但免费授权给用户使用。非商业限制的软件目前也比较多，包括各种共享软件和免费软件等。共享软件主要是授予用户部分使用权的软件。用户可以免费地复制和使用软件，但软件所有者往往在软件上赋予一定的限制，例如锁定一些功能或限制使用时间等。用户需要支付一些费用(往往只包括开发成本)或和软件所有者联系，提供一些信息等才能解除这些限制。

> **知识点滴**
>
> 免费软件是另一类非商业专有软件。这一类软件的所有者向用户免费提供使用、复制和分发的权利，用户无需支付任何费用。通常，一些大的软件下载网站都会标识软件的专有限制，供用户查看。用户在下载软件之前，可以查看软件的授权类型，以防止非授权使用造成损失。

1.5.2 保护软件知识产权

近年来,国家对保护知识产权十分重视,在保护知识产权方面做出了卓有成效的努力,自1990年以来,两次修订了《计算机软件保护条例》,并不断加大打击侵犯软件知识产权的违法犯罪活动。

1. 保护软件知识产权的目的

计算机行业和软件开发行业是高新技术产业,无论企业还是个人,在开发软件时都需要投入巨大的人力和物力。因此,保护知识产权对软件行业的健康发展有着重要的意义。

▷ 鼓励科学技术创新:保护软件知识产权,可以保护软件开发者以及投资软件开发的企业和个人的利益,鼓励其继续投入人力物力到新的创作活动中。

▷ 保护行业健康发展:降低软件开发者的开发成本,促进软件行业的持续、快速、健康发展,有利于提高国内软件行业的竞争力,保护民族产业。

▷ 保护消费者的利益:保护软件知识产权,可以使软件开发者将全部的精力投入到软件设计与开发,以及已发布软件产品的维护、更新和升级中,最大限度保障软件用户的使用安全,防止计算机病毒、木马和流氓软件的流行。

2. 依法使用软件

作为广大的计算机软件用户,有责任、有义务从我做起,依法使用软件。在日常工作和生活中,应做到以下几点。

▷ 拒绝盗版软件:在使用各种软件工作以及娱乐时,应使用正版或授权版本,拒绝各种破解版、绿色版、第三方修改版的软件。

▷ 依法使用软件:需依法向软件开发者、软件零售商购买或索取软件。在未获得软件授权时不下载、不使用、不传播。

▷ 发现盗版举报:在发现他人非法销售、使用和复制盗版软件时,有义务举报这些非法行为,维护法律公平与公正。

> **知识点滴**
>
> 根据《计算机软件保护条例》第十七条规定,"为了学习和研究软件内含的设计思想和原理,通过安装、显示、传输或者存储软件等方式使用软件的,可以不经软件著作权人许可,不向其支付报酬。"

第2章

硬件管理工具软件

在计算机中，每一种硬件设备都有其独特的作用。但每一种硬件设备的微小故障也都会引起计算机运行的不稳定性，甚至瘫痪。所以，了解和掌握计算机硬件的运行性能，逐渐成为用户安全使用和检测计算机的必备技能。使用专门的硬件检测软件，通过检测硬件的基础信息、性能参数等参数信息，来了解硬件的具体性能和运行状态。

------- 对应光盘视频 -------------------------------------

2.1 硬件检测软件

可以通过性能检测软件来检测硬件的实际性能。这些硬件测试软件会将测试结果以数字的形式展现给用户，方便用户更直观地了解设备性能。

2.1.1 计算机的硬件组成

计算机发展至今，不同类型计算机的组成部件虽然有所差异，但硬件系统的设计思路全都采用了冯·诺依曼体系结构，即计算机硬件系统由运算器、控制器、存储器、输入设备和输出设备这5大功能部件所组成。

1. 中央处理器

中央处理器(Central Processing Unit CPU)由运算器和控制器组成，是现代计算机系统的核心组成部件。随着大规模和超大规模集成电路技术的发展，微型计算机内的CPU已经集成为一个被称为微处理器(Micro Processor Unit，简称MPU)的芯片。

作为计算机的核心部件，中央处理器的重要性好比人的心脏，但由于它要负责处理和运算数据，因此其作用更像人的大脑。从逻辑构造来看，CPU主要由运算器、控制器、寄存器和内部总线构成。

▷ 运算器：该部件的功能是执行各种算术和逻辑运算，如四则运算(加、减、乘、除)、逻辑对比(比、或、非、异或等操作)，以及移位、传送等操作，因此也称为算术逻辑部件(Arithmetic Logic Unit，简称ALU)。

▷ 控制器：控制器负责控制程序指令的执行顺序，并给出执行指令时计算机各部件所需要的操作控制命令，是向计算机发布命令的神经中枢。

▷ 寄存器：寄存器是一种存储容量有限的高速存储部件，能够用于暂存指令、数据和地址信息。在中央处理器中，控制器和运算器内部都包含有多个不同功能、不同类型的寄存器。

▷ 内部总线：所谓总线，是指将数据从一个或多个源部件传送到其他部件的一组传输线路，是计算机内部传输信息的公告通道。根据不同总线向功能的差异，CPU内部的总线分为数据总线(Data Bus DB)、地址总线(Address Bus，AB)和控制总线(Control Bus CB)这3种类型。

总线名称	功　能
数据总线	用于传输数据信息，属于双向总线，CPU既可通过DB从内在或输出设备读入数据，又可通过DB从内在或输入设备嵌入数据，也可通过DB将内部数据送至内在或输出设备
地址总线	用于传送CPU发出的地址信息，属于单向总线，作用是标明与CPU交换信息的内存单元与I/O设备
控制总线	用于传送控制信号、时序信号和状态信息等

2. 存储器

存储器是计算机专门用于存储数据的装置，计算机内的所有数据(包括刚刚输入的原始时间、经过初步加工的中间数据以及最后处理完成的有用数据)都要记录在存储器中。

在计算机中,存储器分为内部存储器(主存储器)和外部存储器(辅助存储器)这两种类型。两者都由地址译码器、存储矩阵、逻辑控制和三状态双向缓冲器等部件组成。

> 内部存储器:内部存储器分为两种类型,一种是其内部信息只能读取、而不能修改或写入新信息的只读存储器(Read Only Memory,简称 ROM)。另一类则是内部信息可以随时修改、写入或读取的随机存储器(Random Access Memory,简称 RAM)。ROM 的特点是保存的信息在断电后也不会丢失,因此其内部存储的都是系统引导程序、自检程序,以及输入/输出驱动程序等重要程序。相比之下,RAM 内的信息则会随着电力供应的中断而消失,因此只能用于存放临时信息。在计算机所使用的 RAM 中,根据工作方式的不同可以将其分为静态 RAM(Static RAM,SARM)和动态 RAM(Dynamic RAM)这两种类型。两者间的差别在于,DRAM 需要不断地刷新电路,否则便会丢失其内部的数据,因此速度稍慢;SRAM 无须刷新电路即可持续保存内部存储的数据,因此速度相对较快。

🖱 知识点滴

事实上,SRAM 便是 CPU 内部高速缓冲存储器(Cache)的主要构成部分。而 DRAM 则是主存(通常所说的内存便是指主存,其物理部件俗称为"内存条")的主要构成部分。在计算机运行过程中,Cache 是 CPU 与主存之间的"数据中转站",其功能是将 CPU 下一步要使用的数据预先从速度较慢的主存中读取出来并加以保存。这样一来,CPU 便可以直接从速度较快的 Cache 内获取所需数据,从而通过提高数据交互速度来充分发挥 CPU 的数据处理能力。

🖱 实用技巧

目前,多数 CPU 内的 Cache 分为两个级别,一个是容量小、速度快的 L1Cache(一级缓存),另一个则是容量少的、速度稍慢的 L2Cache(二级缓存),部分高端 CPU 还拥有容量最大、但速度较慢(比主存要快)的 L3Cache(三级缓存)。

> 外部存储器:外部存储器的作用是长期保存计算机内的各种数据,特点是存储容量大,但存储速度较慢。目前,计算机上的常用外部存储器主要有硬盘、光盘和U盘等。

3. 输入/输出设备

输入/输入设备(Input/Output,简称 I/O)是用户和计算机系统之间进行信息交换的重要设备,也是用户与计算机通信的桥梁。

到目前为止,计算机能够接收、存储、处理和输出的数据既可以是数值型数据,也可以是图形、图像、声音等非数值型数据,而且其方式和途径也多种多样。

例如,按照输入设备的功能和数据输入形式,可以将目前常见的输入设备分为以下几种类型。

> 字符输入设备:键盘。

> 图形输入设备:鼠标。

> 图像输入设备:摄像机、扫描仪、传真机。

> 音频输入设备:麦克风。

在数据输入方面,计算机上任何输出设备的主要功能都是将计算机内的数据处理结

果以字符、图形、图像、声音等人们所能够接受的媒体信息展现给用户。根据输出形式的不同，可以将目前常见的输出设备分为以下几种类型。

> 影像输出设备：显示器、投影仪。

> 打印输出设备：打印机、绘图仪。

2.1.2　计算机的硬件工作环境

计算机是一种精密的电子设备，包含大量的集成电路和芯片组。恶劣的工作环境对计算机硬件造成很大的损害，降低硬件运行的稳定性和使用寿命。有关计算机的使用环境需要注意的事项有以下几点。

> 环境温度：计算机正常运行的理想环境温度是5℃~35℃，其安放位置最好远离热源并避免阳光直射。

> 环境湿度：最适宜的湿度是30%~80%，湿度太高可能会使计算机受潮而引起内部短路，烧毁硬件；湿度太低，则容易产生静电。

> 清洁的环境：计算机要放在一个比较清洁的环境中，以免大量的灰尘进入计算机而引起故障。

> 远离磁场干扰：强磁场会对计算机的性能产生很坏的影响。例如，导致硬盘数据丢失、显示器产生花斑和抖动等。强磁场干扰主要来自一些大功率电器和音响设备等，因此，计算机要尽量远离这些设备。

> 电源电压：计算机的正常运行需要一个稳定的电压，如果家里电压不够稳定，一定要使用带有保险丝的插座，或者为计算机配置一个UPS电源，如下图所示。

2.1.3　检测CPU性能

CPU检测软件主要是对计算机CPU的相关信息进行检测，使用户无须打开机箱查看实物，即可了解CPU的型号、主频、缓存等信息。有些CPU检测工具除了可以检测CPU的各种信息外，还可以在CPU空闲时自动降低CPU主频，为CPU降温等。

1. CPU-Z检测软件

CPU-Z是一款常见的CPU测试软件，除了使用Intel或AMD推出的检测软件之外，人们平时使用最多的此类软件就是它了。CPU-Z支持的 CPU 种类相当全面,软件的启动速度及检测速度都很快。另外,它还能检测主板和内存的相关信息,其中就有常用的内存双通道检测功能。当然,对于 CPU 的鉴别最好还是使用原厂软件。

下面将通过实例,介绍使用 CPU-Z 软件检测计算机 CPU 性能的方法。

【例2-1】使用 CPU-Z 检测计算机中 CPU 的具体参数。 视频

step 1 在计算机中安装并启动 CPU-Z 程序后,该软件将自动检测当前计算机 CPU 的参数(包括 CPU 处理器、主频、缓存等信息等),并显示在其主界面中。

step 2 在 CPU-Z 界面中,选择【缓存】选项卡,查看内存的类型、容量和工作时序。

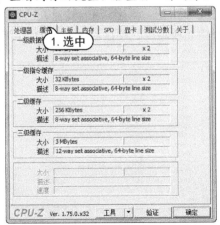

step 3 选择【主板】选项卡,查看当前主板所用芯片组的型号和架构等信息。

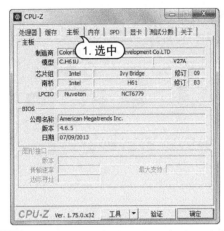

step 4 选择【内存】选项卡,查看当前内存大小、通道数、各种时钟信息以及延迟时间。

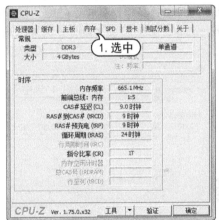

step 5 选择 SPD 选项卡,选择【内存插槽选择】下拉列表,选择【插槽#3】选项,查看该选项内存信息。

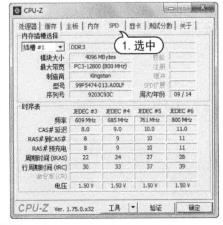

step 6 选择【显卡】选项卡,查看显示设备信息、性能等级、图形处理器信息、时钟、缓

存等内存显示设备信息。

step 7 选择【测试分数】选项卡，在【参考】下拉列表中，选择作为参考的CPU，单击【测试处理器分数】按钮，和本机处理器进行对比。

step 8 选择【关于】选项卡，单击【保存报告(.HTML)】按钮。

step 9 在弹出的对话框中输入文件名，再单

击【保存】按钮。

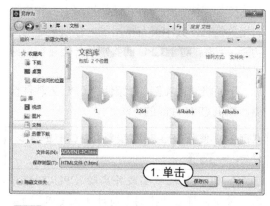

step 10 在保存的目录下打开上述所保存的CPU.html文件。

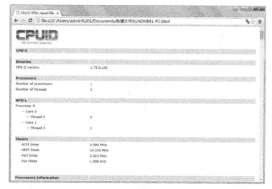

2. HWMonitor 检测软件

HWMonitor 是一款 CPUID 的新款软件。这个软件具有实时监测的特征，而且继承了免安装的优良特性。通过传感器可以实时检测 CPU 的电压、温度、风扇转速、内存电压、主板南北桥温度、硬盘温度，显卡温度等。

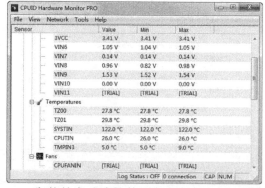

安装并启动该软件，在 CPUID Hardware Monitor 对话框中，用户可以看到以计算机硬

盘设备为单位，将各硬件设备的性能及相关参数以目录的方式进行显示。其中，包含了Voltages(电压)、Temperatures(温度)、Fans(风扇)等计算机 CPU 的相关信息。

2.1.4　内存检测工具软件

内存主要用来存储当前执行程序的数据，并与 CPU 进行交换。使用内存检测工具可以快速扫描内存，测试内存的性能。

1. MemTest 内存检测软件

MemTest是在 Windows 操作系统中运行的内存检测软件之一。该软件使用非常简单。要使用 MemTest 检测内存，为了尽可能地提高检测的准确性，建议用户在准备长时间不使用计算机时进行检测。检测前请先关闭系统中使用的所有应用程序，否则应用程序所占用的那部分内存将不会被检测到。

【例 2-2】使用 MemTest 软件检测计算机中的内存。

🔘视频

step① 在计算机中安装并启动 MemTest 程序后，MemTest 软件会循环不断地对内存进行检测，直到用户终止程序。如果内存出现任何质量问题，MemTest 都会有所提示。文本框内填写想要测试的容量，如果不填则默认为"所有可用的内存"。要开始检测内存，单击【开始测试】按钮。

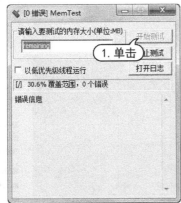

step② 打开MemTest提示信息框，提示用户内存信息。

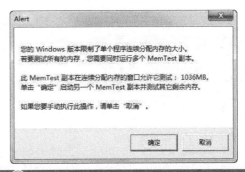

💡 **知识点滴**

使用 MemTest 软件检测前请先关闭系统中使用的所有应用程序，否则应用程序所占用的那部分内存将不会被检测到，在空格内填写想要测试的容量，如果不填则默认为"所有可用的内存"。

2. DMD 内存检测软件

DMD 是腾龙备份大师配套增值工具中的一员，中文名为系统资源监测与内存优化工具。它是一款可运行在全系列 Windows 平台的资源监测与内存优化软件，该软件为腾龙备份大师的配套增值软件。DMD 无须安装直接解压缩即可。它是一款基于汇编技术的高效率、高精确度的内存、CPU 监测及内存优化整理系统，它能够让系统长时间保持最佳的运行状态。

【例 2-3】使用 DMD 软件检测计算机中的内存。

🔘视频

step① 在计算机中安装并启动 DMD 程序后，用户可以很直观地查看到系统资源所处的状态。使用该软件的优化功能，可以让系统长时间处于最佳的运行状态。

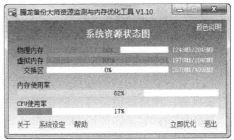

step② 将鼠标指针放置在【颜色说明】选项上，即可在弹出的【颜色说明】浮动框中查看绿色、黄色、红色代表的含义，单击【系统设定】选项。

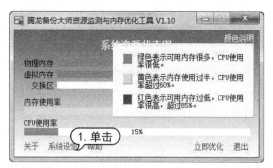

step 3 打开【设定】对话框，拖动内存滑块至90%，选中【计算机启动时自动运行本系统】和【整理前显示警告信息】复选框。单击【确定】按钮。

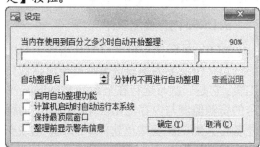

step 4 在主界面下方单击【立即优化】文本链接，将显示系统正在进行内存优化。

2.1.5 硬盘检测工具软件

HD Tune 是一款小巧易用的硬盘工具软件，其主要功能包括检测硬盘传输速率，检测健康状态，检测硬盘温度及磁盘表面扫描等。另外，HD Tune 还能检测出硬盘的固件版本、序列号、容量、缓存大小以及当前的Ultra DMA 模式等。

【例2-4】使用 HD Tune 软件测试硬盘性能。

视频

step 1 启动 HD Tune 程序，然后在软件界面

中单击【开始】按钮。

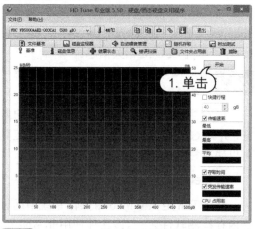

step 2 HD Tune 将开始自动检测硬盘的基本性能。

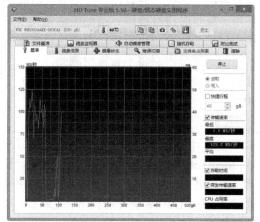

step 3 在【基准】选项卡中会显示通过检测得到的硬盘基本性能信息。

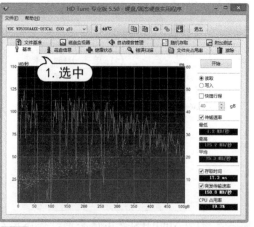

step 4 选中【磁盘信息】选项卡，在其中可以查看硬盘的基本信息，包括分区、支持功能、

版本、序列号以及容量等。

step 5 选中【健康状态】选项卡，可以查阅硬盘内部存储的运作记录。

step 6 打开【错误扫描】选项卡，单击【开始】按钮，检查硬盘坏道。

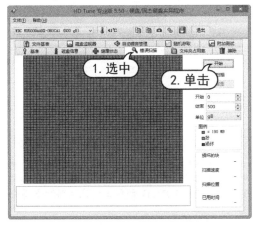

step 7 打开【擦除】选项卡，单击【开始】按钮，软件即可安全擦除硬盘中的数据。

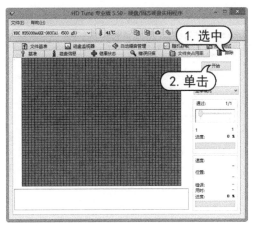

step 8 选择【文件基准】选项卡，单击【开始】按钮，可以检测硬盘的缓存性能。

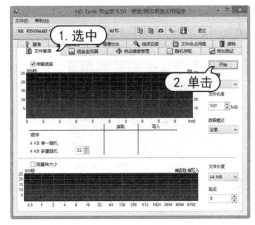

step 9 打开【磁盘监视器】选项卡，单击【开始】按钮，可监视硬盘的实时读写状况。

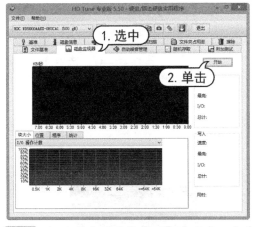

step 10 打开【自动噪音管理】选项卡，在其中拖动滑块可以降低硬盘的运行噪音。

step ⑪ 打开【随机存取】选项卡,单击【开始】按钮,即可测试硬盘的寻道时间。

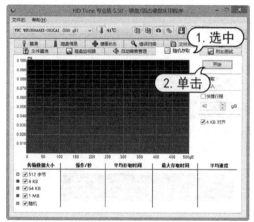

step ⑫ 打开【附加测试】选项卡,在【测试】列表框中,可以选择更多的一些硬盘性能测试,单击【开始】按钮开始测试。

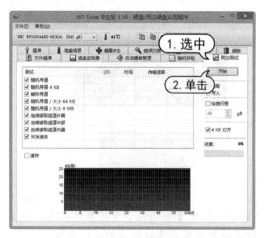

2.1.6 显卡检测工具软件

3DMark 是一款常用的显卡性能测试软件,其简单清晰的操作界面和公正准确的测试功能受到广大用户的好评。本节就将通过一个实例,介绍使用 3DMark 检测显卡性能的方法。

【例2-5】使用 3DMark 软件检测显卡性能。

step ① 启动 3DMark 主界面,在软件主界面中单击 Select 按钮。

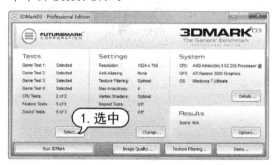

step ② 打开 Select Tests 对话框,在其中选择要测试的显卡项目,选择完成后单击OK按钮。

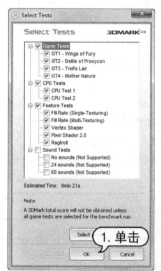

💡 知识点滴

3DMark 的版本越高,对显卡以及其他计算机硬件设备的要求也就越高。在相同计算机配置的情况下,3DMark 的版本越高,则测试得分越低。

step ③ 返回3DMark主界面,然后单击Change按钮。

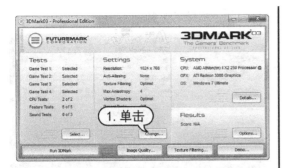

step 4　打开 Benchmark Settings 对话框，在其中可以设置测试参数。例如，在 Resolution 下拉列表中选择测试时使用的分辨率，设置完成后单击 OK 按钮。

step 5　在设置完测试内容与测试参数后，返回 3DMark 主界面，然后单击 Run 3DMARK 按钮。3DMark 开始自动测试显卡性能。

step 6　测试完成后，3DMark 会打开对话框显示测试得分，得分越高代表测试显卡的性能越强。

2.1.7　显示器检测工具软件

用户应该都知道显示器的坏点问题。显示器是由无数个亮点组成的，如果有亮点坏掉，即出现坏点是很影响显示器的视觉效果的。

DisplayX 是一款小巧的显示器常规检测和液晶显示器坏点、延迟时间检测软件，它可以在微软 Windows 全系列操作系统中正常运行。

【例 2-6】 使用 DisplayX 软件检测显卡性能。

step 1　在计算机中安装并启动 MemTest 程序后，单击【常规完全测试】菜单项。

step 2　首先进入的界面是对比度检测界面。在此界面中调节亮度，让色块都能显示出来并且亮度不同，确保黑色不变灰，每个色块都能显示出来，效果会较好一些。

step 3　进入对比度(高)检测，能分清每个黑色和白色区域的显示器为上品。

何形状，确保不变形。

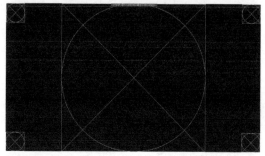

step 4 进入灰度检测，测试显示器的灰度还原能力，看到的颜色过渡越平滑越好。

step 8 测试 CRT 显示器的聚焦能力，需要特别注意四个边角的文字，四角各位置的文字越清晰越好。

step 5 进入 256 级灰度，测试显示器的灰度还原能力，最好让色块全部显示出来。

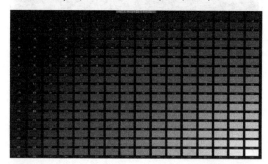

step 9 进入纯色检测，主要用于测试 LCD 坏点。共有黑、红、绿、蓝等多种纯色的显示，用户可以很方便地查出坏点。

step 6 进入呼吸效应检测，单击，当画面在黑色和白色之间过渡时，如果看到画面边界有明显的抖动，则不好，不抖动则效好。

step 7 进入几何形状检测，调节控制台的几

step 10 进入交错检测，用于查看显示器效果的干扰。

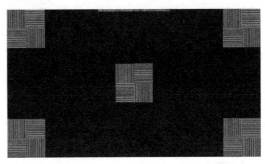

操作，即可完成使用 DisplayX 软件进行显示屏测试。

step⑪ 进入锐利检测，即最后一项检测。好的显示器可以分清边缘的每一条线。通过以上

2.2　整机检测工具软件

计算机性能检测软件能够检测计算机的性能，并且对单个硬件设备或整机性能进行评估和打分等。对用户研究计算机的性能、购买和升级计算机硬件有一定的参考作用。

2.2.1　EVEREST 硬件信息检测

EVEREST Ultimate Edition 硬件检测软件(原名 AIDA32)是一款测试软硬件系统信息的硬件检测软件。使用 EVEREST 可以详细地显示出 PC 每一个方面的信息，能够检测几乎所有类型计算机硬件型号，支持查看远程系统的信息和管理。

1. EVEREST 使用方法

在计算机中安装并启动 EVEREST Ultimate Edition 程序后，选择主界面右窗格内的【主板】图标后，该窗格中将出现【中央处理器(CPU)】、CPUID、【内存】、【芯片组】、BIOS 等硬件或部件的查询图标。

然后选择程序右窗格内的【中央处理器(CPU)】图标后，EVEREST Ultimate Edition 会显示当前处理器名称、指令集、原始频率、CPU 使用率等主板信息。

> **知识点滴**
>
> 在程序左窗格的【菜单】选项卡中，展开【主板】选项后，选择【主板】选项，也可以在右窗格内查看主板信息。

2. 查询常见硬件详细信息

由于 EVEREST Ultimate Edition 所支持的查询项目较多，因此本节将对部分重要硬件设备的信息查询方法进行讲解，以便用户快速掌握利用 EVEREST Ultimate Edition 查询硬件信息的方法。

➤ 主板系统模块：在主界面单击右窗格中的【主板】图标后，将进入主板系统查询模块界面。选择 CPUID 选项，可查看 CPU 的制造商、名称、修订版本、平台 ID 等信息。此外，EVEREST Ultimate Edition 还将显示当前 CPU 在安全、电源管理等方面的技术支持情况。

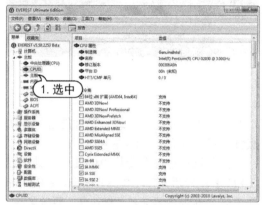

➤ 显示系统模块：在左窗格的【菜单】选项卡中，选择【显示设备】|【Windows 视频】选项，程序将显示当前系统所有显卡的信息，包括显卡名称、显卡 BIOS 版本、显卡芯片类型和显存大小等。

➤ 存储系统模块：选择【存储设备】|ATA 选项查看当前计算机所用硬盘的型号、序列号、设备类型、缓存容量等信息。

2.2.2 Performance Test

Performance Test 是一个专门用来测试计算机性能的测试程序。除了预设的 4 个基准计算机的比较数据外，在其网站中还提供其他知名计算机的性能测试数据，让用户可以比较自己的计算机是否有达到其应有的水准。

软件总共包含有 22 种独立的测试项目，其总共包含六大类：CPU 浮点运算器测试、标准的 2D 图形性能测试、3D 图形性能测试、磁盘文件的读取/写入及搜寻测试、内存测试以及 CPU 的 MMX 相容性测试。

1. CPU 性能测试

对 CPU 性能进行测试，测试项目包括整数数学、浮点数学、查找素数、SSE/3Dnow！、压缩、加密、图像旋转和随机字符排序等。

【例 2-7】使用 Performance Test 软件检测 CPU 性能。▣视频

step 1 在计算机中安装并启动 Performance Test 程序后，单击工具栏中的【运行 CPU 测试组件】按钮，即可开始进行 CPU 性能测试。

step ② 开始测试后，程序界面将显示 CPU 测试的进度，并提示正在对 CPU 所做的测试内容，显示"正在运行[CPU-整数数字]"等信息。

step ③ 待进度条完成后，即可结束测试，显示 CPU 测试结果。

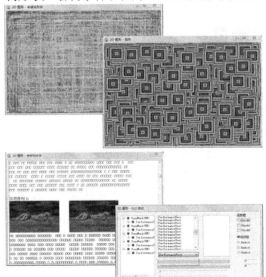

2. 2D 图形检测

使用 Performance Test 还可以对计算机的 2D 绘图能力进行测试，包括绘制线、绘制形状、绘制字体和文本、GUI 绘制等项目。

单击【运行 2D 图形测试组件】按钮，即可开始进行 2D 图形测试。

3. 内存性能测试

Performance Test 支持对内存性能进行测试，其测试项目包括分配信息、读取缓存、读取无缓存、RAM(随机存储器)。单击【运行内存测试组件】按钮，开始进行内存测试。

当进度条完成后，即可显示内存性能测试结果。

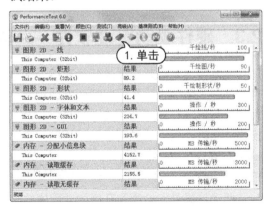

4. 导出测试结果

进行完测试以后，可以通过导出测试结果，并将其保存为图像，方便日后进行查看。

【例 2-8】使用 Performance Test 软件导出检测结果。●视频

step 1 在计算机中安装并启动 Performance Test 程序，选择【文件】|【另存为图像】命令。

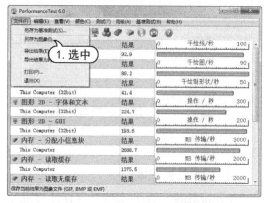

step 2 打开【另存为图像】对话框，设置文件名和文件格式，单击【浏览】按钮。

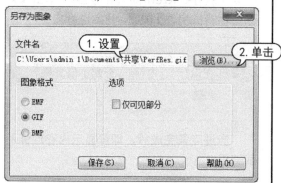

step 3 打开【选择文件】对话框，设置文件保存路径，单击【打开】按钮。

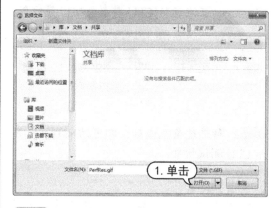

step 4 返回【另存为图像】对话框，将对话框中的全部内容保存为 GIF 图像，单击【保存】按钮。

2.3 硬件驱动管理软件——驱动精灵

驱动精灵是一款优秀的驱动程序管理专家，它不仅能够快速而准确地检测计算机中的硬件设备，为硬件寻找最佳匹配的驱动程序，而且还可以通过在线更新，及时地升级硬件驱动程序。另外，它还可以快速地提取、备份以及还原硬件设备的驱动程序，在简化了原本繁琐操作的同时也极大地提高了工作效率，是用户解决系统驱动程序问题的好帮手。

2.3.1 检测和升级驱动程序

驱动精灵具有检测和升级驱动程序的功能。用户可以方便快捷地通过网络为硬件找到匹配的驱动程序并为驱动程序升级，从而免除手动查找驱动程序的麻烦。

【例 2-9】使用"驱动精灵"软件，检测和升级驱动程序。●视频

step 1 在计算机中安装并启动"驱动精灵"程序，单击软件主界面中的【一键体检】按钮，系统将开始自动检测计算机的软硬件信息。

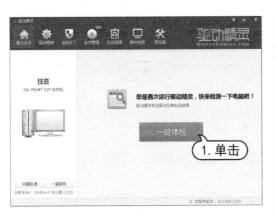

step 2 检测完成后，会进入到软件的主界面，并显示需要升级的驱动程序。单击界面中驱动程序名称后的【立即升级】按钮。

step 3 在打开的界面中选择需要更新的驱动程序，并单击【安装】按钮。

step 4 此时，"驱动精灵"软件将自动开始下载用户所选中的驱动程序更新文件。

step 5 完成驱动程序更新文件的下载后，将自动安装驱动程序。

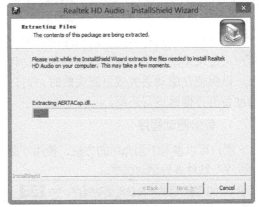

step 6 接下来，在打开的驱动程序安装向导中，单击【下一步】按钮。

step 7 完成驱动程序的更新安装后，单击【完成】按钮即可。

step 8 最后，驱动程序安装程序将自动引导计算机重新启动。

2.3.2 备份与恢复驱动程序

驱动精灵还具有备份驱动程序的功能，用户可使用驱动精灵方便地备份硬件驱动程序，以保证在驱动丢失或更新失败时，可以通过备份方便地进行还原。

1. 备份驱动程序

用户可以参考下面介绍的方法，使用"驱动程序"软件备份驱动程序。

【例2-10】使用驱动精灵备份驱动程序。 视频

step 1 启动"驱动精灵"程序后，在其主界面中单击【驱动程序】选项卡，然后在打开的界面中选中【备份还原】选项卡。

step 2 在【备份还原】选项卡中，选中要备份的驱动程序前所对应的复选框。然后单击【一键备份】按钮。

step 3 开始备份驱动程序，并显示备份进度。

step 4 驱动程序备份完成后，提示已完成驱动程序的备份。

2. 还原驱动程序

用户可以参考下面介绍的方法，使用"驱动程序"软件备份驱动程序。

如果用户备份了驱动程序，那么当驱动程序出错或更新失败而导致硬件不能正常运行时，就可以使用驱动精灵的还原功能来还原该驱动程序。

【例2-11】使用驱动精灵还原驱动程序。 视频

step 1　启动驱动精灵，单击【驱动程序】按钮，在打开的界面中选中【备份还原】选项卡，然后单击驱动程序后的【还原】按钮。

step 2　此时，将开始还原选中的驱动程序，并显示还原进度。

2.4　系统硬件检测工具——鲁大师

鲁大师是一款专业的硬件检测工具，它能轻松辨别计算机硬件真伪，主要功能包括查看计算机配置、实时检测硬件温度、测试计算机性能以及计算机驱动的安装与备份等。下面将介绍使用鲁大师进行硬件检测、节能降温以及性能测试等方面的操作。

2.4.1　查看硬件配置

鲁大师自带的硬件检测功能是最常用的硬件检测方式，它不仅检测准确而且还可以对整个计算机的硬件信息(包括 CPU、显卡、内存、主板和硬盘等核心硬件的品牌型号)进行全面查看。

【例2-12】使用"鲁大师"硬件检测工具，检测并查看当前计算机的硬件详细信息。　视频

step 1　下载并安装"鲁大师"软件，然后启动该软件，将自动检测计算机硬件信息。

step 2　在"鲁大师"软件的界面左侧，单击【硬件健康】按钮，在打开的界面中将显示硬件的制造信息。

step 3　单击软件界面左侧的【处理器信息】按钮，在打开的界面中可以查看 CPU 的详细信息，如处理器类型、速度、生产工艺、插槽类型、缓存以及处理器特征等。

step 4　单击软件左侧的【主板信息】按钮，显示计算机主板的详细信息，包括型号、芯片组、BIOS 版本和制造日期等。

step ⑤ 单击软件左侧的【内存信息】按钮，显示计算机内存的详细信息，包括制造日期、型号和序列号等。

step ⑧ 单击软件左侧的【显示器信息】按钮，显示显示器的详细信息，包括产品信号、显示器平面尺寸等。

step ⑥ 单击软件左侧的【硬盘信息】按钮，显示计算机硬盘的详细信息，包括产品型号、容量大小、转速、缓存、使用次数、数据传输率等。

step ⑦ 单击软件左侧的【显卡信息】按钮，显示计算机显卡的详细信息，包括显卡型号、显存大小、制造商等。

step ⑨ 单击软件左侧的【其他硬件】按钮，显示计算机网卡、声卡、键盘、鼠标的详细信息。

step ⑩ 单击软件左侧的【功耗估算】按钮，显示计算机各硬件的功耗信息。

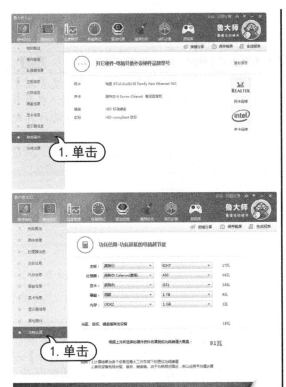

1. 单击

1. 单击

2.4.2 使用性能测试

用户想要知道计算机能够胜任哪方面的工作，如适用于办公、玩游戏、看高清视频等，可通过鲁大师对计算机进行性能测试。其具体操作如下。

【例2-13】使用"鲁大师"测试并查看当前计算机的性能。●视频

step 1 启动鲁大师软件，然后关闭除鲁大师以外的所有正在运行的程序，单击其工作界面上方的【性能检测】按钮，默认选择【电脑性能检测】选项卡，单击【开始评测】按钮。

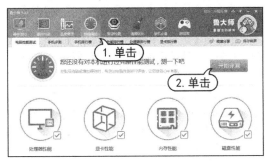

1. 单击

2. 单击

step 2 此时，软件将依次对处理器、显卡、内存以及磁盘的性能进行评测。

step 3 测试完成后，计算机会得到一个综合性能评分。此时，选择【综合性能排行榜】选项卡便可查看自己计算机的排名情况。

1. 选中

💡 知识点滴

若只想对计算机中的某一项硬件性能进行测试，只须单击【电脑性能测试】选项卡中的【单项测试】按钮。

2.4.3 温度压力测试

温度压力测试会执行一系列复杂的运算来快速提升 CPU 一级显卡的温度，从而测试用户计算机的散热能力，协助排除计算机潜在的散热故障。下面具体介绍温度压力测试的操作方法。

【例2-14】使用"鲁大师"进行温度压力测试。
●视频

step 1 启动鲁大师软件，单击【温度管理】按钮，选择【温度监控】选项卡，单击【温度压力测试】按钮。

1. 单击

step 2 打开提示框，阅读对话框中的说明后，单击【确定】按钮，开始进行测试。

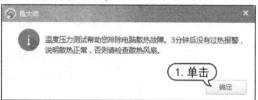

1. 单击

step 3 此时，会打开 LDSBenchmark 对话框进行测试，3 分钟后，如果没有过热报警，则说明计算机散热正常，否则需要检查散热风扇或增加散热底座。这样即可进行温度压力测试，关闭测试对话框即可退出测试。

2.4.4 硬件温度管理

鲁大师的"温度管理"功能包括温度检测和节能降温这两部分内容。通过温度监控中显示的各类硬件温度的变化曲线图表，可以让用户了解当前的硬件温度是否正常；节能降温功能则可以节约计算机工作时消耗的

电量，同时，也能避免硬件在高温工作下出现损坏的情况。

【例2-15】 使用"鲁大师"管理硬件温度。 视频

step 1 启动鲁大师软件，单击【温度管理】按钮，默认选择【温度监控】选项卡，在展开的界面中以曲线图的形式显示了当前计算机的散热情况。

1. 单击

step 2 在【资源占用】栏中显示了 CUP 和内存的使用情况，单击右上角的【优化内存】超链接，鲁大师将自动优化计算机的物理内存，使其达到最佳运行状态。

1. 单击

💡 **知识点滴**

为了避免计算机硬件温度过高导致计算机死机或者重启情况的发生，用户可在【温度监控】选项卡右下角的【功能开关】栏中，单击【已关闭】按钮开启高温报警提示功能。一旦计算机出现温度过高的情况，软件就会自动报警提醒用户降温。

step 3 选择【节能降温】选项卡，其中提供了全面节能和智能降温这两种模式。本例中，选择【全面节能】单选按钮，单击【节能设置】|【设置】超链接。

单击左下角的【恢复默认设置】按钮，可以将该界面中的设置参数恢复到设置前的状态。

step 5 返回【节能降温】选项卡。此时在【节能设置】选项中，【启用节能墙纸】选项显示已开启。

step 4 打开【鲁大师设置中心】对话框，在"节能降温"选项卡中单击选中【根据检测到的显示器类型，自动启用合适的节能墙纸】复选框，单击【关闭】按钮。

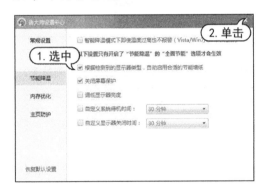

2.5 案例演练

本章的案例演练部分包括使用 Piexl Exerciser 显示器测试软件和使用鲁大师测试显卡性能这两个综合实例操作，用户通过练习从而巩固本章所学知识。

2.5.1 Piexl Exerciser 检测软件

Piexl Exerciser 是一款专业的液晶显示器测试软件，该软件可以快速检测显示存在的亮点和坏点。该软件无须安装，即可执行并开始显示器检测。

【例 2-16】使用 Piexl Exerciser 显示器性能检测软件，检测液晶显示器的性能。 视频

step 1 双击 Piexl Exerciser 启动图标，打开 Piexl Exerciser 软件的主界面，然后在该界面中选中 I have read 复选框，并单击 Agree 按钮。

step 2 接下来，右击屏幕中显示的色块，在弹出的菜单中选中 Set Size/Location 命令。

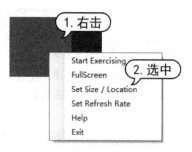

step 3 打开 Set Size 对话框，在 Set Size 对话框中设置显示器的检测参数后，单击 OK 按钮。

step 4 右击屏幕中显示的色块，在弹出的菜单中选中 Set Refresh Rate 命令，打开 Settings 对话框，输入显示器测试速率后，单击 OK 按钮。

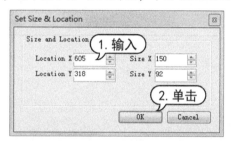

step 5 接下来，右击屏幕中显示的色块，在弹出的菜单中选中 Start Exercising 命令，开始检测显示器性能。

2.5.2 使用鲁大师测试显卡性能

利用鲁大师的硬件检测功能和性能检测功

能，对显卡进行测试。

【例2-17】使用鲁大师软件测试显卡性能。 视频

step 1 启动鲁大师软件，单击【性能检测】按钮，在打开的【电脑性能测试】选项卡中，取消选中【显卡性能】以外的复选框，单击【开始评测】按钮。

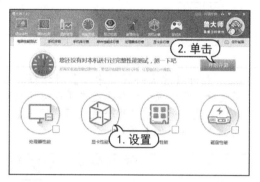

step 2 此时，鲁大师将开始检测计算机的显卡性能，稍作等待后将显示最终评测结果。

step 3 选择【显卡排行榜】选项卡，其中显示了该显卡的排名情况。

第3章

阅读与学习工具软件

　　本章将详细介绍阅读与学习软件的使用方法。通过对 Adobe Reader、搜狗拼音输入法、有道词典等工具软件使用方法的学习，用户可以应用这些软件在计算机中阅读不同种类的电子图书，同时还可以查阅一些国外的相关资料。

对应光盘视频

3.1 阅读 PDF 文档——Adobe Reader

PDF 全称为 Portable Document Format,译为可移植文档格式,是一种电子文件格式。要阅读该种格式的文档,需要特有的阅读工具,即 Adobe Reader。Adobe Reader(也称为 Acrobat Reader)是美国 Adobe 公司开发的一款优秀的 PDF 文档阅读软件,除了可以完成电子书的阅读外,还增加了朗读、阅读 eBook 及管理 PDF 文档等多种功能。

3.1.1 阅读 PDF 文档

PDF 全称 Portable Document Format,是便携文档格式的简称,它是 Adobe 公司开发的独特的跨平台文件格式。通过它可以把文档的文本、格式、链接、图形图像、声音和分辨率等所有信息整合在一个特殊的文件中。现在该文档已经成为新一代电子文本的行业标准。

PDF 文档的阅读方式和常用的 Word 文档的查阅方法有所不同,下面将利用 Adobe Reader 阅读 PDF 文档。

【例 3-1】通过 Adobe Reader 软件,阅读 PDF 文档。 📀 视频

step 1 启动 Adobe Reader 程序软件,在 Adobe Reader 的操作界面中,选择【文件】| 【打开】选项。

step 2 打开【打开】对话框,在【查找范围】下拉列表框中设置路径,选择文档的存储位置,在列表框中选择要打开的文档,单击【打开】按钮。

step 3 此时,即可打开该文档,进行阅读。

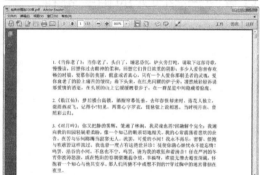

step 4 单击 Adobe Reader 操作界面左侧导览窗格中的【页面缩略图】按钮,在显示的文档中再次单击需要阅读的文档缩略图,即可快速打开指定的页面并在浏览区中进行阅读。单击导览窗格中【关闭】按钮,关闭导航窗格。

step 5 然后单击工具栏中【缩放】按钮右侧

的下拉按钮，在打开的下拉列表中选择所需要的缩放比例后，便可在浏览区中放大显示文档内容。

step 6 单击工具栏中【下一页】按钮，即可翻到下一页，阅读文档内容。

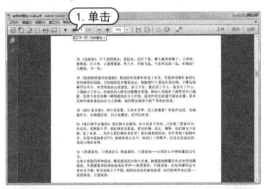

知识点滴

在 Adobe Reader 操作界面工具栏中的【页面数值】文本框中，输入要阅读的文档所在页面，按 Enter 键可快速跳转至指定页面，并可在浏览区中进行阅读。

step 7 在工具栏中的【页面数值】文本框中输入指定页面的页码，按 Enter 键，快速指向该页面，然后将其放大至 125%。

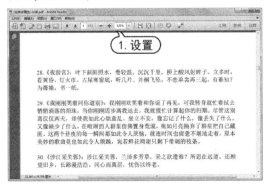

step 8 单击工具栏中的【高亮文本】按钮，

将鼠标指针移至需要突出显示的文本上后，进行拖动，使其突出的文本以黄底黑色的形式显示，单击工具栏中的【打印】按钮。

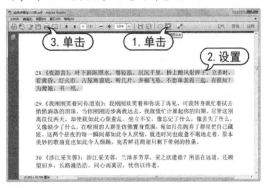

step 9 在打开的【打印】对话框中，设置打印机。打印范围和打印份数等参数后，单击【打印】按钮即可开始打印文档。

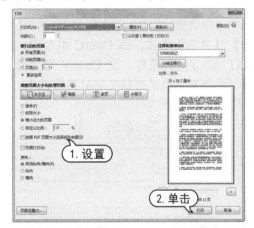

3.1.2 选择和复制文档内容

使用 Adobe Reader 阅读 PDF 文档时，可以选择和复制其中的文本及图像，然后将其粘贴到 Word 和记事本等文字处理软件中。下面介绍两种常用的 PDF 文档的选择和复制方法。

➤ 选择和复制部分文档：在 Adobe Reader 软件中打开要编辑的 PDF 文档后，将鼠标移至 Adobe Reader 的文档浏览区，当其变为 I 形状时，在需要选择文本的起始点单击并进行拖动，到这目标位置后再释放鼠标，此时光标变为 形状。然后，选择【编辑】|【复制】选项，或 Ctrl+C 组合键。打

开文字处理软件，按 Ctrl+V 组合键，即可将所选文档复制到文字处理软件中。

➤ 选择和复制全部文档：在 Adobe Reader 软件中打开要编辑的 PDF 文档后，选择【编辑】|【全部选定】菜单命令或按 Ctrl+A 组合键，选择全部文档内容。选择【编辑】|【复制】选项，或 Ctrl+C 组合键，然后打开文字处理软件，按 Ctrl+V 组合键，即可将全部文档复制到文字处理软件中。

3.1.3 使用朗读功能

Adobe Reader 拥有语音朗读功能，而且操作十分方便，该功能对于有特殊需求的用户是非常有用的。

【例 3-2】通过 Adobe Reader 软件，朗读 PDF 文档。📀视频

step 1 双击 Adobe Reader 软件启动程序，在 Adobe Reader 的操作界面中，选择【文件】|【打开】选项。打开需要朗读的 PDF 文档。

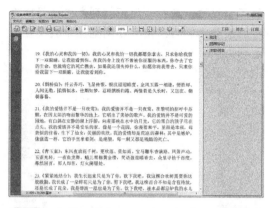

step 2 将插入点定位至需要朗读文本所在的段落中，然后，在菜单栏中选择【视图】|【朗读】|【启用朗读】选项。

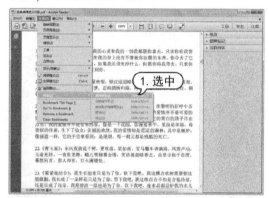

step 3 此时，在页面上将出现矩形框，框中内容将会被朗读。

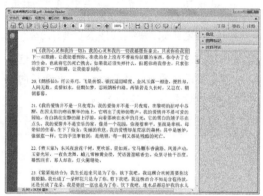

step 4 在菜单栏中，选择【视图】|【朗读】|【仅朗读本页】选项，软件将自动朗读从插入点所在页的开始至结尾的所有文档内容。

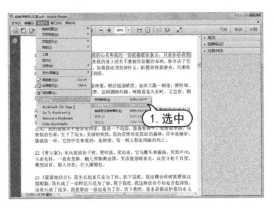

在朗读文档时，使用 Ctrl+Shift+C 组合键可暂停和启动朗读功能。

step 6 在软件朗读过程中，当需要停止朗读时，可选择【视图】|【朗读】|【停用朗读】菜单命令或直接按Ctrl+Shift+V组合键，即可停用该功能。

step 5 在菜单栏中，选择【视图】|【朗读】|【朗读到文档结尾处】选项，或者直接按下Shift+Ctrl+B组合键。软件将自动朗读从插入点所在页开始至文档结尾的所有内容。

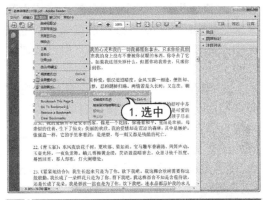

知识点滴

单击工具栏中的【以阅读方式查看】按钮，将自动隐藏操作界面中的工具栏和导览窗格两项，此时，更方便常看文档内容。若要取消该查阅方式，则可按Esc键退出。

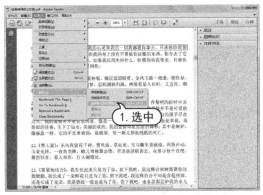

3.2　输入法软件——搜狗拼音

　　搜狗拼音输入法(简称搜狗输入法、搜狗拼音)是 2006 年 6 月由搜狐(NASDAQ：SOHU)公司推出的一款 Windows 平台下的汉字拼音输入法，已推出多个版本。搜狗拼音输入法是基于搜索引擎技术的、特别适合网民使用的、新一代的输入法产品，用户可以通过互联网备份自己的个性化词库和配置信息。与整句输入风格的"智能狂拼"不同的是，它偏向于词语输入特性，为中国国内现今主流汉字拼音输入法之一，奉行永久免费的原则。

3.2.1　搜狗拼音输入法的特点

　　搜狗拼音输入法是目前国内主流的拼音输入法之一。

　　它采用了搜索引擎技术，与传统输入法相比，输入速度有了质的飞跃。在词库的广度、词语的准确度上，都远远领先于其他输入法。

　　搜狗拼音输入法具有以下特点。

　　➤ 网络新词：搜狐公司将网络新词作为

搜狗拼音最大优势之一。鉴于搜狐公司同时开发搜索引擎的优势，搜狐声称在软件开发过程中分析了 40 亿网页，将字、词组按照使用频率重新排列。在官方首页上还有搜狐制作的同类产品首选字准确率对比。用户使用表明，搜狗拼音的这一设计的确在一定程度上提高了打字的速度。

➤ 快速更新：不同于许多输入法依靠升级来更新词库的办法，搜狗拼音采用不定时在线更新的办法。这减少了用户自己造词的时间。

➤ 整合符号：这项功能，其他一些同类产品中可实现。但搜狗拼音将许多符号表情也整合进词库，如输入 haha 得到^_^。另外还有提供一些用户自定义的缩写。例如，输入 QQ，则显示"我的 QQ 号是 XXXXXX"等。

➤ 笔画输入：输入时以 u 作引导可实现以 h(横)、s(竖)、p(撇)、n(捺，d(点)、t(提)等笔画结构输入字符。值得一提的是，竖心的笔顺是点点竖(dds)，而不是竖点点。

➤ 手写输入：最新版本的搜狗拼音输入法支持扩展模块，联合开心逍遥笔增加手写输入功能。当用户按 u 键时，拼音输入区会出现"打开手写输入"的提示，或者查找候选字超过两页也会提示。单击可打开手写输入(如果用户未安装，单击会打开扩展功能管理器，可以单击【安装】按钮在线安装)。该功能可帮助用户快速输入生字，极大地增加了用户的输入体验。

➤ 输入统计：搜狗拼音提供了统计用户输入字数和打字速度的功能。但每次更新都会清零。

➤ 输入法登录：可以使用输入法登录功能登录搜狗、搜狐、chinaren、17173 等网站会员。

➤ 个性输入：用户可以选择多种精彩皮肤。最新版本按 i 键可开启快速换肤。

➤ 细胞词库：细胞词库是搜狗首创的、开放共享、可在线升级的细分化词库功能。细胞词库包括但不限于专业词库，通过选取合适的细胞词库，搜狗拼音输入法可以覆盖几乎所有的中文词汇。

➤ 截图功能：可在选项设置中选择开启/禁用和安装/卸载功能。

3.2.2　输入单个汉字

使用搜狗拼音输入法输入单个汉字时，可以使用简拼输入方式，也可以使用全拼输入方式。

例如，用户要输入一个汉字"和"，可按 H 键，此时输入法会自动显示首个拼音为 H 的所有汉字，并将最常用的汉字显示在前面。

此时，"和"字位于第二个位置，因此直接按数字键 2，即可输入"和"字。

另外用户还可使用全拼输入方式，直接输入拼音 HE。此时，"和"字位于第一个位置，直接按空格键即可完成输入。

如果用户要输入英文，在输入拼音后直接按 Enter 键即可输入相应的英文。

3.2.3 输入词组

搜狗拼音输入法具有丰富的专业词库，并能根据最新的网络流行语更新词库，极大地方便了用户的输入。

例如，用户要输入一个词组"天空"，可按 T、K 两个字母键，如下图所示。

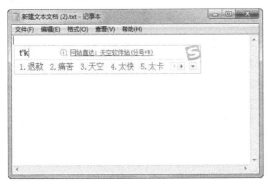

此时，输入法会自动显示首个拼音字母为 T 和 K 的所有词组，并将最常用的汉字显示在前面，如下图所示。此时，用户按数字3，即可输入"天空"。

搜狗拼音输入法其丰富的专业词库可以帮助用户快速地输入一些专业词汇，如股票基金、计算机名词、医学大全和诗词名句大全等。另外，对于一些游戏爱好者，还提供了专门的游戏词库。下面利用诗词名句大全词库来输入一首古诗。

【例 3-3】使用搜狗拼音输入法输入古诗《静夜思》。 🎬视频

step ① 启动记事本程序，切换至搜狗拼音输入法。

step ② 依次输入诗歌第一句话的前 4 个字的声母：C、Q、M、Y。此时，在输入法的候选词语中出现诗句"床前明月光"。

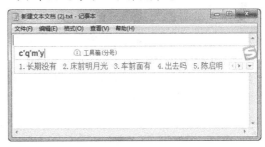

step ③ 直接按数字键2，即可输入该句。按下 Enter键换行。

step 4 然后输入诗歌第二句的前 4 个字的声母：Y、S、D、S。此时，在输入法的候选词语中出现诗句"疑是地上霜"。直接按下数字键 2，输入该句。

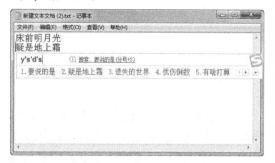

step 5 按照同样的方法输入诗歌的后两句。

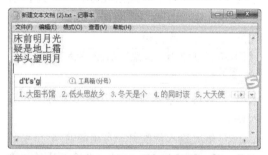

3.2.4 快速输入符号

搜狗拼音输入法中可以输入多种特殊符号，如三角形(△▲)、五角形(☆★)、对勾(√)、叉号(×)等。如果每次输入这种符号都要去特殊符号库中寻找，未免过于麻烦，其实用户只要输入这些特殊符号的名称就可快速输入相应的符号了。

例如，用户要输入★，可直接输入拼音 WJX，然后在候选词语中即可显示★符号。用户直接按数字键 6 即可完成输入。

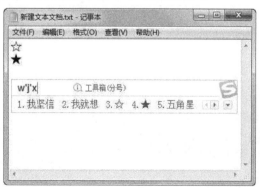

3.2.5 V 模式的使用

使用 V 模式可以快速输入英文，另外可以快速输入中文数字。当用户直接输入字母 V 时，会显示如下图所示的提示。

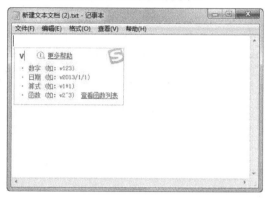

▶ 中文数字金额大小写：输入 V126.45，可得如下结果："一百二十六元四角五分"或者"壹佰贰拾陆元肆角伍分"。

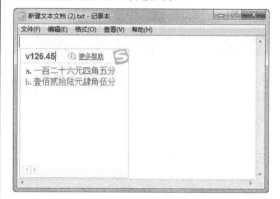

▶ 输入罗马数字(99 以内)：输入 V56，可得到多个结果，包括中文数字的大小写等，其中可选择需要的罗马数字。

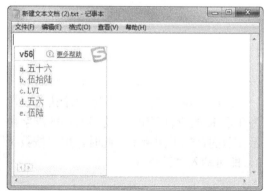

➤ 日期自动转换：输入 V2016-10-06，可快速将其转化为相应的日期格式，包括星期几。

➤ 计算结果快速输入：搜狗拼音输入法还提供了简单的数字计算功能。例如，输入"V7+5*6+47"，将得到算式和结果。

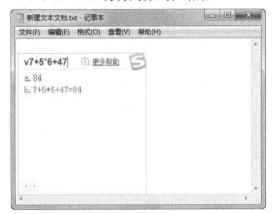

➤ 简单函数计算：搜狗拼音输入法还提供了简单的函数计算功能。例如，输入 Vsqrt88，将得到数字 88 的开平方计算结果。

3.2.6　笔画输入法

笔画输入法是目前最简单易学的一种汉字输入法。对于不懂汉语拼音，而又希望在最短时间内学会电脑打字，以快速进入电脑实际应用阶段的新手用户来说，使用笔画输入法是一条不错的捷径。

搜狗拼音输入法自带了笔画输入法功能。在搜狗拼音输入法状态下，按下键盘上的字母键 U，即可开启笔画输入状态。

1. 笔画输入法的 5 种笔画分类

笔画是汉字结构的最低层次，根据书写方向将其归纳为以下 5 类。

➤ 从左到右(一)的笔画为横。

➤ 从上到下(丨)的笔画为竖。

➤ 从右上到左下(丿)的笔画为撇。

➤ 从左上到右下(丶)的笔画为捺和点。

➤ 带转折弯钩的笔画(乙或乛)为折。

2. 5 个笔画分类的说明

笔画输入法中 5 种基本笔画包含的范围说明如下。

➤ 横："一"，包括"提"笔。

➤ 竖："丨"，包括"竖左钩"。例如，和"直"字的第二笔一样的笔画也是竖。

➤ 撇："丿"，从右上到左下的笔画都算是撇。

➤ 捺和点："丶"从左上到右下的都归为点，不论是捺还是点。

➤ 折："乙或乛"，除竖左钩外所有带折的笔画，都算是折。特别注意以下 3 种也属于折。例如，"横勾"、"竖右勾"和"弯钩"。

3. 搜狗拼音输入法中对应的按键

在搜狗拼音输入法中，5 种笔画对应的键盘按键如下。

➤ (一)横：对应字母键 H 或小键盘上的数字键 1。

➤ (丨)竖：对应字母键 S 或小键盘上的

数字键 2。

> （丿）撇：对应字母键 P 或小键盘上的数字键 3。

> （丶）捺和点：对应字母键 N 或小键盘上的数字键 4。

> （乙或乛）折：对应字母键 Z 或小键盘上的数字键 5。

4. 常见难点偏旁和难点字

常见的难点偏旁有以下这些。

竖心旁(如"情")：点、点、竖。

雨字头(如"雪")：横、竖、折、竖、点。

臼字头(如"舅")：撇、竖、横、折、横、横。

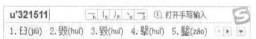

宝盖头(如"宝")：点、点、折。

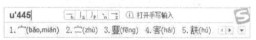

反犬旁(如"狼")：撇、折、撇。

常见的难点字有以下这些。

那：折、横、横、撇、折。

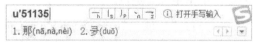

比：横、折、撇、折。

皮：折、撇、竖、折、点。

与：横、折、横。

以：折、点、撇、点。

非：竖、横、横、横。

北：竖、横、横、撇、折。

3.2.7 手写输入法

除了笔画输入法以外，还可以使用另一种更加简便的输入方式：手写输入。它类似于用笔在纸上写字，只不过"笔"被换成了鼠标，"纸"被换成了屏幕上的写字板区域。

搜狗拼音输入法带有手写输入的附加功能，该功能需要用户自行安装。

在搜狗拼音输入法状态下，按下字母键 U，打开如下图所示的界面，然后单击【打开手写输入】链接。

如果用户的电脑中尚未安装手写输入插件，则单击该链接后，会自动安装该插件。安装完成后会打开【手写输入】界面。

在【手写输入】界面中，中间最大的区域是手写区域，右上部是预览区域，右下部是候选字区域。

左下角有两个按钮。

▶【退一笔】按钮：单击该按钮可撤销上一笔的输入。

▶【重写】按钮：单击该按钮，可清空手写区域。

用户若要输入汉字，可先将光标定位在输入点，然后使用鼠标在【手写输入】面板中书写汉字。书写完成后，在【手写输入】界面的右上角会显示与书写者"写入"的汉字最接近的一个汉字，直接单击该汉字即可完成该汉字的输入。

在界面的右下部分会显示与书写者输入汉字比较接近的多个汉字，供用户选择。

💡 知识点滴

　　搜狗拼音输入法的手写功能具有很高的识别率，即使是书写者的字迹比较潦草，也可很好地识别。但是为了提高输入效率，在书写时应尽量工整。

3.3 翻译软件——有道词典

有道词典是由网易有道出品的全球首款基于搜索引擎技术的全能免费语言翻译软件，为全年龄段学习人群提供优质顺畅的查词翻译服务。

3.3.1 查询中英文单词

有道词典是目前最流行的英语翻译软件之一。该软件可以实现中英文互译、单词发声、屏幕取词、定时更新词库以及生词本辅助学习等功能，是不可多得的实用软件。

【例3-4】在"有道词典"软件中，查询中英文单词。

🔘 视频

step ① 启动"有道词典"翻译软件，在搜索栏输入要查询的英文单词apple，即可显示该单词的意思和与其相关的词语。

step ② 按下Enter键，即可查看更完整的单词释义。

step ③ 当需要查询法语、日语和汉语的单词时，需要先单击 En 按钮。在打开的下拉列表中，选择对应的选项，再输入要查询的单词即可。

step ④ 在左侧单击【权威词典】选项卡，可在右侧查看权威词典中的单词释义。

step ⑤ 在左侧单击【用法】或【例句】选项卡，可在右侧看到相关的详细释义。

step ⑥ 在输入文本框中输入汉字"丰富"，则系统会自动显示"丰富"的英文单词和与"丰富"相关的汉语词组。按下Enter键，仍然可查看更完整的词语释义。

step ⑦ 单击【例句】按钮，可显示与查询的单词相关的中英文例句。

3.3.2 整句完整翻译

在有道词典的主界面中，单击【翻译】按钮，可打开翻译界面，在该界面中可进行中英文整句完整互译。

例如，在【原文】文本框中输入"我想和你在一起"，然后单击【自动翻译】按钮，即可自动将该句翻译成英文。

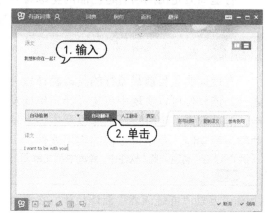

💡 **知识点滴**

单击【复制译文】按钮，可复制翻译好的句子，单击【参考例句】按钮，可打开【参考例句】窗口，显示相关例句。

3.3.3 使用屏幕取词功能

有道词典的屏幕取词功能是非常人性化的一个附加功能。只要将鼠标指针指向屏幕中的任何中、英字词，有道词典就会出现浮动的取词条。用户可以方便地看到单词的音标、注释等相关内容。

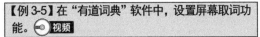

【例3-5】在"有道词典"软件中,设置屏幕取词功能。 ◎视频

step 1 启动"有道词典"翻译软件,选择左下方的【开始菜单】|【设置】|【软件设置】选项。

step 2 打开【软件设置】对话框,选择【取词划词】选项卡。

> 💡 **知识点滴**
>
> 使用"有道词典"的取词功能进行窗口阅读时,若发现有陌生的字词,可移动鼠标进行二次辅助取词,同样可以得到准确的翻译。

step 3 在【取词划词】选项卡中,选中【启用屏幕划词】复选框,根据需要设置其他选项,单击【保存设置】按钮。

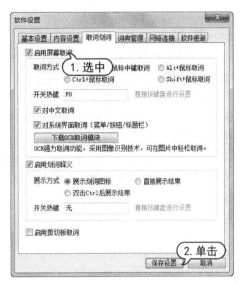

step 4 此时,将鼠标指针放在需要翻译的词语上,软件即可自动进行翻译,并打开翻译信息。

step 5 在网页中如果遇到需要翻译的、稍长的词句,可以通过拖动选择需要翻译的词句,停止选取后,"有道词典"将自动打开翻译的内容。

3.3.4 使用生词本功能

"有道词典"翻译软件,还为用户提供了生词本的功能,可以将遇到的生词放入生词本,以便以后记忆,其具体操作如下。

【例3-6】在"有道词典"软件中,使用生词本功能。 视频

step 1 启动"有道词典"翻译软件,选择要加入单词本的单击,单击【添加到单词本】按钮。

step 2 再次单击【添加到单词本】按钮,打开【修改单词】对话框。可以在其中对单词的音标和解释等进行设置。单击左下角【单词本】按钮。

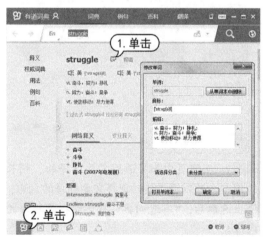

step 3 打开【有道单词本】对话框。在其中可以对单词进行添加、编辑、删除和管理等设置。

📖 知识点滴

有道单词本还提供了单词复习模式,以帮助用户巩固所学的单词。单击 复习 按钮,进入复习模式的导向界面,根据提示进行复习。

step 4 单击【卡片浏览模式】按钮,对单词的浏览进行设置。

step 5 单击【单词本设置】按钮,打开【单词本设置】对话框。在其中,可以对【复习】相关选项进行设置。

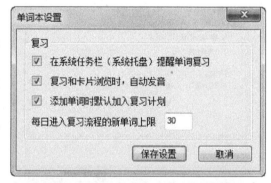

3.3.5 使用真人发音功能

使用"有道词典"翻译软件,用户不仅可以查询和翻译单词,还可以对查询的英文单词进行真人发音操作。下面将介绍使用"有道词典"翻译软件进行真人发音的操作方法。

【例3-7】在"有道词典"软件中,使用真人发音功能。 视频

step 1　启动"有道词典"翻译软件，在文本框中输入需要查询的词语，输入词语"计算机"。

step 2　按下Enter键，即可查看该单词更完整的释义。在查询到的单词中，选择computer单词。

step 3　打开computer单词的详细翻译内容，单击【喇叭】 图标，即可进行真人发音，朗读选中的单词了。

3.3.6　设置操作选项

使用"有道词典"翻译软件，可对词典和热键等选项进行设置，以满足不同的使用需求。下面介绍常用选项的设置方法，其具体操作如下。

【例3-8】在"有道词典"软件中，设置操作选项。
　视频

step 1　启动"有道词典"翻译软件，选择【开始菜单】|【设置】|【软件设置】选项。

step 2　打开【软件设置】对话框，选择【基本设置】选项卡，在其中可以对启动项、主窗口和迷你窗口进行设置。在【启动】栏中取消选中【开机时自动启动】复选框。在【主窗口】栏中，选中【主窗口总在最上面】复选框。

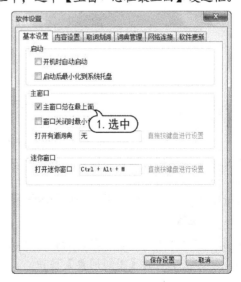

step 3 选择【词典管理】选项卡，可在其中添加本地词典，并进行管理。

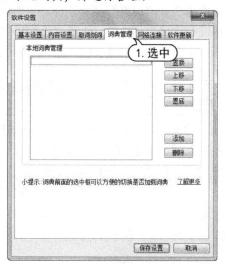

step 4 单击【内容设置】选项卡，可在其中对互译环境、其他和历史记录进行相关的设置。

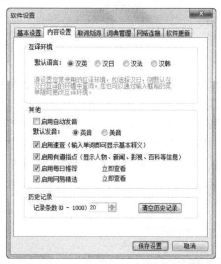

3.3.7 使用图解词典功能

"有道词典"软件拥有生动的图解词典。它利用千余幅精美图片，可以帮助用户系统地、直观地学习单词。

【例3-9】在"有道词典"软件中，使用图解词典功能。 ◉视频

step 1 双击"有道词典"翻译软件，启动程序，单击左下角的【图解词典】按钮。

step 2 打开【有道词典-图解词典】对话框。在其右侧列出了很多的图片分类，选择相应的选项，在其右侧将出现相关的图片。然后，单击感兴趣的图片。

step 3 打开相应的图片示意和对应的单词。此时，将以图文结合的方式让用户主动地学习单词。

3.4　阅读软件——iRead 爱读书

iRead 是一款最为流行和最具阅读体验的阅读器、电子书制作工具和读书平台，支持 txt、epub、pdf 的阅读、转换和制作。

iRead 软件主要包含 iRead 书房、iRead 阅读器、iAuthor 制作三个系列套件，迄今为止，共获得 500 多万次下载。

3.4.1　iRead 爱读书软件特点

iRead 支持模拟真书翻页，使用 iRead，它的完美翻页阅读、书页效果、灯光模式、书签、便条、批注以及听书、做书、评书、书房等多重元素会带给人们无与伦比的真书感受和超越纸质书的独特美妙体验。

▶ 阅读者：真书装帧，享受完美的看书体验。完全模拟真书，多样化的封面、封底、封套、内封，逼真的翻页效果，各式各样精美的书签，数十套不同材质的纸张，强大而又丰富的批注功能，真人朗读效果，让人们的阅读变得更加的随心所欲。无论是 web 在线阅读，还是本机看书，都具备相同的完美真书呈现和舒适阅读体验。

▶ 藏书家：风格书架，让每本书都有自己的家。用户可拥有多个书架，每个书架可增加多个不同的分组，书籍排列可分宽、窄、重叠方式，每本书籍都可自由地拖动和排列；每个书架都可定制不同的风格和框架——就像家里书房墙边的书架一样！木质风格、玻璃风格等各具特色，还可拥有更多风格选择。

▶ 制作狂：轻松制作，制作自己喜欢的电子书没有繁琐的过程，只需要简单三步。用户喜欢的或者用户自己写的书，无论是小说，还是漫画，都可以轻轻松松变身成精美的电子书。还有上百种纸张、书签风格让用户的书籍变得更加完美。并且，它支持 txt、epub、pdf 的导入。

3.4.2　查看支持的文件格式

使用 iRead 阅读书籍时，首先要了解该软件所支持的文件格式。下面介绍如何查看该软件所支持的文件格式。

【例 3-10】在"iRead"软件中，查看支持的文件格式。

step 1 双击"iRead阅读器"翻译软件，启动程序，选择【打开】选项。

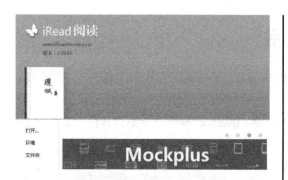

step ② 打开【iRead-打开书籍】对话框，在文件类型栏中，用户可以看到其所支持的格式：ib3、epub、pdf、txt、ibk、ibc。选择【经典散文】文档，单击【打开】按钮。

step ③ 稍等片刻，即可打开文档，进行阅读。

step ④ 通过拖动进行翻页。右击任意位置，打开菜单栏，进行设置。

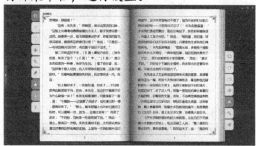

3.4.3 转换文本格式

使用 iRead 阅读书籍时，如果遇到一些

软件不支持的格式文档，需要先进行格式转换，才可以阅读。下面介绍如何对 pdf 文件进行文件格式转换。

【例3-11】在"iRead"软件中，转换文本格式。

step ① 双击"iRead阅读器"翻译软件，启动程序，选择【打开】选项。

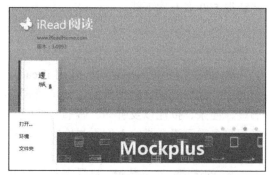

step ② 打开【iRead-打开书籍】对话框，选择"经典诗"文档，单击【打开】按钮。

step ③ 打开【提示】对话框，导入pdf书籍，单击【是】按钮。

step ④ 打开【导入PDF】对话框，选择【立即开始转换】单选按钮，单击【确定】按钮。

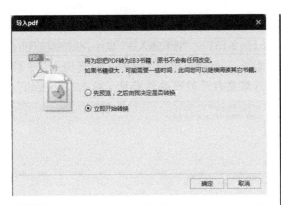

step 5 打开【iRead转换精灵】对话框，软件对PDF文件进行转换。

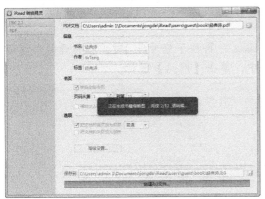

step 6 打开提示框，提示转换完成，单击【是】按钮。

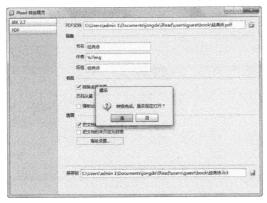

step 7 打开转换后的文档，进行翻页阅读。

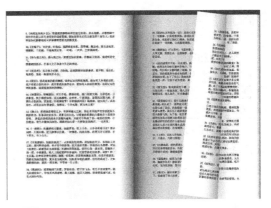

step 8 返回软件主界面，选择【打开】选项，查看转换后的文档。

实用技巧

在 iRead 阅读器中按下 F1 键即可查看到软件的快捷键，掌握快捷键的使用，能够使用户更加熟练地使用软件。

3.5 案例演练

本章的实战演练部分包括设置输入法外观和快速链接网页这两个综合实例操作，用户通过练习从而巩固本章所学知识。

3.5.1　设置输入法外观

　　输入法的外观又叫作输入法的皮肤，用户可以通过设置来改变输入法的外观。

【例3-12】在"搜狗输入法"软件中，设置输入法外观。

step 1　以搜狗拼音输入法为例，右击输入法状态条，选择【设置属性】命令，打开【搜狗拼音输入法设置】对话框。

step 2　单击左侧的【外观】按钮，在右侧的区域中对搜狗拼音输入法的外观进行设置。

step 3　单击【恢复本页默认设置】按钮，可将输入法外观恢复为设置前的状态。

3.5.2　快速链接网页

　　如果没有打开浏览器的时候，想要打开某个网页，这时不需要去启动浏览器，然后再输入地址，只需要在输入法中输入要打开的网站名再加上"；"即可。

【例3-13】在"搜狗输入法"软件中快速链接网页。

step 1　打开一个空白文档，打开输入法，输入需要打开的网站的网址，输入"Sougou"。

step 2　再按下分号(；)键，在打开的对话框中，单击【网站】图标。

step 3　即可打开输入的网站。

第4章

文件管理工具软件

　　随着文件的逐渐增多，文件管理工作也会变得越来越繁琐。大量琐碎的文件既可能给用户查找和索引造成困难，同时也影响着计算机的性能。使用文件处理软件，可以有效地管理各种复杂的文件。帮助用户查找和索引各种不同的文件，避免影响计算机性能，提高使用计算机的效率。

---- 对应光盘视频 ----------------------

4.1 文件压缩与解压缩软件——WinRAR

在使用计算机的过程中，经常会碰到一些体积比较大的文件或者是比较零碎的文件，这些文件放在计算机中会占据比较大的空间，也不利于计算机中文件的整理。此时，可以使用WinRAR将这些文件压缩，以便管理和查看。

4.1.1 文件的管理

文件是操作系统管理数据的最基本单位，当大量文件充斥于计算机中时，会给用户查找、使用、编辑以及管理计算机带来很大的困扰。因此文件越多，就越需要用户对文件进行合理有效的管理

文件管理对于用户使用计算机有重要的意义。对于计算机而言，文件管理就是对文件存储空间进行组织、分配和回收，对文件进行存储、检索、共享和保护；对于用户而言，文件管理则是将各种数据文件分类管理，以便查找、使用、修改等。

在了解文件管理这一概念时，需要了解文件在计算机中存储的特点，以及文件的分类方式等。

1. 文件在计算机中存储的特点

在计算机系统中，所有的数据都是以文件的形式存在的。操作系统本身的文件也不例外。了解文件在计算机中存储的特点，有助于合理地管理这些文件。

▶ 文件名的唯一性：在同一磁盘的同一目录下，不允许出现相同的文件名。

▶ 文件的可修改性：文件可以被存储在磁盘、光盘和U盘等存储介质中，并且可以实现文件在计算机和存储介质之间的相互复制，也可以实现文件在计算机之间的相互复制。

▶ 文件的可移动性：文件可以被存储在磁盘、光盘和U盘等存储介质中，并且可以实现文件在计算机和存储介质之间的相互复制，也可以实现文件在计算机和计算机之间的相互复制。

▶ 文件位置的固定性：文件在磁盘中存储的位置是固定的。在一些情况下，需要给出文件的存储路径，从而告诉程序和用户该文件的位置。

2. 文件的分类

计算机中的文件可以分为两大类，一类是没有经过编译和加密的、由字符和序列组成的文件，被称作文本文件，包括记事本的文档、网页、网页样式表等；而另一类则是经过软件编译或加密的文件，被称作二进制文件，包括各种可执行程序、图像、声音、视频等文件。

当需要规划文件具体的用途时，可能会涉及到更详细的文件分类，以更有效、方便地组织和管理文件。

在Windows中常用的文件扩展名及其表示的文件类型如下表所示。

扩展名	文件类型
AVI	视频文件
BAK	备份文件
BAT	批处理文件
BMP	位图文件
EXE	可执行文件
DAT	数据文件
DCX	传真文件
DLL	动态链接库
DOC	Word 文件
DRV	驱动程序文件
FON	字体文件
HLP	帮助文件
INF	信息文件
MID	乐器数字接口文件
MMF	mail 文件
RTF	文本格式文件
SCR	屏幕文件

（续表）

扩展名	文件类型
TTF	TrueType 字体文件
TXT	文本文件
WAV	声音文件

　　了解文件在计算机中的存储特点和文件常见分类方法、是对文件进行管理的基础。

4.1.2　压缩文件

　　WinRAR 是目前最流行的一款文件压缩软件，其界面友好、使用方便，能够创建自释放文件，修复损坏的压缩文件，并支持加密功能。使用 WinRAR 压缩软件有两种方法：一种是通过 WinRAR 的主界面来压缩；另一种是直接使用右键快捷菜单来压缩。

1. 通过 WinRAR 主界面压缩

　　本节通过一个具体实例介绍如何通过 WinRAR 的主界面压缩文件。

【例 4-1】使用 WinRAR 将多个文件压缩成一个文件。👉视频

step 1 选择【开始】|【所有程序】|WinRAR|WinRAR 命令。

step 2 打开 WinRAR 程序的主界面。选择要压缩的文件夹的路径，然后在下面的列表中选中要压缩的多个文件,单击工具栏中的【添加】按钮。

step 3 打开【压缩文件名和参数】对话框，在【压缩文件名】文本框中输入"我的收藏"，

然后单击【确定】按钮，即可开始压缩文件。

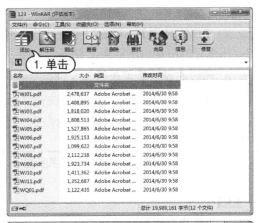

　　在【压缩文件名和参数】对话框的【常规】选项卡中有【压缩文件名】、【压缩文件格式】、【压缩方式】、【库典大小】、【切分为分卷，大小】、【更新方式】和【压缩选项】几个选项区域，它们的含义分别如下。

　　▶ 【压缩文件名】：单击【浏览】按钮，可选择一个已经存在的压缩文件。此时，WinRAR 会将新添加的文件压缩到这个已经存在的压缩文件中。另外，用户还可输入新的压缩文件名。

　　▶ 【压缩文件格式】：选择 RAR 格式可得到较大的压缩率，选择 ZIP 格式可得到较快的压缩速度。

　　▶ 【压缩方式】：选择标准选项即可。

　　▶ 【切分为分卷，大小】：当把一个较大的文件分成几部分来压缩时，可在这里指定每一部分文件的大小。

▶ 【更新方式】：选择压缩文件的更新方式。

▶ 【压缩选项】：可进行多项选择。例如，压缩完成后是否删除源文件等。

2. 通过右键快捷菜单压缩文件

WinRAR 成功安装后，系统会自动在右键快捷菜单中添加压缩和解压缩文件的命令，以方便用户使用。

【例 4-2】使用右键快捷菜单将多本电子书压缩为一个压缩文件。

📹 视频

step 1 打开要压缩的文件所在的文件夹。按 Ctrl+A 组合键选中这些文件，然后在选中的文件上右击，在打开的快捷菜单中选择【添加到压缩文件】命令。

step 2 在打开的【压缩文件名和参数】对话框中输入"PDF 备份"，单击【确定】按钮，即可开始压缩文件。

💡 知识点滴

使用 WinRAR 软件对文件进行压缩存放，不仅节省大量的磁盘空间，还可方便用户使用 U 盘等移动存储器来进行文件的存储与交换。

4.1.3 解压缩文件

压缩文件必须要解压才能查看。要解压文件，可采用以下几种方法。

1. 通过 WinRAR 主界面解压文件

选择【开始】|【所有程序】|WinRAR| WinRAR 命令，选择【文件】|【打开压缩文件】选项。

选择要解压的文件，然后单击【打开】按钮。选定的压缩文件将会被解压，并将解压的结果显示在 WinRAR 主界面的文件列表中。

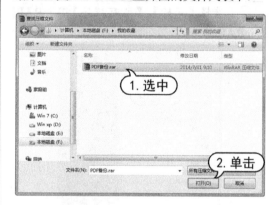

另外，通过 WinRAR 的主界面还可将压缩文件解压到指定的文件夹中。方法是，单击【路径】文本框最右侧的按钮，选择压缩文件的路径，并在下面的列表中压的选中要解压的文件，然后单击【解压到】按钮。

打开【解压路径和选项】对话框。在【目标路径】下拉列表框中设置解压的目标路径后，单击【确定】按钮，即可将该压缩文件解压到指定的文件夹中。

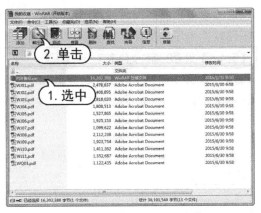

2. 使用右键快捷菜单解压文件

直接右击要解压的文件，在打开的快捷菜单中有【解压文件】、【解压到当前文件夹】和【解压到】这 3 个相关命令可供选择。它们的具体功能分别如下。

▶ 选择【解压文件】命令，可打开【解压路径和选项】对话框。用户可对解压后文件的具体参数进行设置，如【目标路径】、【更新方式】等。设置完成后，单击【确定】按钮，即可开始解压文件。

▶ 选择【解压到当前文件夹】命令，系统将按照默认设置，将该压缩文件解压到当前的目录中。

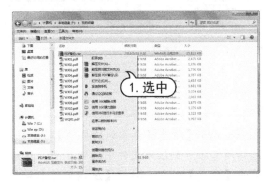

▶ 选择【解压到】命令，可将压缩文件解压到当前的目录中，并将解压后的文件保存在和压缩文件同名的文件夹中。

3. 使用右键快捷菜单解压文件

直接双击压缩文件，可打开 WinRAR 的主界面。同时该压缩文件会被自动解压，并将解压后的文件显示在 WinRAR 主界面的文件列表中。

4.1.4　管理压缩文件

在创建压缩文件时，可能会遗漏所要压缩到的文件或多选了无须压缩的文件。这时可以使用 WinRAR 管理文件，无须重新进行压缩操作，只须在原有已压缩好的文件里添加或删除即可。

【例4-3】在创建好的压缩文件中添加和删除文件。

视频

step 1 双击压缩文件，打开 WinRAR 对话框，单击【添加】按钮。

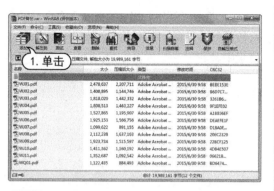

step 2 打开【请选择要添加的文件】对话框。选择所需添加到压缩文件中的电子书,然后单击【确定】按钮。打开【压缩文件名和参数】对话框。

step 3 继续单击【确定】按钮,即可将文件添加到压缩文件中。

step 4 如果要删除压缩文件中的文件,在 WinRAR 窗口中选中要删除的文件,单击【删除】按钮即可删除。

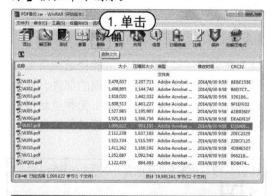

4.1.5 设置压缩包文件加密

完成压缩文件后,如果不想让其他人看

到压缩文件里面的内容,可以使用 WinRAR 压缩软件为压缩文件添加密码。

【例4-4】 设置压缩包文件密码。 视频

step 1 双击压缩包文件,在打开的压缩包的窗口中,选择要设置密码的文件夹,单击【添加】按钮。

step 2 打开【请选择要添加的文件】对话框,选择要设置密码的文件夹,单击【确定】按钮。

step 3 打开【压缩文件名和参数】对话框。选择【常规】选项卡,单击【设置密码】按钮。

step④ 打开的【输入密码】对话框，在【输入密码】和【再次输入密码以确认】文本框中，输入密码，单击【确定】按钮。

step⑤ 返回【带密码压缩】对话框，单击【确定】按钮。完成密码设置。

step⑥ 再次运行此压缩包文件时，打开【输入密码】对话框，输入密码才可打开。

4.2　文件加密、解密软件

Windows 7 系统常用的办公软件，都包含重要的文件资料，即使忘记了密码，还是有方法获取密码从而解密这些文件。本节介绍常用加密和解密软件。

4.2.1　使用 Word 文档加密器

"Word 文档加密器"可以精确控制打印、精确控制机器、精确控制复制、精确控制复制字数、多文件共享一个授权。

【例4-5】使用 Word 文档加密器。

step① 双击【Word 文档加密器】软件启动程序，单击【选择&添加文档】按钮。

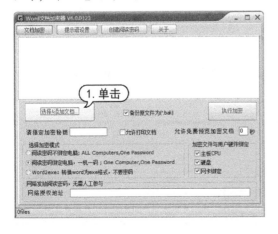

step② 打开【打开】对话框，选择需要加密的 Word 文档，单击【打开】按钮。

step③ 返回【Word 文档加密器】对话框，在【请指定加密秘钥】文本框中，输入密码。在【选择加密模式】选项中，选择下方的【阅读密码不绑定电脑】单选按钮。

step④ 单击【执行加密】按钮，打开【加载完成】提示框，单击 OK 按钮。

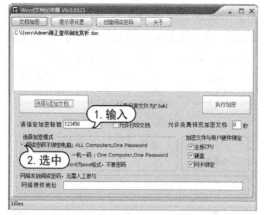

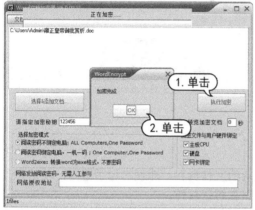

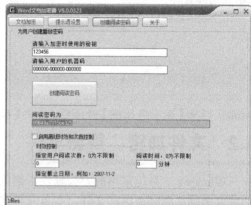

step 5 打开文件所在路径，双击加密后的文档，打开【授权】对话框。复制【您的机器码】文本框中的编码。

step 8 返回【授权】对话框，在【阅读密码】文本框中粘贴刚才复制的密码，单击【确定】按钮。

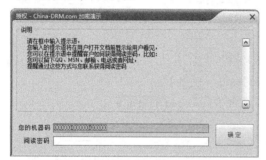

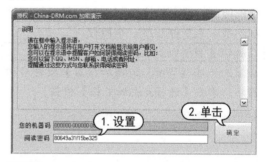

step 6 返回【Word 文档加密器】对话框。选择【创建阅读密码】选项卡，在【请输入加密时使用的秘钥】文本框中，输入密码。在【请输入用户的机器码】文本框中，粘贴刚才复制的编码。

step 7 单击【创建阅读密码】按钮，复制下方【阅读密码为】文本框中的密码。

step 9 此时，即可打开此 Word 文档。

4.2.2　使用 PPTX 加密器

PPTX 高级扩展打包加密器可以打包加密幻灯文档，加密文档可以绑定计算机一机一码授权播放，别人就无法传播此文档。

【例4-6】使用PPTX扩展打包加密器。

step 1 双击【PPTX 高级扩展打包加密器】软件启动程序，单击右侧【选择文档】按钮。

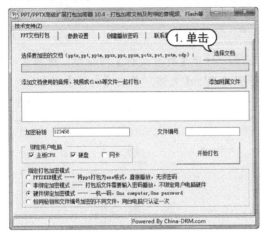

step 2 打开【打开】对话框，选择需要加密的 PPT 文档，单击【打开】按钮。

step 3 返回【PPTX 高级扩展打包加密器】对话框。在【加密秘钥】文本框中，输入密码，选择【非绑定加密模式】单选按钮。

step 4 单击【开始打包】按钮，打开【加载完成】提示框，单击 OK 按钮。

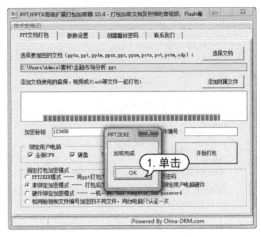

step 5 打开文件所在路径，双击加密后的文档，打开【说明】对话框。复制【您的机器码】文本框中的编码。

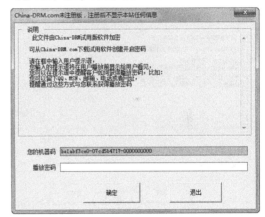

step 6 返回【PPT/PPTX 高级扩展打包加密器】对话框。选择【创建播放密码】选项卡。在【请输入加密时使用的秘钥】文本框中，输入密码。在【请输入用户的机器码】文本框中，粘贴刚才复制的编码。

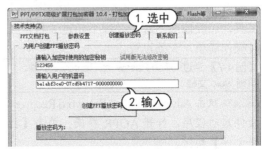

step 7 单击【创建 PPT 播放密码】按钮，复制【播放密码为】文本框中的密码。

step 8 返回【说明】对话框。在【播放密码】文本框中，粘贴刚才复制的密码，单击【确定】按钮。即可打开此 PPT 文档。

4.2.3 解密 Word 文档

如果用户忘记了 Word 文档的密码，可以通过 Office Password Remover 工具进行解密。Office Password Remover 是一款可以瞬间破解 Word、Excel 和 Access 文档密码的工具，一般情况下解密过程不超过 5 秒，而且操作简单，无须设置。

【例 4-7】通过 Office Password Remover 软件，解密 word 文档。

step 1 双击 Advanced Office Password Recovery 软件启动程序，打开 AOPR 界面，单击【打开文件】按钮。

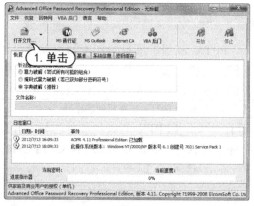

step 2 打开【打开文件】对话框，选择需要解密的 Word 文档，单击【打开】按钮。

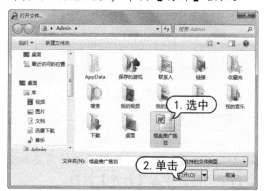

step 3 打开【预备破解】对话框，程序进入自动解密操作，在提示框中可以查看到具体解密进度。

step 4 等待几分钟，打开【Word 密码已被恢复】对话框，即可查看解密出的密码。

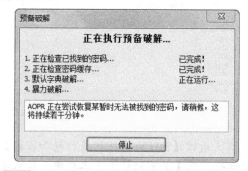

4.2.4　解密 Excel 工作表

Passware Kit 一个密码恢复工具合集。将所有的密码恢复模块全部集成到一个主程序中。恢复文件密码时，只须启动主程序。凡是所支持的文件格式，都可以自动识别并调用内部相应的密码恢复模块。

【例 4-8】通过 Passware Kit 软件，解密 Excel 工作簿。

step 1　双击 Passware Kit 软件启动程序，在打开的 Passware Password Recovery Kit Forensic 对话框中，选择【恢复文件密码】选项。

step 2　在打开的【打开】对话框中，选择需要解密的工作簿，单击【打开】按钮。

知识点滴

Passware Kit 是世界著名的密码破解软件合集，几乎可以破解当今所有文件的密码。其功能强大，无论是哪种软件，如 Office、Windows、Zip、RAR 压缩文件等，都能将其遗忘的密码找回来。

step 3　初次运行该软件，需要设置基本参数。选择【运行破解向导】选项。

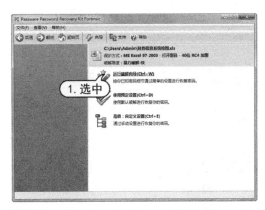

step 4　在打开的【密码信息】窗格，选中【一个字典单词】单选按钮，单击【下一步】按钮。

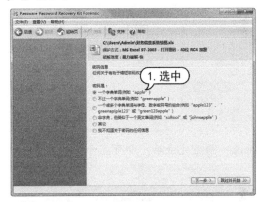

step 5　打开【选择字典】窗格，选择 Arabic 单选按钮，单击【下一步】按钮。

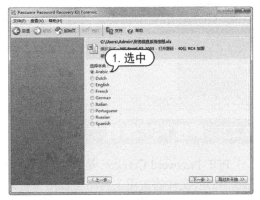

step 6　在打开的【字典破解设置】对话框中，设置密码长度，单击【完成】按钮。

step 7　打开【破解进度】对话框，即可查看破解进度。

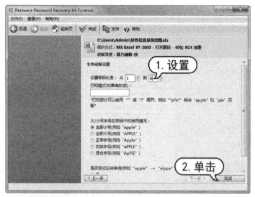

step 8 解密完成后，即可显示密码。

4.2.5 解密 PDF 文档

PDF Password Cracker 是一个专门破解加密 PDF 文件的实用工具，可以用来破解 PDF 文件的"所有者密码"。破解后的 PDF 文件可以用各种 PDF 阅读器打开而无任何限制。

【例4-9】通过 PDF Password Cracker 软件，解密 PDF 文档。

step 1 双击 PDF Password Cracker 软件启动

程序，在打开的 PDF Password Cracker 对话框中，单击【加载】按钮。

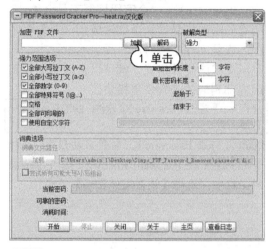

step 2 打开【打开】对话框，选择需要解密的 PDF 文档，单击【打开】按钮。

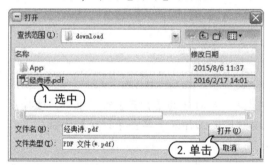

step 3 返回 PDF Password Cracker 对话框，设置破解参数，单击【开始】按钮。

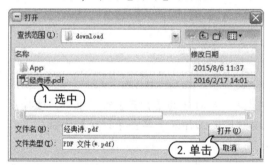

step 4 软件开始测试密码，稍等片刻。

显示解密出的密码。

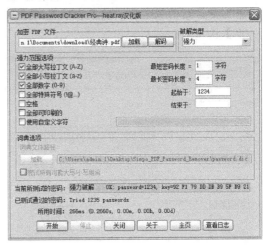

step 5 测试完毕，在【从…开始】对话框中，

4.3 文件管理和恢复——EasyRecovery

EasyRecovery 是世界著名数据恢复公司 Ontrack 的技术杰作，是一个威力强大的硬盘数据恢复工具。能够帮用户恢复丢失的数据及重建文件系统。EasyRecovery 不会向原始驱动器写入任何东西，它主要是在内存中重建文件分区表使数据能够安全地传输到其他驱动器中。

4.3.1 EasyRecovery 的作用

当计算机出现突发状况，丢失了尚未保存的重要数据时，应尽快使用数据恢复软件找回丢失的数据。时间越近找回数据的概率也越大。

EasyRecovery 是威力非常强大的硬盘数据恢复工具，该软件的主要功能包括磁盘诊断、数据恢复、文件修复和 E-mail 修复等，能够帮用户恢复丢失的数据以及重建文件系统。

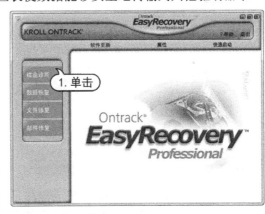

step 2 显示【磁盘诊断】选项区域，单击【磁盘诊断】选项区域中的【分区测试】按钮。

4.3.2 诊断磁盘

诊断磁盘是 EasyRecovery 最基本的功能，可以帮助用户诊断计算机硬盘中存在的问题。避免因为硬盘故障而丢失重要数据。利用 EasyRecovery 诊断磁盘的步骤如下。

【例4-10】通过 EasyRecovery 软件，诊断硬盘。

step 1 启动 EasyRecovery 软件，在主界面中单击【磁盘诊断】按钮。

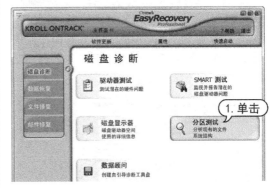

step 3 在【分区测试】对话框的列表框中，选中需要诊断的磁盘分区后，然后单击【下一步】按钮。

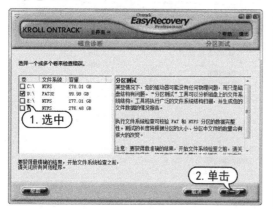

step 4 EasyRecovery 开始对选定的分区进行磁盘诊断操作。

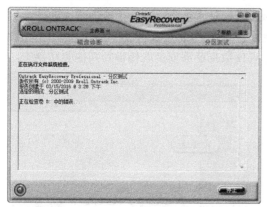

4.3.3 恢复被删除的文件

在使用计算机的过程中，用户若删除了有用的文件，可以使用 EasyRecovery 软件恢复系统中被删除的文件，具体步骤如下。

【例4-11】通过 EasyRecovery 软件，恢复被删除的文件。

step 1 启动 EasyRecovery，在主界面中单击【数据恢复】选项，在【数据恢复】选项区域中单击【删除恢复】按钮。

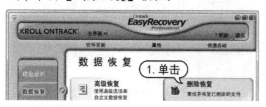

step 2 在【目的地警告】对话框中，单击【确定】按钮。

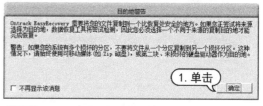

step 3 打开【删除恢复】对话框，在左侧的列表框中，选择需要执行删除文件恢复的驱动器后，单击【下一步】按钮。

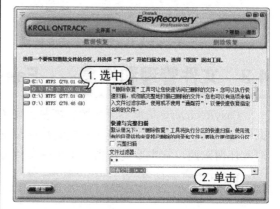

step 4 软件开始扫描文件，稍等片刻。

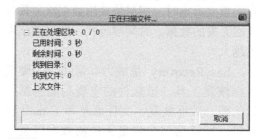

step 5 打开【选择恢复的文件】对话框。在左侧列表框中选择需要恢复的目录，在对话框右侧的列表框中选择需要恢复的文件。完成恢复文件的选择后，单击【下一步】按钮。

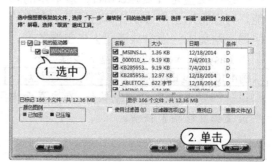

step 6 打开【选择文件恢复后的位置】对话框，设置【恢复目的地选项】选项，单击该单选按钮后的【浏览】按钮。

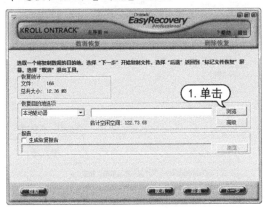

step 7 在【浏览文件夹】对话框中，选择一个用于保存恢复文件的文件夹，然后单击【确定】按钮。

step 8 返回【选择文件恢复后的位置】对话框，单击【下一步】按钮即可开始恢复磁盘中被删除的文件。

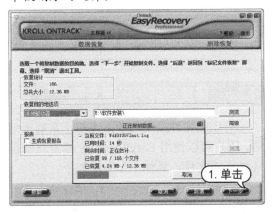

step 9 完成文件的恢复后，在打开的对话框中单击【完成】按钮即可。

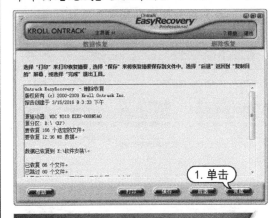

4.3.4 恢复被格式化的文件

当用户格式化硬盘后，硬盘中的数据都被删除。使用 EasyRecovery 软件可以从被格式化的硬盘中恢复文件。

【例4-12】通过 EasyRecovery 软件，恢复被格式化的文件。

step 1 启动 EasyRecovery，在主界面中单击【数据恢复】选项，单击【格式化恢复】按钮。

step 2 打开【目的地警告】对话框，单击【确定】按钮。

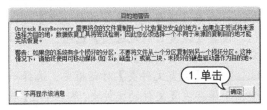

step 3 打开【格式化恢复】对话框，在左侧列表框中选择需要恢复的磁盘分区后，单击【下一步】按钮开始扫描文件系统。

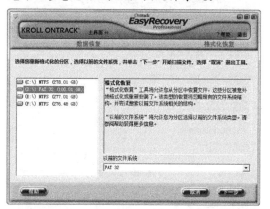

step 4 稍等，完成文件系统的扫描。

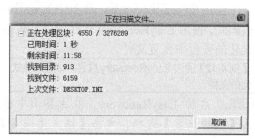

step 5 打开【选择要恢复的文件】对话框。在左侧的列表框中，选择要恢复的文件夹后，单击【下一步】按钮即可恢复选中的文件。

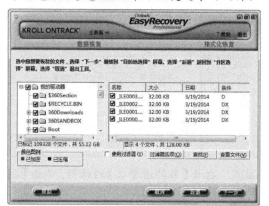

step 6 打开【选择文件恢复后的位置】对话框。设置【恢复目的地选项】选项，单击该单选按钮后的【浏览】按钮。

step 7 在【浏览文件夹】对话框中，选择一个用于保存恢复文件的文件夹，然后单击【确定】按钮。

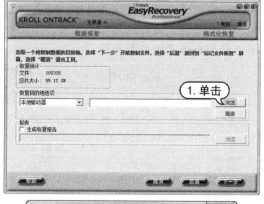

step 8 返回【选择文件恢复后的位置】对话框，单击【下一步】按钮即可开始恢复磁盘中被删除的文件。

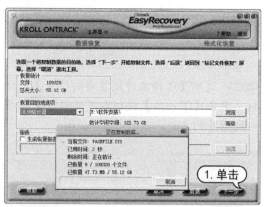

4.3.5 修复损坏的压缩文件

若压缩文件出现问题而无法正常解压缩时，用户可以使用 EasyRecovery 修复这些损坏的压缩文件，具体操作方法如下。

【例4-13】通过 EasyRecovery 软件，恢复被格式化的文件。 ⊙视频

step 1 启动 EasyRecovery，在主界面中单击【文件修复】选项，在【文件修复】选项区域中单击【Zip修复】按钮。

step 2 打开【Zip 修复】对话框，单击右上角的【浏览文件】按钮。

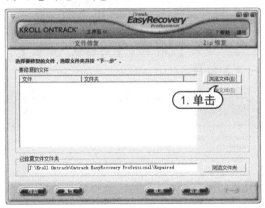

step 3 打开【打开】对话框。在其中选择需要修复的压缩文件，然后单击【打开】按钮。

step 4 返回【Zip 修复】对话框。在【修复文件的目标文件夹】文本框中，单击【已修复文件文件夹】后的【浏览文件夹】按钮。

设置修复后压缩文件所存放的文件夹路径。打开【浏览文件夹】对话框，设置路径后，单击【确定】按钮。

step 5 返回【Zip 修复】对话框，单击【下一步】按钮。

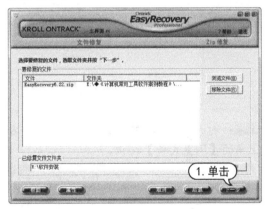

step 6 即可打开对话框开始文件的修复操作。EasyRecovery 开始修复压缩文件。

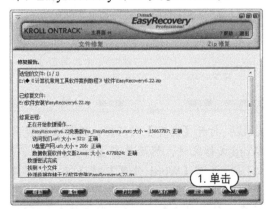

step 7 修复完成后，在打开的对话框中单击【完成】按钮即可完成操作。

計算機常用工具軟件案例教程

4.3.6 修復損壞的 Office 文件

使用 EasyRecovery,可以修復已經損壞的 Office 文件,包括 Word 文檔、Excel 工作簿以及 Access 數據庫等,具體方法如下。

【例4-14】通過 EasyRecovery 軟件,恢復被格式化的文件。

step 1 啟動 EasyRecovery,在主界面中單擊【文件修復】選項,顯示【文件修復】選項區域。在【文件修復】選項區域中,單擊【Word 修復】按鈕。

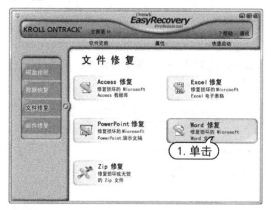

step 2 打開【Word 修復】對話框,單擊右上角的【瀏覽文件】按鈕。

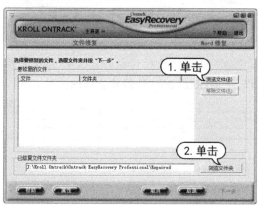

step 3 打開【打開】對話框,選擇要修復的 Word 文檔文件,然後單擊【打開】按鈕。

step 4 返回【Word 修復】對話框。在【修復文件的目標文件夾】文本框中,單擊【已修復文件文件夾】後的【瀏覽文件夾】按鈕,設置修復後壓縮文件所存放的文件夾路徑。打開【瀏覽文件夾】對話框,設置路徑後,

單擊【確定】按鈕。

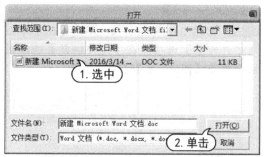

step 5 返回【Zip 修復】對話框,單擊【下一步】按鈕。

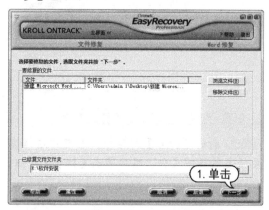

step 6 即可打開對話框開始文件的修復操作。EasyRecovery 開始修復壓縮文件。

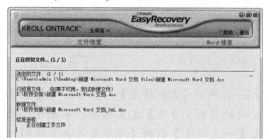

80

step 7 打开提示框，提示 word 文档已修复完成，单击【确定】按钮。

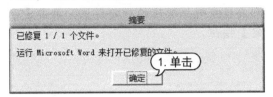

step 8 修复完成后，在打开的对话框中单击【完成】按钮即可完成操作。

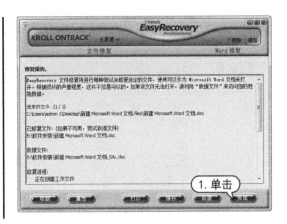

4.4 案例演练

本章的实战演练部分包括分卷压缩文件、解压到指定目录、FileGee 个人文件同步备份系统等综合实例操作，用户通过练习从而巩固本章所学知识。

4.4.1 分卷压缩文件

在一些论坛中对上传的附近大小都有限制。如果用户想上传一个大小 20MB 的文件到论坛中，而论坛限制每个文件大小为5MB，此时则可以用 WinRAR 实现分卷压缩。下面介绍分卷压缩文件的方法。

【例 4-15】使用 WinRAR 软件，分卷压缩文件。
📀视频

step 1 选择【开始】|【所有程序】|WinRAR|WinRAR 命令。

step 2 打开 WinRAR 程序的主界面。选择要压缩的文件夹的路径，然后在下面的列表中选中要压缩的多个文件,单击工具栏中的【添加】按钮。

step 3 打开【压缩文件名和参数】对话框后，在【切分为分卷(V)，大小】文本框中，输入分包大小 5MB。单击【确定】按钮。

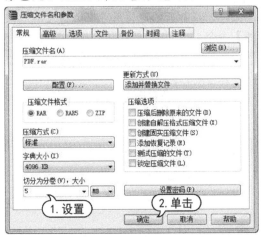

step ④ 软件开始分卷压缩文件。

step ⑤ 在打开的文件夹中查看压缩好的分卷压缩文件。

4.4.2 解压到指定目录

使用 WinRAR 工具软件可以让压缩文件解压到指定的目录中，从而方便用户查看。

【例 4-16】使用 WinRAR 软件将文件解压到指定目录。🎬视频

step ① 在计算机中找到压缩文件，右击该压缩文件，在打开的快捷菜单中选择【解压文件】命令。

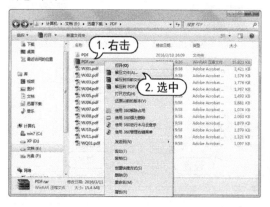

step ② 打开【解压路径和选项】对话框。切换到【常规】选项卡，然后在解压路径列表框中选择解压的指定目录，单击【确定】按钮。

step ③ 打开【正在从中解压】对话框，并显示解压文件的进度。

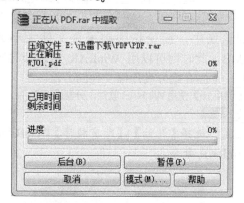

step ④ 展开解压文件的指定目录，即可看到解压后的文件。

4.4.3　FileGee 个人文件同步备份

FileGee 个人文件同步备份系统是一款基于 Windows 平台的多功能专业文件备份及文件同步软件。FileGee 具有高效稳定、占用资源少的特点，可充分满足个人用户的需求。不需要额外的硬件资源，便能为用户搭建起一个功能强大、高效稳定、无人照看的全自动备份环境。并可安全、准确地完成文件备份工作，有效地保障了重要资料的安全。它还能同步工作文件，使用户轻松的在任何地方完成同样的工作。

【例 4-17】FileGee 个人文件同步备份系统的使用方法。　视频

step 1 启动 FileGee 个人文件同步备份系统软件，在【任务】选项卡中，单击【任务】组中的【新建任务】按钮。

step 2 在打开的【方式与名称】对话框中，设置任务类型和任务名称，单击【下一步】按钮。

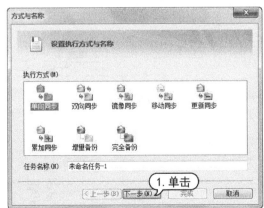

step 3 在打开的【源目录】对话框中，设置源目录，单击【下一步】按钮。

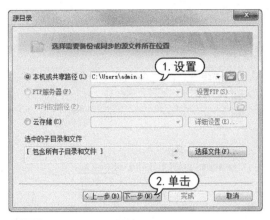

step 4 打开【目标目录】对话框，设置目标目录的位置，单击【下一步】按钮。

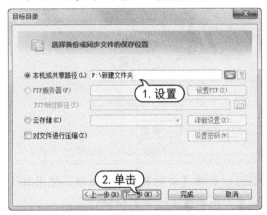

step 5 打开【文件过滤】对话框，设置需要过滤的文件，单击【下一步】按钮。

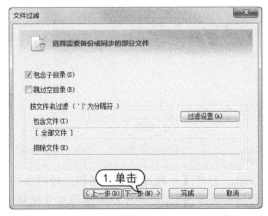

step 6 打开【自动执行】对话框中，设置执行模式，单击【下一步】按钮。

step 7 打开【自动重试】对话框，设置自动重试模式，单击【下一步】按钮。

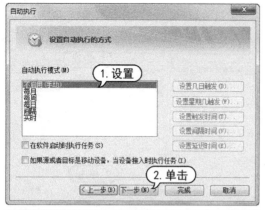

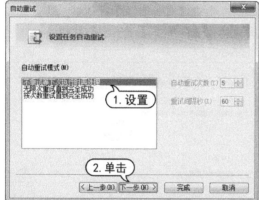

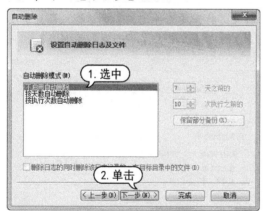

step 8 打开【自动删除】对话框，使用默认设置，单击【下一步】按钮。

step 9 打开【一般选项】对话框，针对备份的一些操作内容，用户可以不选择其复选框，单击【下一步】按钮。

step 10 打开【高级选项】对话框，单击【下一步】按钮。

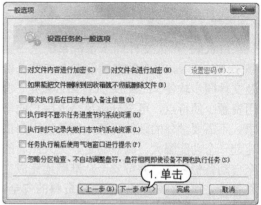

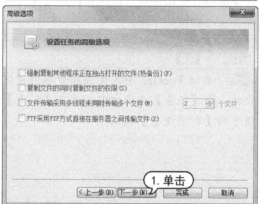

step 11 打开【执行命令行】对话框，保持默认设置，单击【完成】按钮。打开【发送结果】对话框，单击【完成】按钮。

step 12 完成同步项目的创建。

第5章

磁盘管理工具软件

计算机硬盘也称为磁盘,是计算机标配硬件中的一部分。它用来存储计算机所需要的数据。在使用磁盘时,用户需要对磁盘中的数据进行管理,以保证数据的安全性、磁盘的运行稳定性等。常见的磁盘管理工作包括磁盘分区与备份、磁盘数据恢复等。

 对应光盘视频

5.1 磁盘管理常识

磁盘管理是一项计算机使用时的常规任务，它是以一组磁盘管理应用程序的形式提供给用户的，在计算机操作系统中，都有相应的磁盘管理功能。

5.1.1 磁盘概述

磁盘是磁盘驱动器的简称，泛指通过电磁感应，利用电流的磁效向带有磁性的盘片中写入数据的存储设备。

广义的磁盘包括早期使用的各种软盘，以及现在广泛应用的各种机械硬盘。狭义的磁盘则仅指机械硬盘，是在铝合金圆盘上涂有磁表面记录层的磁记录载体设备。磁盘的最大优点是能够随机存取所需数据，存取速度快，适合用于存储可检索的大容量数据。由于软盘技术目前已经被淘汰，本节之后所提到的磁盘概念均指机械硬盘。

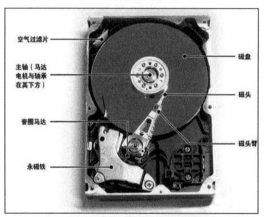

知识点滴

有时，人们也将一些大容量的永久性存储设备称作磁盘。例如，各种内存、固态硬盘等，这样称呼纯粹是因为习惯，或这些存储设备的性能或功能与磁盘类似。一个典型的例子就是，在 Windows 操作系统中，将所有以 HDD 模式工作的 USB 内存、内存卡都称作本地磁盘。事实上，这些存储器既不使用电磁感应来存储数据，也不包含盘片。

早期的磁盘驱动器和软驱类似，都是安装在计算机内部，然后用户可以替换磁盘驱动器中的盘片。这样的磁盘驱动器优点在于，用户可以方便地对硬件进行升级；缺陷则是盘片容易因灰尘、潮湿空气而受损。

随着微电子技术的进步，人们制造的磁盘磁头(读取盘片数据的激光发射器)越来越灵敏，盘片中的数据也越来越密集，一点灰尘吸附到磁盘盘片上会造成盘片的损坏。因此为了保障数据的安全，人们开始将磁盘的盘片封装到驱动器中。

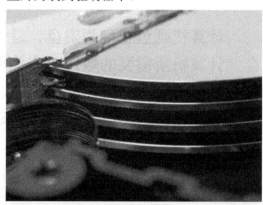

知识点滴

由于磁盘盘片很容易被灰尘损坏，所有磁盘片都被要求在无尘环境下生产。维修这些磁盘同样也需要在无尘环境下进行。除非在无尘环境下，否则用户不能打开磁盘。

目前在使用的主流磁盘主要包括如下几种规格。

➤ IDE(ATA)接口：IDE(Integrated Drive Electronics，即：电子集成驱动器)，俗称 PATA 并口。

➤ SATA 接口：使用 SATA(Serial ATA)接口的硬盘又称为串口硬盘，是目前计算机硬盘的发展趋势。

▶ SATA 2 接口：SATA II 是芯片生产商 Intel 与硬盘生产商 Seagate(希捷)在 SATA 的基础上发展起来的。其主要特征是，外部传输率从 SATA 的 150MB/s 进一步提高到了 300MB/s。此外还包括 NCQ(Native Command Queuing，即：原生命令队列)、端口多路器(Port Multiplier)、交错启动(Staggered Spin-up)等一系列的技术特征。

▶ SCSI 接口：SCSI，是同 IDE(ATA)与 SATA 完全不同的接口。IDE 接口与 SATA 接口是普通计算机的标准接口，而 SCSI 并不是专门为硬盘设计的接口。它是一种广泛应用于小型机上的高速数据传输技术。

▶ 光纤通道：光纤通道(Fibre Channel)，和 SCIS 接口一样光纤通道最初也不是为硬盘设计开发的接口技术，是专门为网络系统设计的。但随着存储系统对速度的需求，才逐渐应用到硬盘系统中。光纤通道硬盘是为提高多硬盘存储系统的速度和灵活性才开发的，它的出现大大提高了多硬盘系统的通信速度。

▶ SAS 接口：是新一代的 SCSI 技术，和 SATA 硬盘相同，都是采取串行式技术以获得更高的传输速度，可达到 6GB/s。

知识点滴

　目前，市场上主流的硬盘普遍采用 SATA 接口，常见硬盘的容量大都在 500GB、1TB 或 2TB 之间。

5.1.2　磁盘分区

硬盘分区是指将硬盘分割为多个区域，以方便数据的存储与管理。对硬盘进行分区主要包括创建主分区、扩展分区和逻辑分区这 3 部分。主分区一般安装操作系统，将剩余的空间作为扩展空间，在扩展空间中再划分一个或多个逻辑分区。

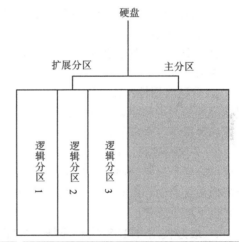

知识点滴

　一块硬盘上只能有一个扩展分区，而且扩展分区不能被直接使用，必须将扩展分区划分为逻辑分区才能使用。在 Windows 7、Linux 等操作系统中逻辑分区的划分数量没有上限。但分区数量过多会造成系统启动的速度变慢，而单个分区的容量过大也会影响到系统读取硬盘的速度。

5.1.3　磁盘碎片整理

磁盘碎片应该称为文件碎片，是因为文件被分散保存到整个磁盘的不同地方，而不是连续地保存在磁盘连续的簇中形成的。

当应用程序所需的物理内存不足时，一般操作系统会在硬盘中产生临时交换文件，用该文件所占用的硬盘空间虚拟成内存。虚拟内存管理程序会对硬盘频繁读写，产生大量的碎片，这是产生硬盘碎片的主要原因。另外，浏览器浏览信息时生成的临时文件或临时文件目录的设置也会造成系统中形成大量的碎片。

文件碎片一般不会在系统中引起问题，但文件碎片过多会使系统在读文件的时候来回寻找，引起系统性能下降，严重的还要缩短硬盘寿命。另外，过多的磁盘碎片还有可能导致存储文件的丢失。定期整理文件碎片是非常重要的。当然碎片整理对硬盘里的运转部件来说的确是一项不小的工作。但实际上，定期的硬盘碎片整理减少了硬盘的磨损。

5.2 规划硬盘分区大小

在对计算机硬盘进行分区前，首先应有一个合理的规划，这样才能使硬盘得到最合理和最充分的利用。

5.2.1 硬盘分区的原则

对硬盘分区并不难，但要将硬盘合理地分区，则应遵循一定的原则。对于初学者来说，如果能掌握一些硬盘分区的原则，就可以在对硬盘分区时得心应手。

总的来说，在对硬盘进行分区时可参考以下原则。

➤ 分区实用性：对硬盘进行分区时，应根据硬盘的大小和实际的需求对硬盘分区的容量和数量进行合理的划分。

➤ 分区合理性：分区合理性是指对硬盘的分区应便于日常管理，过多或过细的分区会降低系统启动和访问资源管理器的速度，同时也不便于管理。

➤ 最好使用 NTFS 文件系统：NTFS文件系统是一个基于安全性及可靠性的文件系统，除兼容性之外，在其他方面远远优于 FAT 32 文件系统。NTFS 文件系统不但可以支持高达 2TB 大小的分区，而且支持对分区、文件夹和文件的压缩，可以更有效地管理磁盘空间。对于局域网用户来说，在 NTFS 分区上允许用户对共享资源、文件夹以及文件设置访问许可权限，安全性要比 FAT 32 高很多。

➤ 双系统或多系统优于单一系统：如今，病毒、木马、广告软件、流氓软件无时无刻不在危害着用户的计算机，轻则导致系统运行速度变慢，重则导致计算机无法启动甚至损坏硬件。一旦出现这种情况，重装、杀毒要消耗很多时间，往往令人头疼不已。并且有些顽固的开机即加载的木马和病毒甚至无法在原系统中删除。而此时，如果用户的计算机中安装了双操作系统，事情就会简单得多。用户可以启动到其中一个系统，然后进行杀毒和删除木马来修复另一个系统，甚至可以用镜像把原系统恢复。另外，即使不作任何处理，也同样可以用另外一个系统展开工作，而不会因为计算机故障而耽误正常的工作。

➤ C 盘分区不宜过大：一般来说 C 盘是系统盘，硬盘的读写操作比较多，产生磁盘碎片和错误的几率也比较大。如果 C 盘分得过大，会导致扫描磁盘和整理碎片这两项日常工作变得很慢，影响工作效率。

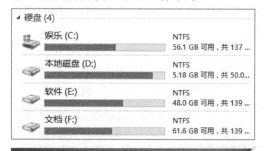

5.2.2 单系统硬盘分区方案

单系统的硬盘只须划分一个主分区和一个扩展分区即可。主分区可以用来安装操作系统,扩展分区可以划分为若干个逻辑分区,用来存放数据。

目前,常见硬盘的大小为 500GB,其分区方案可参考下表中的分区方法。

盘符	容量	分区存储内容
C 盘	20GB~25GB	Windows 操作系统
D 盘	40GB~50GB	安装程序
E 盘	50GB~60GB	应用程序
F 盘	60GB~100GB	游戏
G 盘	60GB~100GB	音乐、电影、资料
H 盘	剩余	数据备份

分析:在上表中,C 盘分区为 20GB~25GB,安装 Windows 7 系统或 Windows 8 系统,20GB~25GB 是一个最佳的配置方案。在对硬盘分区的时候,一般情况下用户应将软件的安装程序和应用程序分开存放,以方便备份和查找。另外,使用计算机的用户通常都会玩游戏和看视频,而这些程序所占的空间通常都比较大,因此应划分一个较大的磁盘空间。在使用计算机的过程中,用户还应养成备份重要数据的习惯,因此划分一个 H 盘用来存放备份文件。

> **知识点滴**
>
> 以上方案仅供参考,用户可根据自己的喜好,调整各个分区的大小。

5.2.3　双系统硬盘分区方案

一台计算机安装了两个操作系统时,如果这两个操作系统安装在一个硬盘分区内,势必会造成系统的紊乱,从而导致计算机无法正常运行。合理地规划硬盘分区至关重要。

以 500GB 硬盘为例,如果用户要安装 Windows 7 和 Windows Server 2008 双操作系统,可参考下表中的分区方案。

盘符	容量	分区存储内容
C 盘	15GB~25GB	Windows 7 操作系统
D 盘	15GB~25GB	Windows Server 2008 操作系统
E 盘	40GB~50GB	安装程序
F 盘	50GB~60GB	应用程序
G 盘	60GB~100GB	游戏
H 盘	60GB~100GB	音乐、电影、资料
I 盘	剩余	数据备份

分析:在上表中,C 盘和 D 盘都用来存放操作系统,用户可按照自己的需求随意划分其他磁盘的分区。

5.2.4　多系统硬盘分区方案

多系统硬盘分区方案和双系统硬盘分区方案类似,可依次将 C 盘、D 盘、E 盘等作为系统盘来安装不同的操作系统,而其他盘用来存放用户的数据。

以 500GB 硬盘为例,如果用户要安装 Windows 7、Windows 8 和 Windows Server 2008 系统,可参考下表中的推荐分区方案。

盘符	容量	分区存储内容
C 盘	15GB~25GB	Windows 7 操作系统
D 盘	15GB~25GB	Windows 8 操作系统
E 盘	15GB~25GB	Windows Server 2008 操作系统
F 盘	40GB~50GB	安装程序
G 盘	50GB~60GB	应用程序
H 盘	60GB~100GB	游戏
I 盘	60GB~100GB	音乐、电影、资料
J 盘	剩余	数据备份

分析:在上表中,C 盘、D 盘和 E 盘用来存放操作系统,用户可按照需求随意划分其他磁盘的分区。

5.3　硬盘分区软件——DiskGenius

在为计算机安装和重装操作系统时,除了可以使用系统自带功能对硬盘进行分区格式化以外,还可以使用第三方软件对硬盘进行分区,并进行格式化操作。

5.3.1 硬盘的格式化

硬盘格式化是指将一张空白的硬盘划分成多个小的区域，并且对这些区域进行编号。对硬盘进行格式化后，系统就可以读取硬盘，并在硬盘中写入数据了。作个形象比喻，格式化相当于在一张白纸上用铅笔打上格子，这样系统就可以在格子中读写数据了。如果没有格式化操作，计算机就不知道要从哪里写、哪里读。另外，如果硬盘中存有数据，那么经过格式化操作后，这些数据将会被清除

5.3.2 常见文件系统简介

文件系统是基于一个存储设备而言的，通过格式化操作可以将硬盘分区格式化为不同的文件系统。文件系统是有组织地存储文件或数据的方法，目的是便于数据的查询和存取。

在 DOS/Windows 系列操作系统中，常使用的文件系统为 FAT 16、FAT 32、NTFS 等。

➤ FAT 16：FAT 16 是早期 DOS 操作系统下的格式，它使用 16 位的空间来表示每个扇区配置文件的情形，故称为 FAT 16。由于设计上的原因， FAT 16 不支持长文件名，受到 8 个字符的文件名加 3 个字符的扩展名的限制。另外，FAT 16 所支持的单个分区的最大尺寸为 2GB，单个硬盘的最大容量一般不能超过 8GB。如果硬盘容量超过 8GB，8GB 以上的空间将会因无法利用而被浪费，因此该类文件系统对磁盘的利用率较低。此外，此系统的安全性比较差，易受病毒的攻击。

➤ FAT 32：FAT 32 是继 FAT 16 后推出的文件系统，它采用 32 位的文件分配表，并且突破了 FAT 16 分区格式中每个分区容量只有 2GB 的限制，大大减少了对磁盘的浪费，提高了磁盘的利用率。FAT 32 是目前被普遍使用的文件系统分区格式。FAT 32 分区格式也有缺点，由于这种分区格式支持的磁盘分区文件表比较大，因此其运行速度略低

于 FAT 16 分区格式的磁盘。

➤ NTFS：NTFS 是 Windows NT 的专用格式，具有出色的安全性和稳定性。这种文件系统与 DOS 以及 Windows 98/Me 系统不兼容，要使用该文件系统应安装 Windows 2000 操作系统以上的版本。另外，使用 NTFS 分区格式的另外一个优点是在用户使用的过程中不易产生文件碎片，还可以对用户的操作进行记录。NTFS 格式是目前最常用的文件格式。

5.3.3 DiskGenius 简介

DiskGenius 是一款常用的硬盘分区工具，它支持快速分区、新建分区、删除分区、隐藏分区等多项功能，是对硬盘进行分区的好帮手。

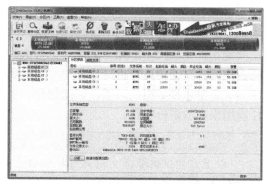

➤ 分区、目录层次图：该区域显示了分区的层次和分区内文件夹的树形结构，通过单击可切换当前硬盘、当前分区。

➤ 硬盘分区结构图：在硬盘分区结构图中，软件会用不同颜色来区别不同的分区，用文字显示分区的卷标、盘符、类型、大小。单击即可在不同分区之间进行切换。

➤ 分区参数区：显示了各个分区的详细参数包括起止位置、名称和容量等。区域下方显示了当前所选择的分区的详细信息。

5.3.4 快速执行硬盘分区操作

DiskGenius 软件的快速分区功能适用于对新硬盘进行分区或对已分区硬盘进行重新

分区。在执行该功能时软件会删除现有分区，按设置对硬盘重新分区，分区后立即快速格式化所有分区。

【例5-1】使用 DiskGenius 快速为硬盘分区。

step ① 启动 DiskGenius 软件，在左侧列表中选中要进行快速分区的硬盘。

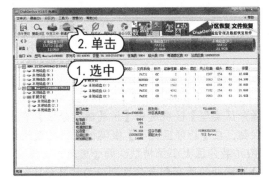

step ② 单击【快速分区】按钮，打开【快速分区】对话框。在【分区数目】区域中选择想要为硬盘分区的数目，在【高级设置】区域中设置硬盘分区数量。设置完成后，单击【确定】按钮。

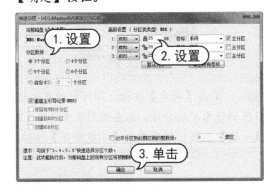

step ③ 如果该硬盘已经有了分区，将打开提示对话框，提示用户"重新分区后，将会把现有分区删除并会在重新分区后对硬盘进行格式化"。确认无误后，单击【是】按钮。

step ④ 软件会自动对硬盘进行分区和格式化操作。

step ⑤ 分区完成后，效果如下图所示。

5.3.5　手动执行硬盘分区操作

除了使用快速分区功能为硬盘分区外，用户还可以手动为硬盘进行分区。

【例5-2】使用 DiskGenius 手动为硬盘分区和格式化。

step ① 启动 DiskGenius 软件，在左侧列表中，选中需要手动进行分区的硬盘。

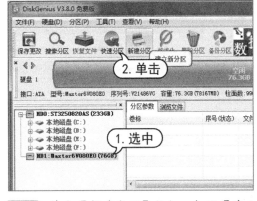

step ② 单击【新建分区】按钮，打开【建立

新分区】对话框。在【请选择分区类型】区域选中【主磁盘分区】单选按钮，在【请选择文件系统类型】下拉列表中选择 NTFS 选项，然后在【新分区大小】微调框中设置数值为 25GB。单击【详细参数】按钮。

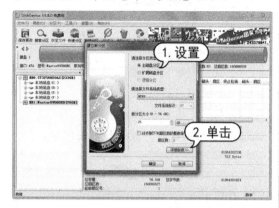

step 3 可设置起止柱面、分区名字等更加详细的参数。如果用户对这些参数不了解，保持默认设置即可。设置完成后，单击【确定】按钮。

step 4 即可成功建立第一个主分区。

step 5 在【硬盘分区结构图】中选中【空闲】

分区，单击【新建分区】按钮。

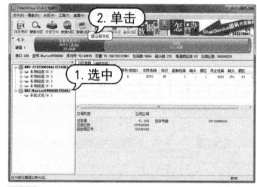

step 6 打开【新建分区】对话框，在【请选择分区类型】区域选中【扩展磁盘分区】单选按钮，在【新分区大小】微调框中保持默认数值(扩展分区大小保持默认的含义是：把除主分区意外的所有剩余分区划分为扩展分区)。

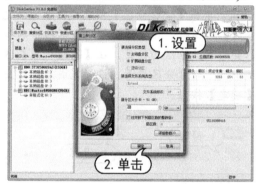

step 7 单击【确定】按钮，即可把所有剩余分区划分为扩展分区。在左侧列表中选中【扩展分区】选项，然后单击【新建分区】按钮。

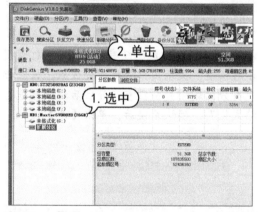

step 8 打开【新建分区】对话框，此时可将扩展分区划分为若干个逻辑分区。在【新分区大小】微调框中输入想要设置的第一个逻辑分

区的大小，其余选项保持默认设置，然后单击
【确定】按钮，即可划分第一个逻辑分区。

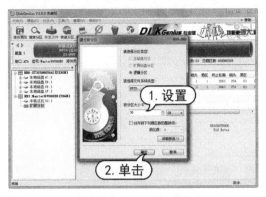

step ⑨ 使用同样的方法将剩余空闲分区根据
需求划分为逻辑分区。分区划分完成后，在
软件主界面左侧列表中选中刚刚进行分区的
硬盘，然后单击【保存更改】按钮。

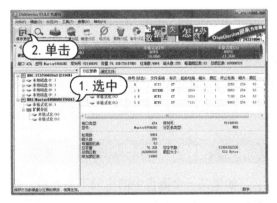

step ⑩ 在打开软件提示对话框中，单击【是】
按钮。

step ⑪ 打开提示对话框，单击【是】按钮。

🔍 知识点滴

　　DiskGenius 不仅可以对硬盘进行分区和格式
化等操作，还可以对硬盘进行检查和修复，通过其
中的菜单命令即可实现不同的功能。

step ⑫ 开始对新分区进行格式化。

step ⑬ 格式化完成后，在软件主界面左侧的
列表中选中主分区，然后单击【格式化】按钮。

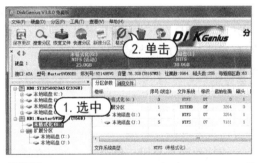

step ⑭ 打开【格式化分区(卷)未格式化(G:)】
对话框，保持默认设置，单击【格式化】按钮。

step ⑮ 在打开提示对话框中单击【是】按钮。

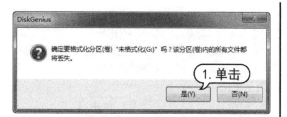

💡 **知识点滴**

　　使用 DiskGenius 为硬盘新建分区时，不仅能够根据设置分区类型和文件系统类型等参数，而且还可以进行更加详细的参数设置，如起止柱面、磁头和扇区等。

step ⑯ 开始格式化主分区，格式化完成后，完成对硬盘的分区操作。

💡 **知识点滴**

　　对于某些操作，还需要对操作进行保存才能生效。用户可查看主界面中的【保存更改】按钮，是否呈可操作状态，若可操作，单击即可保存之前所做的操作。

5.4　分区管理软件——EaseUS Partition Master

　　EaseUS Partition Master 是一个集所有功能于一个 Windows Server Manager 中的、可靠的磁盘分区管理工具包。它执行所需的硬盘分区维护，提供强大的数据保护和灾难恢复，并最大限度地减少服务器停机时间，提高行政效率的基于 Windows 的系统。在完美的硬盘管理功能，汇聚了 2000/2003/2008 的 Windows Server 和 Windows 2000/XP/Vista 的/ Windows 7 的对 MBR 和 GUID 分区表(GPT)磁盘，包括：分区管理、磁盘和分区的复制向导及分区恢复向导、所有硬件 RAID 的支持等。

5.4.1　认识软件的功能

　　利用 EaseUS Partition Master 可轻松进行分区管理和磁盘管理。

　　该软件简直易用，使用它，可以在不损失硬盘数据的前提下，调整大小/移动分区、扩展系统驱动器、复制磁盘及分区、合并分区、分割分区、重新分配空间、转换动态磁盘和恢复分区等。

5.4.2　调整逻辑分区

　　如果某一个磁盘中的空间不够使用，而想让另外一个磁盘中的空间分隔到相邻磁盘时，可以通过该软件来调整磁盘的空间大小。

【例 5-3】 使用 EaseUS Partition Master 软件调整逻辑分区。💿 视频

step ① 启动 EaseUS Partition Master 软件，在左侧列表中，右击需要调整空间的磁盘，并选择【调整/移动分区】命令。

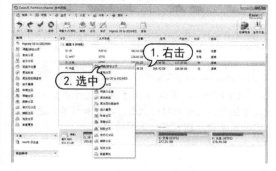

step 2 将鼠标放置到【判断大小和位置】图块后面箭头位置，当鼠标变成双向箭头时，向左拖动即可改变【E：文档】的容量，单击【确定】按钮。

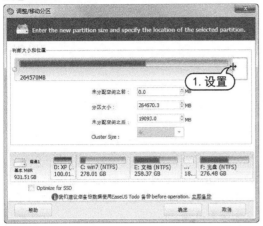

step 3 用户可以在【F：光盘】之后，多出一个区域，而该区域是一个未分配的空白磁盘。

知识点滴

在调整磁盘空间时，用户需要先确定增加哪个磁盘空间；然后，再查看相邻磁盘上哪一个磁盘有空间可以调整出来一部分；最后，再调整需要增加空间的磁盘。

step 4 用户也可以选择需要调整的磁盘，选择【F：光盘】选项，并选择工具栏中【调整/移动分区】选项。

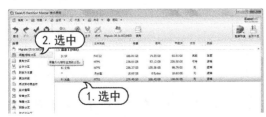

step 5 在打开的【调整/移动分区】对话框中，

将在图块之前显示已经调整出来的空间区域。

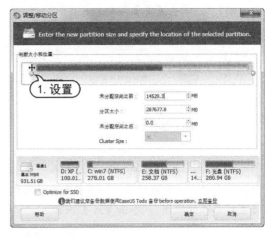

step 6 将鼠标放置图块的左侧箭头上，并向左拖动，使箭头拖至最左侧。用户可以看到【的未分区空间之前】和【分区大小】之间数据的变化，单击【确定】按钮。

step 7 返回到窗口，可以看到【F：光盘】容量的变化。这样就实现了将【E：磁盘】部分的空间划分给【F：磁盘】。单击【应用】按钮。

step 8 软件进行执行操作。此时，将打开提示信息框,提示"2操作正在应用中 现在应用更改吗?"。单击【是】按钮。

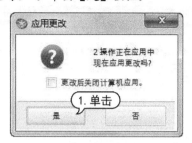

step 9 然后,再次提示"一个或多个你需要做重新启动才能完成操作,如果按是,计算机将重启来执行操作"。单击【是】按钮。

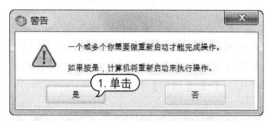

💡 知识点滴

虽然,该软件对磁盘进行无损调整,但为防止万一出错,用户在执行磁盘操作之前,还需要将磁盘中重要的文件进行其他存储介质的备份操作。

5.4.3 格式分区及添加卷标

除了调整分区大小外,在磁盘中创建分区及卷标也非常重要。

【例5-4】使用 EaseUS Partition Master 软件格式分区及添加卷标。 ▶视频

step 1 启动 EaseUS Partition Master 软件,用户可以先从其他分区中,划分出一个空白的区域,选择【D:XP】选项,并选择工具栏中的【调整/移动分区】选项。

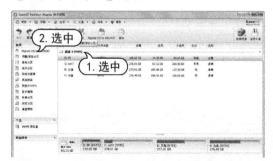

step 2 打开【调整/移动分区】对话框,拖动

鼠标调整出一块空白区域,单击【确定】按钮。

step 3 在窗口中可以看到已经划分出来的空白区域,并选择该区域,选择工具栏中的【创建分区】选项。

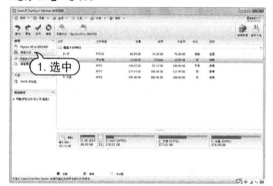

step 4 在打开的【创建分区】对话框中,用户可以在【分区卷标】文本框中输入"系统",并设置【盘符】为"H:",单击【确定】按钮。

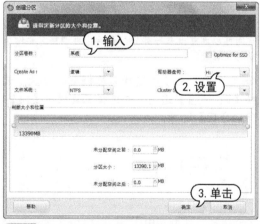

step 5 即可返回到窗口中,并可以看到已经创建的磁盘,在该磁盘盘符后面,显示所添加

的卷标内容。用户在窗口中，再单击左侧的【应用】按钮。

step 6 并将所操作进行执行。否则，将对磁盘不会作任何改变。

5.5 备份与还原硬盘数据——Ghost

Norton Ghost(诺顿克隆精灵，是 Symantec General Hardware Oriented Software Transfer 的缩写，译为"赛门铁克面向通用型硬件系统传送器")是美国赛门铁克公司旗下的一款出色的硬盘备份还原工具。其功能是，在 FAT16/32、NTFS、OS2 等多种硬盘分区格式下实现分区及硬盘数据的备份与还原。简单地说，Ghost 就是一款分区/磁盘的克隆软件。本节将详细介绍使用 Ghost 软件备份与还原计算机硬盘分区与数据的方法。

5.5.1 Ghost 的认识

Ghost 是一款技术上非常成熟的系统数据备份与恢复工具，拥有一套完备的使用和操作方法。在使用 Ghost 软件之前，了解该软件相关的技术和知识，有助于用户更好地利用它保护硬盘中的数据。

1. 备份和恢复方式

针对 Windows 系列操作系统的特点，Ghost 将磁盘本身及其内部划分出的分区视为两种不同的操作对象，并在 Ghost 软件内分别为其设立了不同的操作菜单。Ghost 针对 Disk(磁盘)和 Partition(分区)这两种操作对象，分别为其提供了两种不同的备份方式，具体如下。

➢ Disk(磁盘)：分为 To Disk(生成备份磁盘)和 To Image(生成备份文件)这两种备份方式。

➢ Partition(分区)：分为 To Partition(生成备份分区)和 To Image(生成备份文件)这两种备份方式。

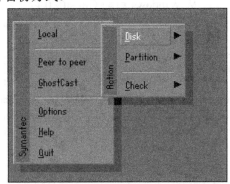

Ghost 针对 Disk(磁盘)和 Partition(分区)这两种操作对象，分别为其提供了两种不同的备份方式，具体如下表所示。

类　型	优　点	缺　点	备　份
Disk	备份速度较快	需要二块硬盘	备份磁盘的容量不小于源磁盘
	可压缩，体积小，易管理	备份文件体积较大	镜像文件不超过 2GB

（续表）

类 型	优 点	缺 点	备 份
Partition	备份速度快	需要第二个分区	备份分区的容量不小于源分区
	可压缩，体积小，易管理	备份速度较慢	镜像文件不能超过2GB

2. 启动 Ghost 软件

从 Ghost 9.0 以上版本开始，Ghost 具备在 Windows 环境下进行备份与恢复数据的能力，而之前的 Ghost 程序则必须运行在DOS 环境中。

➢ 从 DOS 启动 Ghost(9.0 以下版本)：在 DOS 环境下，用户在进入 Ghost 程序所在的目录后，输入 Ghost，并按下回车键即可启动 Ghost 程序。

➢ Disk(磁盘)：分为 To Disk(生成备份磁盘)和 To Image(生成备份文件)这两种备份方式。

➢ 从 Windows 启动 Ghost(9.0 以上版本)：在 Windows 环境中，可以通过双击 Ghost 32 文件图标，启动 Ghost 程序。

💡 知识点滴

运行于 DOS 环境内的 Ghost 程序的文件名为Ghost.exe。若用户将其改为其他名称，在启动 Ghost 时需要输入的命令也会发生变化。例如，在将 Ghost.exe 重命名为 dosghost.exe 后，应输入 dosghost，并按下回车键才能启动 Ghost 程序。

5.5.2 复制、备份和还原硬盘

在利用 Ghost 程序对硬盘进行备份或恢复操作时，该程序对操作环境的要求是数据目的磁盘(备份磁盘)的空间容量应大于或等于数据源磁盘(待备份磁盘)。通常情况下，Ghost 推荐使用相同容量的磁盘进行磁盘间的恢复与备份。

1. 复制硬盘

利用 Ghost 程序复制硬盘的操作方法如下例所示。

【例5-5】使用 Norton Ghost 工具复制计算机硬盘数据。

step 1 启动 Ghost 程序，在打开的 About Symantec Ghost 对话框中，单击OK 按钮。

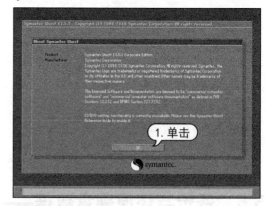

step 2 进入软件界面，选择Local | Disk | To Disk 命令。

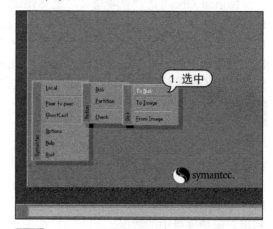

step 3 打开 Select local source drive by clicking on the drive number 对话框，Ghost 程序会要求用户选择备份源磁盘(待备份的磁盘)。在完成选择后，单击下方的 OK 按钮。

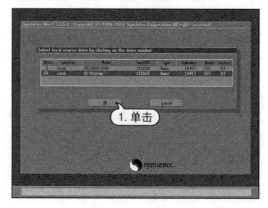

step 4 在打开的 Select local destination drive by clicking on the drive number 对话框中，选择目标磁盘(备份目标磁盘)，单击 OK 按钮即可。

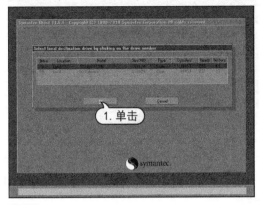

step 5 自动打开 Destination Drive Details 对话框。为了保证复制磁盘操作的正确性，Ghost 程序将会显示源磁盘的分区信息。确认无误后，单击 OK 按钮。

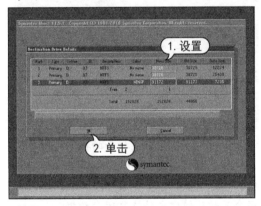

step 6 复制磁盘操作的所有设置已经全部完成。打开 Question 对话框，单击 Yes 按钮，Ghost 程序便将源磁盘内所有数据完全复制到目标磁盘中。

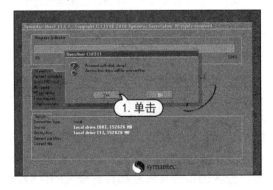

step 7 硬盘复制完成后，单击打开提示框的 Continue 按钮，即可返回 Ghost 程序主界面。若单击 Reset Computer 按钮则会重新启动计算机。

2. 创建磁盘镜像文件

利用 Ghost 程序创建磁盘镜像文件的操作方法如下例所示。

【例5-6】使用 Norton Ghost 工具创建计算机镜像文件。

step 1 执行 Local | Disk | To Image 命令，创建本地磁盘的镜像文件。

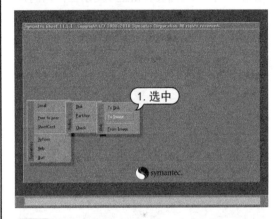

step 2 打开 Select local source drive by clicking on the drive number 对话框。选择进行备份的源磁盘，单击 OK 按钮即可。

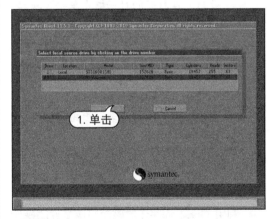

step 3 打开 File name to copy image to 对话框。选择镜像文件的保存位置后，在 File Name 文本框中，输入镜像文件的名称。单击 Save 按钮。

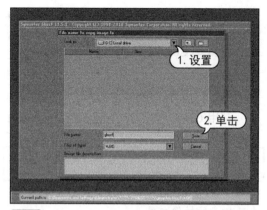

step 4 打开 Compress Image 提示框，询问用户是否压缩镜像文件。可以选择 No(不压缩)、Fast(快速压缩)和 High(高比例压缩)，共 3 个选项。这里单击 Fast 按钮。

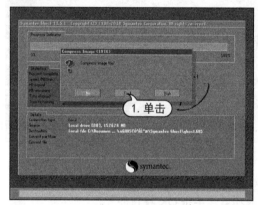

step 5 最后，在打开的对话框中单击 Yes 按钮即可扫描源磁盘内的数据，以此来创建磁盘镜像文件。

💡 知识点滴

在设置镜像文件提示框中选择 No 选项，将采用非压缩模式生成镜像文件，生成的文件较大。但由于备份过程中不需要压缩数据，因此备份速度较快；若选择【Fast】选项，将采用快速压缩的方式生成镜像文件，生成的镜像文件要小于非压缩模式下生成的镜像文件，但备份速度会稍慢。

3. 还原磁盘镜像文件

利用 Ghost 程序还原磁盘镜像文件的操作方法如下。

【例5-7】使用 Norton Ghost 工具还原计算机硬盘数据。

step 1 选择 Local | Disk | Form Image 命令。

step 2 自动打开 Image file name to restore from 对话框，选择要恢复的镜像文件，单击 Open 按钮。

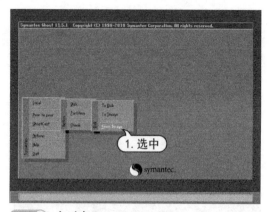

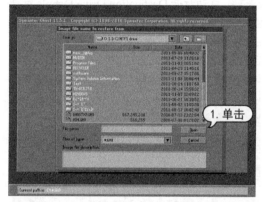

step 3 Ghost 程序将在打开的提示框中警告用户恢复操作会覆盖待恢复磁盘上的原有数据。在确认操作后，单击 Yes 按钮，Ghost 程序会开始从镜像文件恢复磁盘数据。

💡 知识点滴

由于恢复对象不能是镜像文件所在的磁盘，因此 Ghost 程序会使用暗红色文字来表示相应磁盘。并且此类磁盘也会在用户选择待恢复磁盘时处于不可选状态。

5.5.3 复制、备份和还原分区

相对于备份磁盘而言，利用 Ghost 程序备份分区对于计算机的要求较少(无须第 2 块硬盘)，方式也较为灵活。另外，由于操作时可选择重要分区进行有针对性的备份，因此无论是从效率还是从备份空间消耗上来看，分区的备份与恢复都具有极大的优势。

1. 复制磁盘分区

利用 Ghost 程序还原磁盘镜像文件的操作方法如下。

【例5-8】使用 Norton Ghost 工具复制磁盘镜像文件。

step 1 选择 Local | Disk | Form Image 命令。

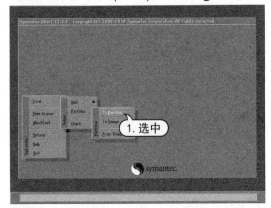

step 2 打开 Select local source drive by clicking on the drive number 对话框。选择待复制的磁盘分区所在的硬盘。

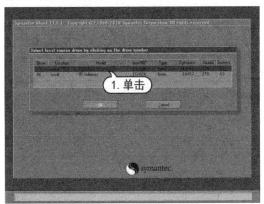

step 3 打开 Select source partition from basic drive: 1 对话框。显示之前所选磁盘的分区信息。选择所要复制的分区，单击 OK 按钮。

step 4 自动打开【Select destination partition from basic drive: 1】对话框，选择复制磁盘分区的目标硬盘，选择硬盘后，Ghost 将打开目标硬盘中的分区情况表。选择硬盘分区后，单击 OK 按钮。

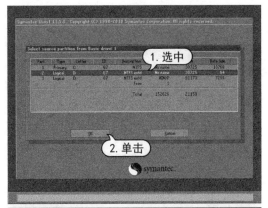

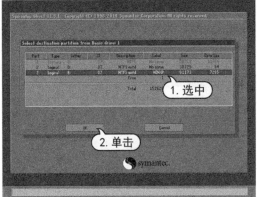

step 5 Ghost 程序将会提示用户是否开始复制分区，单击 Yes 按钮即可。

2. 创建分区镜像文件

利用 Ghost 程序复制磁盘分区的操作方法如下例所示。

【例5-9】使用 Norton Ghost 工具创建磁盘分区镜像文件。

step 1 选择 Local | Partition | To Image 命令，创建本地磁盘分区镜像文件。

step 2 打开 Select source partition(s) from basic drive: 1 对话框，选择需要备份的源分区，单击 OK 按钮。

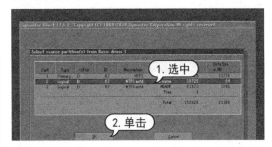

step 3 打开 File name to copy image to 对话

框。在 File Name 文本框中，输入镜像文件的名称，单击 Save 按钮。

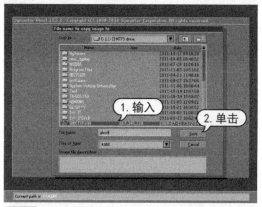

step 4 打开 Compress Image 提示框，单击 Fast 按钮。

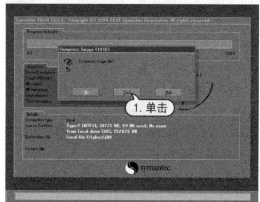

step 5 打开 Question 对话框，单击 Yes 按钮，开始创建分区镜像文件。

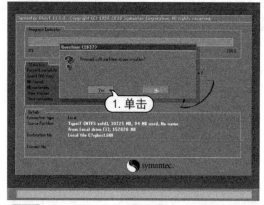

step 6 完成镜像文件创建后，在打开的提示框中，单击 Continue 按钮。

3. 还原分区镜像文件

利用 Ghost 程序还原磁盘分区镜像文件的操作方法如下。

【例 5-10】 使用 Norton Ghost 工具还原磁盘分区镜像文件。

step 1 选择 Local | Partition | Form Image 命令，恢复磁盘分区镜像文件。打开 Image file name to restore from 对话框。选中要恢复的磁盘分区镜像文件后，单击 Open 按钮。

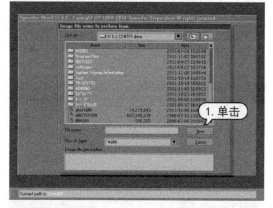

step 2 打开 Select source partition from image file 对话框。为了帮助确认操作的正常性，Ghost 程序在打开对话框中显示了所选镜像文件的分区信息。

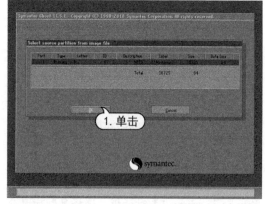

step 3 在打开的对话框中，单击 OK 按钮。确定镜像文件无误后，Ghost 程序将打开一个对话框提示用户选择待恢复分区所在的磁盘。用户在该对话框中选择一块硬盘后，单击 OK 按钮即可。

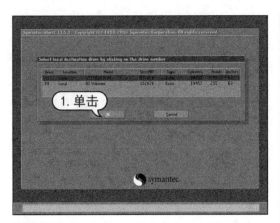

step④ 打开 Select destination Partition from Basic drive: 1 对话框,选择所要恢复的磁盘分区,单击 OK 按钮。

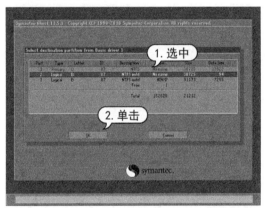

step⑤ 完成操作后,在打开的提示框中单击 Yes 按钮,Ghost 程序开始磁盘分区镜像文件的恢复操作。

5.5.4　检测备份数据

为了保障 Ghost 镜像文件的完整性和 Ghost 所创建备份磁盘、分区的正确性,用户可以使用 Ghost 校验功能检测其健康度。

【例 5-11】检测镜像文件的完整性。

step① 选择 Local | Check | Image file 命令。

step② 选择需要校验的镜像文件,单击 Open 按钮。开始检测镜像文件。检测完成后,Ghost 程序将显示检测。

5.6　案例演练

本章的实战演练部分包括 FinalData 恢复系统数据软件、Auslogics DiskDefrag 整理磁盘数据、R-Studio 磁盘数据恢复软件等综合实例操作,用户通过练习从而巩固本章所学知识。

5.6.1　FinalData 恢复系统数据

FinalData 是一款简单、快速的系统数据恢复软件,该软件可以恢复计算机中丢失的数据文件、主引导区记录和 DOS 引导扇区和 FAT 表等信息。

【例 5-12】使用 FinalData 修复恢复硬盘中的数据。

step① 启动 FinalData 软件,单击软件主界面中的【恢复删除/丢失文件】按钮。

step ② 在打开的界面中单击【恢复丢失数据】按钮。

step ③ 在打开的窗口左侧选择需要恢复数据的驱动器后，单击【扫描】按钮。

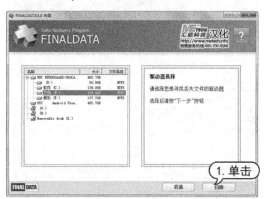

step ④ 完成磁盘扫描后，在打开的窗口中选中要恢复的文件并单击【恢复】按钮。

step ⑤ 在打开的【浏览文件夹】对话框中，选中一个文件夹作为保存恢复文件的文件夹后，单击【确定】按钮。

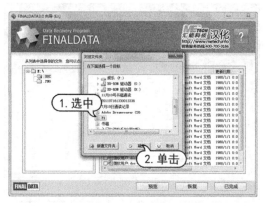

step ⑥ 成功恢复数据后，用户打开步骤所指定的文件夹，即可在该文件夹中找到恢复的文件。

5.6.2 Auslogics DiskDefrag

Auslogics DiskDefrag 是一款支持 FAT16、FAT32 和 NTFS 分区的免费、高效磁盘整理工具，提供了一个更加友好的用户界面。没有任何复杂的参数设置，非常简便，整理速度极快，而且提供完整的整理报告。

【例 5-13】使用 Auslogics DiskDefrag 整理磁盘数据。 视频

step ① 启动 Auslogics DiskDefrag 软件，选择【文档(E：)】复选框。单击【整理】下拉按钮，在其下拉列表中，选择【分析】选项。

🔍 知识点滴

在视图中"白色"图块代表可用空间；"橘黄"图块代表正在处理；"绿色"图块代表未成碎片；"紫色"图块代表主文件表；"黑色"图块代表不可移动文件；"红色"图块代表已成碎片；"蓝色"图块代表已整理碎片。

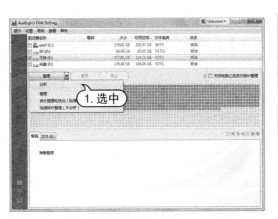

step 2 此时，该软件将对【文档(E：)】进行分析操作，并显示分析的进度。在按钮下方将以不同图块来显示磁盘碎片情况。

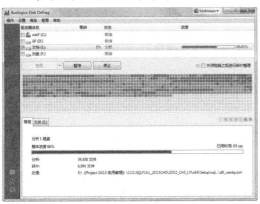

step 3 分析完成后，除了利用图块代表磁盘的碎片信息外，还在【常规】和【文件】选项卡中显示分析的结果信息。

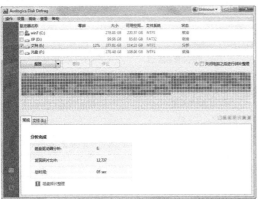

step 4 单击【整理】按钮，软件开始对该磁盘进行碎片整理操作，并分别在视图中和【常规】选项卡中，显示整理碎片的处理过程。

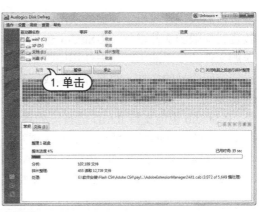

step 5 最后，碎片整理完成后，将分别在【常规】和【文件】选项卡中显示整理碎片的情况。

5.6.3　R-Studio 磁盘数据恢复

　　R-Studio 是一款功能超强的数据恢复、反删除工具。R-Studio 采用全新恢复技术，为使用 FAT12/16/32、NTFS、NTFS5 和 Ext2FS 分区的磁盘提供完整数据维护解决方案，同时提供对本地和网络磁盘的支持。此外，大量的参数设置让高级用户获得最佳恢复效果。

　　R-Studio针对的各种不同版本的Windows操作系统的文件系统都能应付自如。甚至连非 Windows 系列的 Linux 操作系统，R-Studio 软件也照样能够应付。而在 Windows NT，Windows 2000 等操作系统上所使用的 NTFS 文件系统，R-Stduio 亦具有处理的能力，而且 R-Studio 甚至也能处理 NTFS 文件系统的加密与压缩状态，并将发生问题的文件复原。除了本地磁盘以外，R-Studio 甚至能透过网络去检测其他计算机上硬盘的状况。且在挽救资料损毁的文件以外，R-Studio 也包括了误删文件的复原能力，让未使用回收站或是已清空回收站的文件，都照样能够找回来。最特别的一点是在标准的磁盘安装方式以外，R-Studio 也能支持 RAID 磁盘阵列系统。R-Studio 新增加的版本增加了 RAID 重组功能，可以虚拟重组的 RAID 类型包括 RAID0 和 RAID 5。其中，重组 RAID 5 可以支持缺少一块硬盘。

【例 5-14】使用 R-Studio 软件恢复磁盘数据。

📹视频

step ① 启动 R-Studio 软件，可以看到其是由菜单栏、工具栏、驱动器查看窗格、属性窗格、日志窗格等构成的。

step ② 在 R-Studio 窗口中，显示了所扫描到的已删除的磁盘数据，方便用户查看和恢复数据。此时，选择需要打开和扫描的驱动器，单击【打开驱动器文件】按钮。

step ③ 此时，软件开始扫描驱动器，并显示扫描的进度。对所选择磁盘扫描完成后，在【文件夹】窗格将显示已经删除的内容。

step ④ 选择需要恢复的数据项，单击【恢复】按钮。

step ⑤ 在打开的【恢复】对话框中，设置输出文件夹的位置。单击【确定】按钮，即可恢复数据。

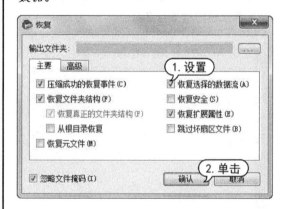

第6章

图形图像处理工具软件

在使用数码相机拍摄照片后，很多用户都会将这些照片存储在计算机中，并通过计算机来对照片进行各种基本的处理。此时，就需要使用各种图形图像处理软件。本章通过介绍图像浏览与管理，图像捕捉和处理等软件，帮助用户掌握图像管理、处理的方法。

 **对应光盘视频**

6.1 图像浏览软件——ACDSee

要查看计算机中的图片，就要使用图片查看软件。ACDSee 是一款非常好用的图像查看处理软件，它被广泛地应用在图像获取、管理以及优化等各个方面。另外，使用软件内置的图片编辑工具可以轻松处理各类数码图片。

6.1.1 图形图像基础

在日常工作和生活中，经常需要使用各种软件绘制图形和处理图像。因此，了解图形和图像的基础知识，可以帮助用户更好地管理各种图片文档，提高工作效率，丰富业余生活。

1. 位图和矢量图

位图图像是由许多像素点组成的图像，并且每一个像素点都有明确的颜色。Photoshop 和其他绘制、图像编辑软件产生的图像基本上都是位图图像，但在 Photoshop 中还集成了矢量绘图功能，因而扩大了用户的创作空间。

位图图像质量与分辨率有着密切的关系。如果在屏幕上以较大的倍数放大显示，或以过低的分辨率打印，位图图像会出现锯齿状的边缘，丢失细节。位图图像弥补了矢量图像的某些缺陷，它能够制作出颜色和色调变化更加丰富的图像，同时也可以很容易地在不同软件之间进行交换。但位图图像文件容量较大，对内存和硬盘的要求较高。

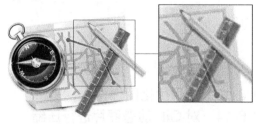

矢量图像也称为向量式图像。顾名思义，它是以数学式的方法记录图像的内容。其记录的内容以线条和色块为主，由于记录的内容比较少，不需要记录每一个点的颜色和位置等，所以它的文件容量比较小。这类图像很容易进行放大、旋转等操作，且不易失真，精确度较高，所以在一些专业的图形绘制软件中应用较多。但同时，正是由于上述原因，这种图像类型不适于制作一些色彩变化较大的图像，且由于不同软件的存储方法不同，在不同软件之间的转换也有一定的困难。

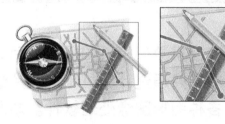

2. 像素和分辨率

在 Photoshop 中，像素(Pixel)是组成图像的最基本单元，它是一个小的矩形颜色块。一幅图像通常由许多像素组成，这些像素被排成横行或纵列。当使用缩放工具将图像放到足够大时，就可以看到类似马赛克的效果。每一个小矩形块就是一个像素，也可以称之为栅格。每个像素都有不同的颜色值，单位长度内的像素越多，分辨率(ppi)越高，图像的效果就越好。

理解图像分辨率(Image Resolution)和图像之间的关系对于了解 Adobe Photoshop 的工作原理非常重要。图像分辨率的单位是ppi(pixels per inch)，即每英寸所包含的像素数量。如果图像分辨率是 72ppi，就是在每英寸长度内包含 72 像素。图像分辨率越高，意味着每英寸所包含的像素越多，图像就有越多的细节，颜色过渡就越平滑。图像分辨率和图像大小之间有着密切的关系。图像分辨率越高，所包含的像素越多，图像的信息量就越大，因而文件也就越大。

通过扫描仪获取大图像时，将扫描分辨率设定为 300ppi 就可以满足高分辨率输出的需要。如果扫描时分辨率设置的比较低，通过 Photoshop 来提高图像分辨率的话，由 Photoshop 利用差值运算来产生新的像素。这样则会造成图像模糊、层次差，不能忠实于原稿。如果扫描时分辨率设置的比较高，图像已经获得足够的信息，通过 Photoshop 来减少图像分辨率则不会影响图像的质量。另外，常提到的输出分辨率是以 dpi(dots per inch)，每英寸所含的点为单位，这是针对输出设备而言的。

6.1.2　图像文件格式

同一幅图像文件可以使用不同的文件格式来进行存储，但不同文件格式所包含的信息并不相同，文件的大小也有很大的差别。因而，在使用时应当根据需要选择合适的文件格式。

在 Photoshop 中，支持的图像文件格式有 20 余种。因此，在 Photoshop 中可以打开多种格式的图像文件进行编辑处理，并且可以以其他格式存储图像文件。常用的图像保存格式有以下几种。

➤ PSD：这是 Photoshop 软件的专用图像文件格式。它能保存图像数据的每一个小细节，可以存储成 RGB 或 CMKY 颜色模式，也能自定义颜色数目进行存储。它能保存图像中各图层的效果和相互关系，并且各图层之间相互独立，以便于对单独的图层进行修改和制作各种特效。缺点就是占用的存储空间较大。

➤ TIFF：这是一种比较通用的图像格式，几乎所有的扫描仪和大多数图像软件都支持这一格式。这种格式支持 RGB、CMYK、Lab、Indexed Color、位图和灰度颜色模式，有非压缩方式和 LZW 压缩方式之分。同 EPS 和 BMP 等文件格式相比，其图像信息最紧凑，因此 TIFF 文件格式在各软件平台上得到了广泛支持。

➤ JPEG：JPEG 是一种带压缩的文件格式，其压缩率是目前各种图像文件格式中最高的。但 JPEG 在压缩时图像存在一定程度的失真。因此，在制作印刷制品的时候最好不要用该格式。JPEG 格式支持 RGB、CMYK 和灰度颜色模式，但不支持 Alpha 通道。它主要用于图像的预览和制作 HTML 网页。

知识点滴

JPEG 格式的图像保真级分 0~10 共 11 级。其中 0 级压缩比最高，图像品质最差，即使采用细节几乎无损的 10 级质量保存时，与 BMP 格式相比，压缩比也可达 5:1。在处理日常照片时，通常采用第 8 级压缩可以获得最佳的存储大小与图像质量平衡。

➤ PDF：该文件格式是由 Adobe 公司推出的，它以 PostScript Level 2 语言为基础。因此，可以覆盖矢量式图像和点阵式图像，并且支持超链接。利用此格式可以保存多页信息，其中可以包含图像和文本，同时它也是网络下载经常使用的文件格式。

➤ EPS(Encapsulated PostScript)：该格式是跨平台的标准格式，其扩展名在 Windows 平台上为*.eps，在 Macintosh 平台上为*.epsf，可以用于存储矢量图形和位图图像文件。EPS 格式采用 PostScript 语言进行描述，可以保存 Alpha 通道、分色、剪辑路径、挂网信息和色调曲线等数据信息。因此，EPS 格式也常被用于专业印刷领域。EPS 格式是文件内带有 PICT 预览的 PostScript 格式，基于像素的 EPS 文件要比以 TIFF 格式存储的相同图像文件所占磁盘空间大，基于矢量图形的 EPS 格式的图像文件要比基于位图图像的 EPS 格式的图像文件小。

➤ BMP：它是标准的 Windows 及 OS/2 平台上的图像文件格式，Microsoft 的 BMP 格式是专门为【画笔】和【画图】程序建立的。这种格式支持 1~24 位颜色深度，使用的颜色模式可为 RGB、索引颜色、灰度和位图等，且与设备无关。

➤ GIF：该格式是由 CompuServe 提供的一种图像格式。由于 GIF 格式可以用 LZW 方式进行压缩，所以它被广泛应用于通信领域和 HTML 网页文档中。不过，这种格式仅支持 8 位图像文件。

➤ PNG：PNG 格式是一种网络图像格

式，也是目前可以保证图像不失真的格式之一。它不仅兼有 GIF 格式和 JPEG 格式所能使用的所有颜色模式，而且能够将图像文件压缩到极限以利于网络上的传输；还能保留所有与图像品质相关的数据信息。这是因为 PNG 格式是采用无损压缩方式来保存文件的，与牺牲图像品质以换取高压缩率的 JPEG 格式有所不同；采用这种格式的图像文件显示速度很快，只须下载 1/64 的图像信息就可以显示出低分辨率的预览图像；PNG 格式也支持透明图像的制作。PNG 格式的缺点在于不支持动画。

6.1.3　浏览图片

ACDSee 软件提供了多种查看方式供用户浏览图片。用户在安装完成 ACDSee 软件后，双击桌面上的软件图标启动软件，即可启动 ACDSee。

ACDSee 15

启动 ACDSee 后，在软件界面左侧的【文件夹】列表框中选择图片的存放位置，双击某幅图片的缩略图，即可查看该图片。

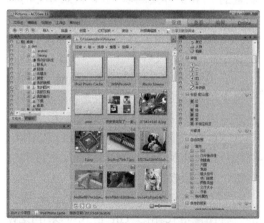

6.1.4　编辑图片

使用 ACDSee 不仅能够浏览图片，还可对图片进行简单的编辑。

【例6-1】使用 ACDSee 对计算机硬盘中保存的图片进行编辑。

step 1　启动 ACDSee 后，双击打开需要编辑的图片。

step 2　单击图片查看窗口右上方的【编辑】按钮，打开图片编辑面板。单击 ACDSee 软件界面左侧的【曝光】选项，打开曝光参数设置面板。

step 3　此时，在【预设值】下拉列表框中，选择【提高对比度】选项。然后拖动其下方的【曝光】滑块、【对比度】滑块和【填充光线】滑块，可以调整图片曝光的相应参数值。

step 4　曝光参数设置完成后，单击【完成】按钮。

step 5　返回图片管理器窗口，单击软件界面左侧工具条中的【裁剪】按钮。

step 6 可打开【裁剪】面板，在软件窗口的右侧，可拖动图片显示区域的 8 个控制点来选择图像的裁剪范围。

step 7 选择完成后，单击【完成】按钮，完成图片的裁剪。

step 8 图片编辑完成后，单击【保存】按钮，即可对图片进行保存。

6.1.5 批量重命名图片

如果用户需要一次对大量的图片进行统一的命名操作，可以使用 ACDSee 的批量重命名功能。

【例6-2】使用 ACDSee 对桌面上【我的图片】文件夹中的所有文件进行统一命名。

step 1 启动 ACDSee，在主界面左侧的【文件夹】列表框中依次展开【桌面】|【我的图片】选项。

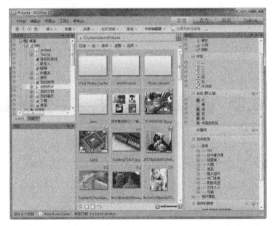

step 2 此时，在 ACDSee 软件主界面中间的文件区域将显示【我的图片】文件夹中的所有图片。按 Ctrl+A 组合键，选定该文件夹中的所有图片，然后选择【工具】|【批量】|【重命名】命令。

step 3 打开【批量重命名】对话框，选中【使用模板重命名文件】复选框，在【模版】文本框中输入"摄影###"。选中【使用数字替换#】单选按钮，在【开始于】区域选中【固定值】单选按钮，在其后的微调框中设置数值为1。单击【开始重命名】命令。

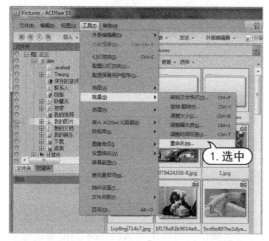

step 4 系统开始批量重命名图片。命名完成后，单击【完成】按钮。

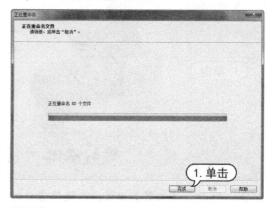

step 5 即可查看到重命名后图片名称，如下图所示。

6.2 图像编辑软件——光影魔术手

自己照出来的照片难免会有许多不满意之处，这时可利用计算机对照片进行处理，以达到完美的效果。这里向大家介绍一款非常好用的照片画质改善和个性化处理的软件——光影魔术手。它不要求用户有非常专业的知识，只要懂得操作计算机，就能够将一张普通的照片轻松地 DIY 出具有专业水准的效果。

6.2.1 调整图片大小

将数码相机照出的照片复制到计算机中进行浏览时，其大小往往不会如人愿，此时可使用光影魔术手来调整照片的大小。

【例6-3】使用光影魔术手调整照片大小。

step 1 启动光影魔术手，单击【打开】按钮，打开【打开】对话框。在该对话框中选择要调整大小的照片后，单击【打开】按钮，打开照片。

step ② 单击【尺寸】下拉按钮，在打开的常用尺寸下拉列表中，可选择照片的尺寸大小，如下图所示。

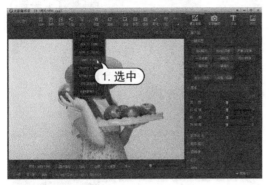

step ③ 选择完成后，单击【保存】按钮，打开【保存提示】对话框，询问用户是否覆盖原图。单击【确定】按钮，覆盖原图保存调整大小后的图片。

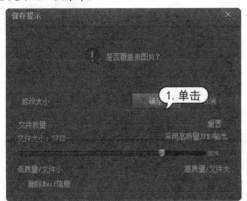

知识点滴

如果想保留原图，可单击【另存】按钮，将修改后的图片另存为一个新文件。选中【采用高质量 JPEG 输出】复选框，可保证输出照片的质量。

6.2.2　裁剪照片

如果想在照片中突出某个主题，或者去掉不想要的部分，则可以使用光影魔术手的裁剪功能，对照片进行裁剪。

【例 6-4】使用光影魔术手的裁剪功能对照片进行裁剪。

step ① 启动光影魔术手，单击【打开】按钮。打开【打开】对话框，选择需要裁剪的数码照片。单击【打开】按钮，即可打开照片。

step ② 单击工具栏中的【裁剪】按钮，打开图像裁剪界面。

step ③ 将鼠标指针移至照片上，当变成 形状时，单击并在图片上拖动出一个矩形选框，框选需要裁剪的部分，释放鼠标。此时被框选的部分周围将有虚线显示，而其他部分将会以羽化状态显示。

step ④ 调节界面右侧的【圆角】滑竿，可以将裁剪区域设置为圆角。单击【确定】按钮，裁剪照片，返回主界面，显示裁剪后的图像。

step ⑤ 在工具栏中单击【另存】按钮，保存裁剪后的照片。

6.2.3　使用数码暗房

　　光影魔术手的真正强大之处在于对照片的加工和处理功能。相比于 Photoshop 等专业图片处理软件而言,光影魔术手对于数码照片的针对性更强,而加工程序却更为简单,即使是没有任何基础的新手也可以迅速上手。

　　本节来介绍如何使用数码暗房来调整照片的色彩和风格。

【例6-5】使用光影魔术手的数码暗房功能为照片添加特效。

step① 启动光影魔术手,单击【打开】按钮,打开要加工的照片。

step② 单击主界面中的【数码暗房】按钮,打开数码暗访列表框。

step③ 单击【黑白效果】按钮,可使图片变为黑白效果。此时,会打开黑白效果的参数设置面板,在该面板中可对黑白效果的参数进行设置。

step④ 使用【柔光镜】效果,可柔化照片,使照片更加细腻。

step⑤ 使用【铅笔素描】功能,可使照片呈

现铅笔素描效果。

step⑥ 使用【人像美容】功能,可通过调节【磨皮力度】、【亮白】和【范围】这三个参数来美化照片。

step⑦ 调节到满意的效果后,单击【确定】按钮,返回到软件主界面。单击【保存】按钮,保存调节后的照片。

6.2.4　使用边框效果

　　使用光影魔术手的边框功能,可以通过简单的步骤对照片添加边框修饰效果,达到美化照片的目的。

【例6-6】使用光影魔术手为数码照片添加边框。

step ① 启动光影魔术手，单击【打开】按钮，打开要添加边框的照片。

step ② 单击主界面中的【边框】按钮，选择【多图边框】命令。

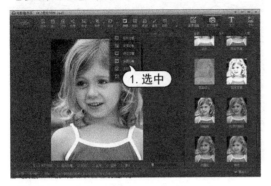

step ③ 打开【多图边框】界面，选择一个自己喜欢的多图边框效果。

💡 **知识点滴**

在【多图边框】界面的左上角，可调整照片在边框中的显示区域。

step ④ 调整完成后，单击【确定】按钮使用该边框，并返回软件主界面。单击【保存】按钮，保存应用了边框效果的照片。

6.2.5　为照片添加文字

使用光影魔术手可以方便地为照片添加文字，丰富照片内容。

【例6-7】使用光影魔术手为数码照片添加文字。

step ① 启动光影魔术手，单击【打开】按钮，打开要添加文字的照片。

step ② 单击主界面右上角的【文字】按钮，打开添加文字界面。在【文字】文本框中输入文字，该文字会自动显示在照片中。

step ③ 设置【字体】为方正剪纸简体，设置【字号】为 39 号，设置【颜色】为橙色。调节【透明度】为 26%，调节【旋转角度】为 18°。

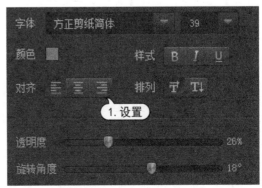

step ④ 打开【高级设置】选项，选中【发光】复选框，设置发光效果为白色；选中【阴影】复选框，设置【上下】参数为 5，设置【左右】参数为-5。

step ⑤ 使用鼠标将文字拖动到照片的合适位置，然后单击【保存】按钮，保存添加文字后的照片。

6.3 屏幕录像——屏幕录像专家

屏幕录像专家是一款专业的屏幕录像制作工具，软件界面是中文版本，操作相对简单，录制视频可以使用设置的快捷键、点击录制键或者点击三角按钮，就可以录制了。使用它可以轻松地将屏幕上的软件操作过程、网络教学课件、网络电视、网络电影、聊天视频等录制成 Flash 动画、WMV 动画、AVI 动画或者自动播放的 EXE 动画。本软件具有长时间录像并保证声音完全同步的能力。

6.3.1 确定屏幕录像区域

在使用屏幕录像专家之前，用户首先要了解如何确定屏幕录像区域。只有掌握确定屏幕录像区域的操作方法才能录制用户所需要的内容。

【例 6-8】使用屏幕录制专家确定屏幕录像区域。
◉ 视频

step ① 启动屏幕录制专家软件，选择【录制目标】选项卡，选择【窗口】单选按钮。

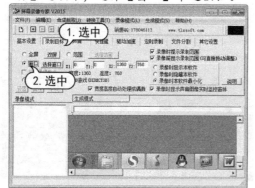

step ② 将启动的屏幕录像专家软件最小化。打开需要录制的文件，单击【选择区域边框】的 4 个边框进行拖动，设置出需要的区域。

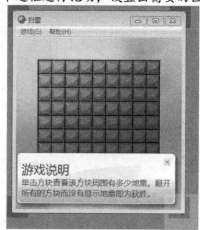

step ③ 即可确定屏幕录像区域。

6.3.2 开始录制屏幕录像

在确定屏幕录像区域之后，用户就可以对屏幕录像进行录制。

【例 6-9】用屏幕录制专家开始录制屏幕录像。

◉ 视频

step 1 启动屏幕录制专家软件，选择【基本设置】选项卡。单击【文件名】文本框，输入录像名称。单击【临时文件夹】文本框旁边的【选择】按钮。

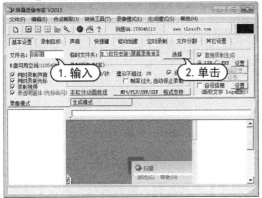

step 2 打开【零时文件夹】对话框，设置保存路径，单击【确定】按钮。

step 3 返回屏幕录制专家主界面，单击【开始录制】按钮。

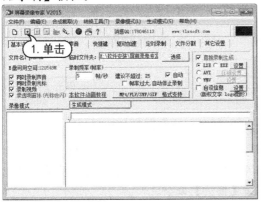

step 4 即可开始录制屏幕录像。

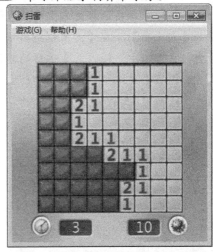

知识点滴

用户在使用屏幕录像专家时，如果要录制的游戏是全屏的，但是无法在游戏运行后按快捷键开始录像时，用户可以在【录像目标】选项卡中单击选择【范围】单选项手工输入录像范围。例如，游戏分辨率为 1024×768，用户在坐标文本框中输入 X1: 0 Y1: 0 X2: 1024 Y2: 768 即可全屏录制游戏。

6.3.3 在录像中添加自定义信息

屏幕录像录制完成后，用户可以在屏幕录像中添加自定义信息。下面介绍在录像中添加自定义信息的操作步骤。

【例 6-10】使用屏幕录制专家在屏幕录像中添加自定义信息。◉ 视频

step 1 屏幕录像录制完成后，在屏幕录像专家【录像模式】区域下方右击已完成的屏幕录像文件。在打开的快捷菜单中选择【EXE/LXE 修改自设信息】命令。

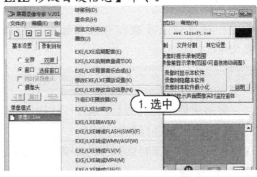

step 2 打开【设置自设信息】对话框。在【显示位置】区域中单击选择文本需要放置的位置，如【左上角】。在【文本框距离角落偏移】坐标文本框中，输入需要偏移的数值。在【显示内容】文本框中输入想要的文本内容，单击【确定】按钮。

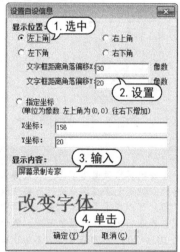

step 3 在屏幕录像专家【录像模式】区域下方，右击已经录制完成的屏幕录像。在打开的快捷菜单中选择【播放】命令。

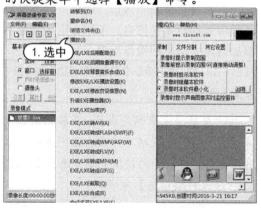

step 4 通过以上步骤即可在录像中添加自定义信息。

6.3.4 加密屏幕录像文件

屏幕录像录制完成后，用户可以对录制的 exe 格式录像进行加密操作。

【例6-11】用屏幕录制专家对录制屏幕录像进行加密。 视频

step 1 屏幕录像录制完成后，在屏幕录像专家【录像模式】区域下方右击已完成的屏幕录像文件，在打开的快捷菜单中选择【EXE/LXE 加密】命令。

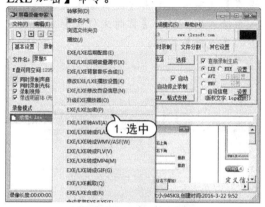

step 2 在打开的【加密】对话框中，选择【播放加密】单选按钮。输入密码，单击【确定】按钮。

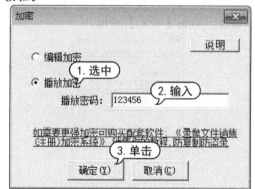

step 3 打开【另存为】对话框，设置保存路径。在【文件名】文本框中输入要保存的名称，单击【保存】按钮。

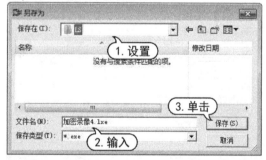

step 4 当播放该屏幕录像文件时，右击需要播的屏幕录像文件。在打开的快捷菜单中选择【播放】命令。

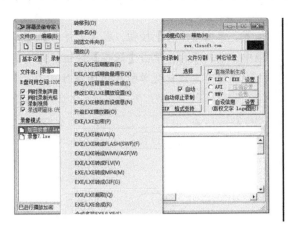

step 5 需要输入密码才能播放。打开【密码】对话框，输入密码，单击【确定】按钮。即可播放屏幕录像文件。

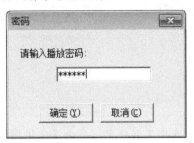

6.4 图片压缩工具——Image Optimizer

Image Optimizer 是一款影像最佳化软件，可以将 JPG、GIF、PNG、BMP、TIF 等图形影像文件利用 Image Optimizer 独特的 Magi Compress 压缩技术最佳化。可以在不影响图形影像品质状况下将图形影像缩小容量，最高可减少 50%以上图形影像文件大小，让用户腾出更多网页空间和减少网页下载时间。Image Optimizer 完全给予使用者自行控制图形影像最佳化，可自行设定压缩率外，也附有即时预览功能，可以即时预览图形影像压缩后的品质。另外，也可利用内建的批次精灵功能(Batch Wizard)一次将大量的影像文件最佳化。

6.4.1 优化单幅图像

Image Optimizer 软件具有独特的 Magi Compree 压缩技术，可以在不影响图形影像品质的状况下将图形影像压缩。下面详细介绍优化单幅图像的操作方法。

【例 6-12】使用 Image Optimizer 软件优化单幅图像。📀视频

step 1 启动 Image Optimizer 软件，在快捷菜单栏中单击【打开】按钮。打开 Open 对话框，选择图像，单击【打开】按钮。

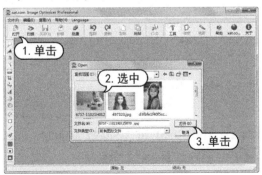

step 2 打开图像，在左侧工具栏中单击【裁

剪工具】按钮，在图像中单击并拖动到准备剪切的大小区域。单击【剪裁图像】按钮，即可将部分区域剪裁下来。

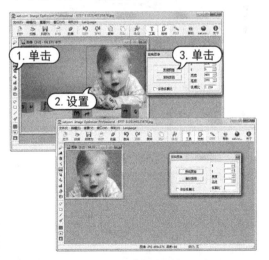

step 3 在左侧工具栏中单击【调整大小】按钮，打开【转换图像】对话框。可以在【调整】区域对图像的【宽度】、【高度】和【锐化】参数进行调整，可以在【旋转】区域旋转图像。

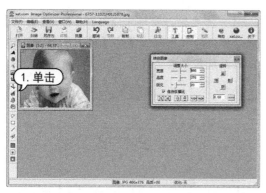

step④ 在左侧工具栏中，单击【优化图像】按钮，打开一个新对话框。里面有经过优化的图像。同时打开【压缩图像】对话框。在【文件类型】区域，可以选择输出文件的格式。在【JPEG品质】区域，设置JPEG图像品质。在【魔法压缩】区域，设置图像的压缩大小。

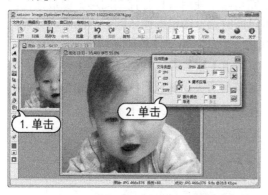

step⑤ 在菜单栏中选择【文件】|【优化另存为】命令。

step⑥ 打开【优化图像另存为】对话框。单击【保存在】下拉列表按钮，设置准备保存的

位置。单击【保存】按钮，在【文件名】文本框中，输入名称，单击【保存】按钮。通过以上步骤即可完成优化单幅图像的操作。

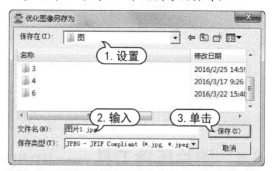

💡 知识点滴

对于使用截图进行展示的图片，截图前取消窗口颜色渐变等效果、隐藏不必要的工具栏等，对提高图像指示性、减小文件体积都有更好的帮助。

6.4.2 批量优化图像

用户有时会有很多图像需要优化，一幅一幅地操作很麻烦。可以使用Image Optimizer的批量优化功能，让程序按照一个统一的标准，把多个图像一次完成优化。下面详细介绍其操作方法。

【例6-13】使用Image Optimizer软件批量优化图像。📹视频

step① 启动Image Optimizer软件，在菜单栏中选择【文件】|【批量处理向导】命令。

step② 打开Step1 of 3-Select Multiple Files对话框，单击【添加文件】按钮。

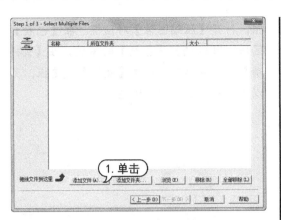

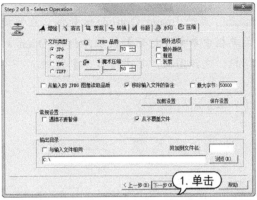

step ③ 打开【选择多个文件】对话框。展开【查找范围】下拉列表按钮，选择准备添加图像的文件夹。在列表中选择图像，单击【打开】按钮。

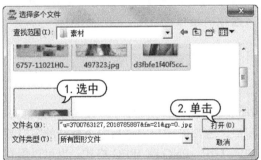

step ④ 返回 Step1 of 3-Select Multiple Files 对话框，单击【下一步】按钮。

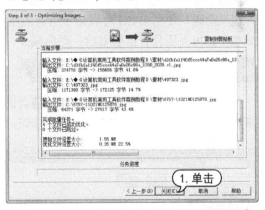

step ⑦ 即可看到优化进度，完成优化后，单击【关闭】按钮，完成批量优化图像的操作。

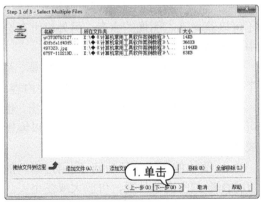

step ⑤ 打开 Step 2 of 3-Select Operation 对话框。在【压缩】选项卡中，可以对各个参数进行相应的设置，单击【下一步】按钮。

step ⑥ 打开 Step 3 of 3-Optimizing Images 对话框，单击【优化】按钮。

6.4.3　GIF 动态图片压缩

在 Image Optimizer 图片压缩工具中，用户可以对 GIF 动态图片进行压缩。

【例6-14】使用 Image Optimizer 软件对 GIF 动态图片进行压缩。 视频

step ① 启动 Image Optimizer 软件，在快捷菜单栏中单击【打开】按钮，打开 Open 对话框。选择图像，单击【打开】按钮。

step ② 在左侧工具栏中单击【优化图像】按

钮。打开【压缩图像】对话框。在【色数】区域，可以调整【色数】的参数。在【%抖动】中设置参数。选中【交错】复选框，可以生成一个交织的 GIF 图像。

step ③ 通过以上步骤即可完成 GIF 动态图片压缩的操作。

6.5　图片截取工具——Snagit

　　Snagit 一个非常著名的优秀屏幕、文本和视频捕获、编辑与转换软件。可以捕获 Windows 屏幕、DOS 屏幕；RM 电影、游戏画面；菜单、窗口、客户区窗口、最后一个激活的窗口或用鼠标定义的区域。图像可保存为 BMP、PCX、TIF、GIF、PNG 或 JPEG 格式，也可以保存为视频动画。使用 JPEG 可以指定所需的压缩级(从 1%到 99%)。可以选择是否包括光标，添加水印。另外还具有自动缩放、颜色减少、单色转换、抖动，以及转换为灰度级。

6.5.1　认识 Snagit 软件

　　安装 Snagit 后，双击桌面上的快捷启动该软件，单击【打开经典捕获窗口】按钮。

　　Snagit 是一款优秀的截图软件，和其他的捕捉屏幕软件相比，具有以下特点。

　　▶ 捕捉种类多：不仅可捕捉静止图像，还可以获得动态图像的声音，另外也可在选中的范围内只获取文本。

　　▶ 捕捉范围灵活：可选择整个屏幕、某个静止或活动窗口，可以随意选择捕捉内容。

　　▶ 输出类型多：可以文件形式输出，也可直接通过 E-mail 发给朋友，另外可以编辑成册。

　　▶ 简单的图形处理功能：利用过滤功能可将图形颜色简单处理，可放大或缩小。

6.5.2　使用预设捕获模式截图

　　Snagit 预设中具有图像捕获模式，使用该功能可以根据鼠标所处位置自动判断捕获窗口还是区域。其方法为：单击桌面上方中央的【捕获:开始捕获】按钮，或单击 Snagit 操作窗口右下角【图像】按钮。单击【单击捕获】按钮，或直接按 Print Screen SysRq 键便可进入截图状态。此时，根据不同情况执行不同操作便可完成截图。

> 捕获窗口:将金色十字光标移到所需捕获的对象上。如果金色框线自动框住了整个窗口或窗口中的一个区域，此时单击即可完成捕获。

> 捕获区域:将金色十字光标移动需要捕获的对象上，单击并拖动光标框选需捕获的范围，释放鼠标即可捕获该区域。

知识点滴

进入捕获状态后，按 ESC 键可退出捕获状态，以便重新打开需要捕获的对象进行捕获操作；捕获区域时，使用拖动的方法若无法精确选择范围，可在不释放鼠标的前提下，利用键盘上的方向键微调金色十字光标，从而获得更加理想的捕获结果。

6.5.3　自定义捕获模式

Snagit 软件中预设的各种捕捉方案，在实际的工作中有可能操作起来相比比较复杂，或是无法满足实际需求，此时可以自定义捕获模式并通过指定快捷键来快速捕获所需对象。

【例 6-15】使用 Snagit 软件自定义捕获模式。
视频

step 1 启动 Snagit 软件，单击【使用向导创建配置文件】按钮。

step 2 打开【新建配置文件向导】对话框。在其中可以设置捕获模式，这里单击【图像】按钮，单击【下一步】按钮。

step 3 在打开的对话框中可设置捕获对象，单击【捕获类型】栏下的下拉按钮，在打开的下拉列表中选择【窗口】选项，然后单击【下一步】按钮。

step 4 打开设置捕获输出的对话框。单击【共享】栏下的下拉按钮,在打开的下拉列表中选择【剪贴板】选项,单击【属性】按钮。

step 5 打开【共享属性】对话框。在【图像文件】选项卡中可设置捕获图像的名称、格式等参数。这里在【文件格式】栏中选择【总是使用此文件格式】单选按钮,并在其下拉列表框中选择【JPG-JPEG 图像】选项。然后在【文件名】栏中选择【自动文件名】单选按钮,单击【确定】按钮。

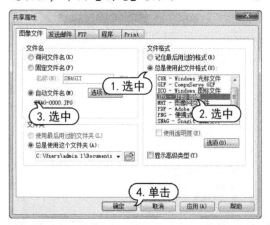

step 6 返回【新建配置文件向导】对话框,单击【下一步】按钮继续设置。

实用技巧

设置捕获输出参数是指捕获图像后该图像的输出位置。其中,【剪贴板】是指输出到操作系统所对应的剪贴板中,以便直接通过粘贴在其他文件中使用;【文件】是指将捕获的图像作为图片文件存储到指定的位置,而该位置则可在【共享属性】对话框的【文件夹】栏中自行设置。

step 7 在打开的对话框中可以设置其他辅助选项,单击【包含光标】按钮(按钮呈蓝色显示表示该按钮对应的功能处于使用状态,呈白色显示则表示未启用该功能),然后单击【下一步】按钮。

step 8 打开设置效果的对话框。在其中可设置捕获后图像的效果,如撕边效果、阴影效

果等。这里保持默认设置，然后单击【下一步】按钮。

step ⑨　在打开的对话框的【热键】栏中可设置捕获模式的名称和快捷键。这里单击该栏右侧的下拉按钮，在打开的下拉列表中选择 F1 选项，单击【完成】按钮。即可完成该捕获模式的添加操作。

step ⑩　此后，只要 Snagit 处于启用状态，按 F1 键便可进入窗口捕获状态。单击即可捕获窗口，同时在其他文件中执行粘贴命令便可将捕获的图像在文件中使用。

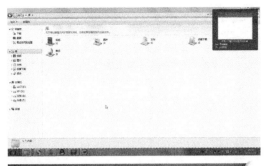

6.5.4　编辑捕获的屏幕图片

在自定义捕获模式时，如果启用了【在编辑器预览】中显示功能，则在成功捕获图像后，会自动打开【Snagit 编辑器】对话框。在【图像】选项卡中便可对图像进行一些简单的编辑操作，具体方法分别如下。

▶ 设置画布：在【图像】选项卡的【画布】组中可以对图像进行修剪、旋转、剪切，以及调整画布大小等设置，在其中单击所需按钮后即可进行相应的操作。单击【剪切】按钮后，在打开的下拉列表中选择【纵向剪切】栏中第一排从左至右的第三个选项后的效果。

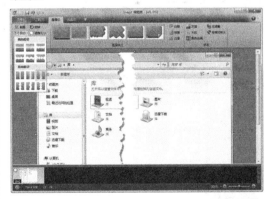

▶ 应用图像样式：在【图像】选项卡的【图像样式】组中可应用系统预设的各种图像样式。其方法为，单击该组中的【图像样式】下拉按钮，在打开的下拉列表中选择所需样式即可。如图所示，即为应用预设图像样式后的效果。另外，通过单击该组中【边框】按钮、【效果】按钮和【边框】按钮，然后在打开的下拉列表中选择所需选项，可进一步调整图像的样式。

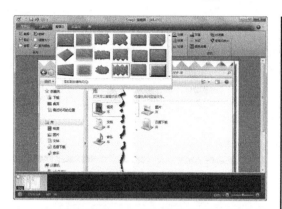

▶ 编辑图像：在【图像】选项卡的【修改】组中可以对图像的灰度、模糊百分比、水印和颜色效果等进行设置，使用方法与前面介绍的两种操作类似。

6.5.5 自定义区域捕获模式

Snagit 软件可以自定义一个捕获模式，其捕获对象为【区域】，输出模式为【文件】，文件格式为 TIF，快捷键为 F2。然后利用 该捕获模式捕获并设置图像。

【例6-16】使用 Snagit 软件自定义区域捕获模式并捕获图像。 视频

step 1 启动 Snagit 软件，单击右上方的【使用向导创建配置文件】按钮。

step 2 打开【新建配置文件向导】对话框。保持【图像】按钮的选中状态，单击【下一步】按钮。

step 3 在打开的对话框中单击【捕获类型】栏下的下拉按钮，在打开的下拉列表中选择【区域】选项，单击【下一步】按钮。

step 4 打开【选择如何共享】对话框。单击【共享】栏下的下拉按钮，在打开的下拉列表中选择【文件】选项，单击【下一步】按钮。

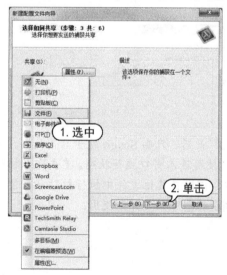

step 5 打开【共享属性】对话框。选择【自动文件名】单选按钮，在【文件夹】栏中单击【浏览文件夹】按钮。在打开的对话框中选择桌面上的 TIF 文件夹选项(预先创建好的文件)，单击【确定】按钮。

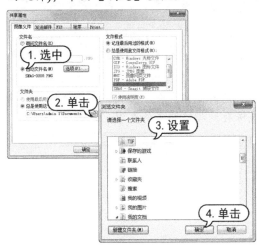

step 6 返回【共享属性】对话框。在【文件格式】栏中选择【总是使用此文件格式】单选按钮，在其下的列表框中选择【TIF-标签图像文件】选项，单击【确定】按钮。

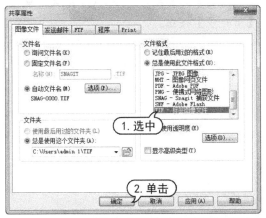

> ### 知识点滴
>
> 在【共享属性】对话框中选择某种文件格式后，单击下方的【选项】按钮，可在打开的对话框中对该图像的格式参数进行设置。

step 7 返回【新建配置文件向导】对话框，单击【下一步】按钮。在打开的对话框中默认设置内容，并单击【下一步】按钮。

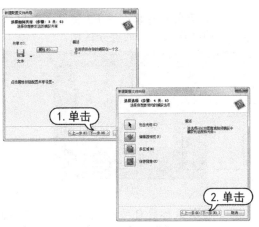

step 8 打开设置效果的对话框，默认其中的设置，继续单击【下一步】按钮。

step 9 在打开的对话框的【热键】栏中单击右侧的下拉按钮，在打开的下拉列表中选择 F2 选项，单击【完成】按钮。

计算机常用工具软件案例教程

step⑩ 显示桌面内容，按 F2 键进入获取状态，拖动捕获桌面上的部分区域。

step⑪ 释放鼠标后自动打开【Snagit 编辑器】对话框。选择【图像】选项卡，在【图像样式】组的下拉列表框中选择合适的样式。

step⑫ 选择【工具】选项卡，单击【完成配置文件】按钮，即可将捕获的图像以 TIF 格式保存到指定的文件夹中。

6.6 案例演练

本章的实战演练部分包括转换图片格式、配置截图热键、使用屏幕截图等综合实例操作，用户通过练习从而巩固本章所学知识。

6.6.1 转换图片格式

ACDSee 具有图片文件格式的相互转换功能，使用它可以轻松地执行图片格式的转换操作。

【例 6-17】使用 ACDSee 将【我的图片】文件夹中的图片转换为 BMP 格式。

step① 在 ACDSee 中按住 Ctrl 键选中需要转化格式的图片文件。选择【工具】|【批量】|【转换文件格式】命令。

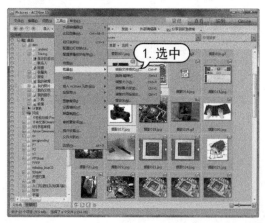

step② 打开【批量转换文件格式】对话框。在【格式】列表框中选择 BMP 格式，单击【下一步】按钮。

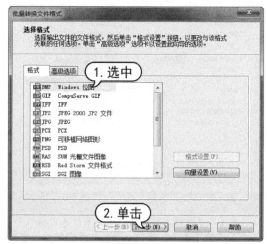

step③ 打开【设置输出选项】对话框。选中【将修改过的图像放入源文件夹】单选按钮，单击【下一步】按钮。

step④ 打开【设置多页选项】对话框，保持默认设置，单击【开始转换】按钮。

128

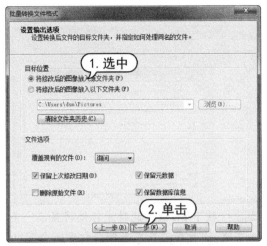

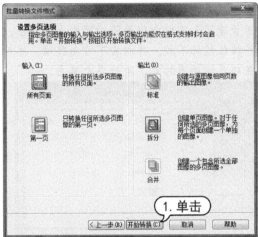

step⑤ 开始转换图片文件并显示进度，转换格式完成后，单击【完成】按钮即可。

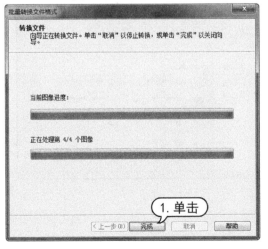

6.6.2 配置截图热键

在使用 HyperSnap 截图之前，用户首先需要配置屏幕捕捉热键，通过热键可以方便地调用 HyperSnap 的各种截图功能，从而更有效地进行截图。

【例 6-18】配置 HyperSnap 软件中的屏幕捕捉热键。

step① 启动 HyperSnap 软件，打开【捕捉】选项卡，单击【热键】按钮。

step② 打开【屏幕捕捉功能】对话框，单击【自定义键盘】按钮。

step③ 打开【自定义】对话框。在【分类和命令】列表框中选择【按钮】选项，将光标定位在【按下新快捷键】文本框中按 F3 快捷键，单击【分配】按钮。

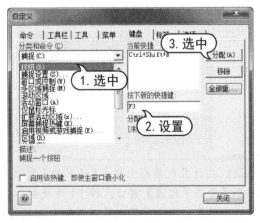

step④ 快捷键 F3 将显示在【当前键】列表框中。选中之前的快捷键，单击【移除】按钮，删除之前的快捷键。引用 F3 快捷键，并选中【启动该热键，即使主窗口最小化】复选框。

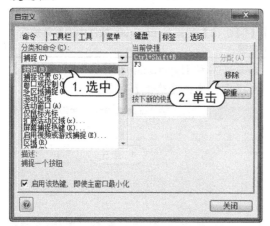

step⑤ 使用同样的方法，设置【捕捉窗口】功能的热键为 F4，【捕捉全屏幕】功能的热键为 F5、【捕捉区域】的热键为 F6。最后，单击【关闭】按钮完成设置。

6.6.3 屏幕截图

启用 HyperSnap 热键后，用户可以快捷地截取屏幕上的不同部分。

【例 6-19】配置 HyperSnap 截取计算机桌面和窗口。

step① 启动 HyperSnap 软件，按 F5 快捷键，即可截取整个 Windows 7 桌面。

step② 在计算机桌面上双击【计算机】图标，打开【资源管理器】窗口。按 F4 快捷键，然后使用鼠标单击【资源管理器】窗口的标

题栏，即可截取【资源管理器】窗口。

step③ 按下 F6 键，此时光标处将显示一条十字线，同时在屏幕左下侧会打卡一个窗口，其中显示了光标所在区域的放大图像。在【资源管理器】窗口中磁盘驱动器左上侧单击，并按住鼠标不放，并向右下方向移动，然后在磁盘驱动器的右下角处再次单击。

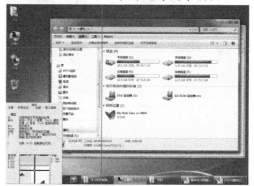

step④ 即可截取所选区域。

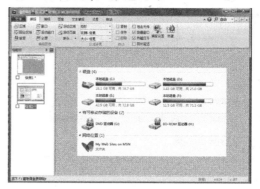

第7章

多媒体管理工具软件

随着计算机技术的逐渐发展，各种多媒体也逐渐地进入人们的生活。传统的媒体逐渐被新兴的多媒体所取代。目前，用户通过计算机不仅可以实现普通的录音、录像、听音乐和看视频等娱乐目的，而且还可以通过一些多媒体编辑软件来实现以往只有专业人士才能进行的多媒体制作与处理的功能。

对应光盘视频

7.1 音频播放软件——酷狗音乐

如果没有音频播放软件的存在，那么存储在计算机中的音频文件就无用武之地了。音频播放软件是一种可以将计算机可以识别的二进制码的音频内容，转换成用户可以识别的声音内容的音乐播放软件。

网上有海量的音乐资源，喜欢音乐的用户可以通过网络来听听喜欢的歌曲、听听喜欢的经典唱段。酷狗音乐是国内领先的数字音乐交互服务提供商，用户只需要下载一个酷狗音乐客户端，即可在线聆听海量歌曲。

7.1.1 音频文件类型

在计算机中，有许多种类的音频文件。承担着不同环境下的声音提示等任务的音频文件是计算机存储声音的文件。其大体上可以分为无损格式和有损格式这两类。

1. 无损格式

无损格式是指无压缩，或单纯采用计算机数据压缩技术存储的音频文件。这些音频文件在解压后，还原的声音与压缩之前并无区别，基本不会产生转换的损耗。无损格式的缺点是压缩比较小，压缩后的音频文件占用磁盘空间仍然很大。常见的无损格式音频文件主要有以下几种。

➤ WAV：WAV 文件是波形文件，是微软公司推出的一种音频储存格式，主要用于保存 Windows 平台下的音频源。WAV 文件储存的是声音波形的二进制数据，由于没有经过压缩，使得 WAV 波形声音文件的体积很大。WAV 文件占用的空间大小计算公式是[(采样频率×量化位数×声道数)÷8]×时间(秒)，单位是字节(Byte)。理论上，采样频率和量化位数越高越好，但是所需的磁盘空间就更大。通用的 WAV 格式(即 CD 音质的 WAV)是 44100Hz 的采样频率，16Bit 的量化位数，双声道。这样的 WAV 声音文件储存1min 的音乐需要 10MB 左右，所占空间较大，非专业人士一般(例如，专业录音室等需要极高音质的场合)不会选择用 WAV 来储存声音。

➤ APE：它是 Monkey's Audio 开发的音频无损压缩格式，可以在保持 WAV 音频音质不变的情况下，将音频压缩至原大小的 58%左右。同时支持直接播放。使用 Monkey's Audio 的软件，还可以将 APE 音频还原为 WAV 音频，还原后的音频和压缩前的音频完全一样。

➤ FLAC：FLAC 代表 Free Lossless Audio Codec，即免费的无损音频压缩。也就是指，音频以 FLAC 方式压缩不会丢失任何信息。这种压缩与 Zip 的方式类似，但是 FLAC 将给予更大的压缩比率。因为 FLAC 是专门针对音频的特点设计的压缩方式，并且用户可以使用播放器播放 FLAC 压缩的文件，就像通常播放 MP3 文件一样。

2. 有损格式

有损文件格式是基于声学心理学的模型，取消人类很难或根本听不到的声音，并对声音进行优化。例如，一个音量很高的声音后面紧跟着的一个音量很低的声音等。

在优化声音后，还可以再对音频数据进行压缩。有损压缩格式的优点是压缩比较高，压缩后占用的磁盘空间小。缺点是可能会损失一部分声音数据，降低声音采样的真实度。常见的有损音频文件主要有以下几种。

➤ MP3 即 MPEG 标准中的音频部分，也就是 MPEG 音频层。根据压缩质量和编码处理的不同分为 3 层，分别对应"*.mp1"/"*.mp2"/"*.mp3"这 3 种声音文件。需要提醒用户注意的是：MPEG 音频文件的压缩是一种有损压缩；MPEG3 音频编码具有 10：1~12：1 的高压缩率，同时基本保持低音频部分不失真，但是牺牲了声音文件中 12KHz 到 16KHz 高音频这部分的质量来换取文件的尺寸；相同长度的音乐文件，用*.mp3 格式来储存，一般只有*.wav 文件的 1/10，因而音质要次于 CD 格式或 WAV 格式的声音文件。由于其文件尺寸小，音质好；所以在它问世之初还没有什么别的音频格式可以与之匹敌，因而为*.mp3 格式的发展提供了良好的条件。

➤ WMA (Windows Media Audio) 格式是来自于微软的重量级选手，后台强硬，音质要强于 MP3 格式，更远胜于 RA 格式。它和日本 YAMAHA 公司开发的 VQF 格式一样，是以减少数据流量但保持音质的方法来达到比 MP3 压缩率更高的目的。WMA 的压缩率一般都可以达到 1：18 左右。WMA 的另一个优点是内容提供商可以通过 DRM(Digital Rights Management)方案，如 Windows Media Rights Manager 7 加入"防拷贝"保护。

7.1.2 搜索想听的歌曲

在酷狗音乐中，用户可以通过搜索来找到自己想听的歌曲。

【例 7-1】使用酷狗音乐搜索和收听想听的歌曲。
🎬视频

step① 启动酷狗音乐软件，在搜索文本框中输入要收听的音乐名称。例如，输入"最美的时光"，然后单击【搜索】按钮。

step② 搜索完成后将显示搜索后的音乐列表。在其中选择一首音乐，然后单击对应的

【播放】按钮 🎧 。

step③ 即可开始播放选定的音乐。并自动显示歌词。

7.1.3 收听酷狗电台

酷狗音乐提供了多个电台可供用户收听。在"酷狗音乐"软件的主界面中单击【电台】标签，在该标签中含有四个分类，分别是公共电台、有声电台、名人电台和网友电台。每个分类下面又包含多个小分类。

单击想要收听的电台。例如，在【公共电台】分类中单击【中国风】选项，即可收听该电台。

功能。

【例7-2】使用酷狗音乐截取歌曲。⊙视频

step 1 启动"酷狗音乐"软件，在酷狗主界面中单击【更多】标签，切换至【更多】界面。在【电脑应用】区域单击【铃声制作】图标。

7.1.4 收看精彩MV

酷狗音乐还提供了MV收看功能。在"酷狗音乐"软件的主界面中单击MV标签，切换至MV界面。

在MV界面中，用户可以按照"最新MV"和"最热MV"等关键词对MV进行排序筛选。

step 2 打开【酷狗铃声制作专家】界面，单击【添加歌曲】按钮。

单击想要观看的MV，经过短暂的缓冲后，就能欣赏到精彩的MV节目了。

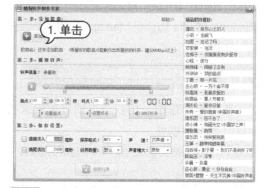

step 3 打开【打开】对话框，在该对话框中选择要截取的歌曲，然后单击【打开】按钮。

7.1.5 制作手机铃声

如果用户想将歌曲的某一段截取下来作为手机铃声，可以使用酷狗音乐的铃声制作

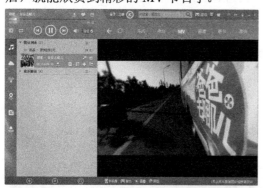

step 4 此时会自动开始播放歌曲，用户可在想截取的片段的起点位置单击【设置起点】

按钮，在终点位置单击【设置终点】按钮，来确定要截取的起点和终点。设置完成后，单击【试听铃声】按钮，可试听截取的片段。确认无误后，单击【保存铃声】按钮。

step 5 打开【另存为】对话框，设置铃声的保存位置和名称，然后单击【保存】按钮，存储制作好的铃声。

7.1.6　使用定时关机功能

"酷狗音乐"软件的定时关机功能可以让计算机在指定的时间自动关机，给用户提供了极大的方便。

【例 7-3】 使用酷狗音乐设置定时关机功能。

🔘 视频

step 1 在"酷狗音乐"软件的主界面中单击【更多】标签，切换至【更多】界面。在【电脑应用】区域中，单击【定时设置】图标。

step 2 打开【定时关机】界面。要让计算机在指定的时间关机，可选中【定时关机】单选按钮，然后在其后的下拉列表框中设置时间即可。设置完成后，单击【确定】按钮，完成设置。当系统时间到了指定的时间后，计算机就会自动关机了。

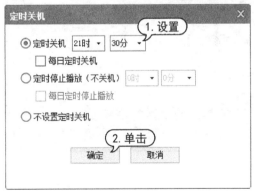

7.2　使用电视直播软件——PPTV

PPTV 网络电视是一款基于 P2P 技术的网络电视直播软件，支持对海量高清影视内容的"直播+点播"功能。可在线观看电影、电视剧、动漫、综艺、体育直播、游戏竞技或财经资讯等丰富的视频娱乐节目。

7.2.1　选择频道观看电视直播

要使用 PPTV 看电视直播，首先要下载和安装该软件。PPTV 网络电视的参考下载地址为：http://app.pptv.com /。

PPTV 安装成功后，就可以通过 PPTV

看电视直播了。

【例7-4】 使用 PPTV 观看【东方卫视】频道。
◎视频

step 1 启动PPTV网络电视播放软件，在其主界面中单击【直播】按钮，切换至【直播】界面。选择【东方卫视】选项。

step 2 稍作缓冲后，即可观看东方卫视正在直播的节目。单击播放界面右侧的【播放列表】按钮，然后单击【跳转到节目库】按钮。

step 3 打开下图所示界面，播放窗口以小窗口显示，方便用户在节目库中选择其他节目。

7.2.2 订阅想看的电视节目

PPTV 提供了订阅提醒功能，使用该功能就不用担心会错过想看的电视节目了。

【例 7-5】使用 PPTV 预约体育赛事直播。◎视频

step 1 启动PPTV网络电视播放软件，在【节目库】中找到【体育赛事直播】区域，如下图所示。

step 2 稍作缓冲后，即可观看东方卫视正在直播的节目。

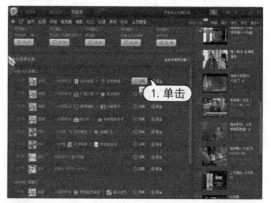

step 3 此时，在任务栏中显示如下图所示的提醒信息，说明订阅节目成功。

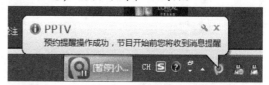

step 4 订阅成功后，在节目即将播出时，系统将会自动发出消息提醒用户。

7.2.3 搜索播放经典老电影

如果想看经典的老电影，可以通过PPTV 的影视库进行搜索。

【例 7-6】使用 PPTV 搜索和观看经典老电影《少林寺》。◎视频

step 1 启动PPTV网络电视播放软件，然后切换至【节目库】标签。

知识点滴

搜索影片时，系统会根据输入的关键字进行自动匹配。在搜索结果中会显示多条相似记录，用户可选择自己喜欢的节目进行观看。

step 2 在右上侧的文本框中输入"少林寺"，然后单击搜索按钮。

step 3 随后显示搜索到的结果，如下图所示，其中第一条搜索结果即是想要观看的影片《少林寺》。单击【马上观看】按钮。

step 4 经过短暂的缓冲后，即可开始播放影片。

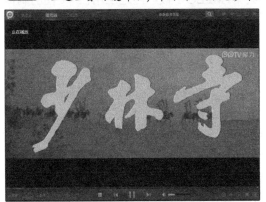

7.2.4 搜索播放经典戏曲

使用 PPTV 不仅可以看电影和电视剧，还可以欣赏经典的戏曲。

【例 7-7】使用 PPTV 搜索和观看经典戏曲《西厢记》。 视频

step 1 启动 PPTV 网络电视播放软件，然后切换至【节目库】标签。

step 2 在右上侧的文本框中输入"西厢记"，然后单击搜索按钮。

step 3 随后显示搜索到的结果，选择自己想看的节目，然后单击【马上观看】按钮。

step 4 经过短暂缓冲，即可开始播放影片。

影片搜索结果有四种排序方式，除了默认的排序方式外，还有按热度、按更新和按评分这三种排序方式。

7.2.5 使用最近观看功能

如果用户在观看视频的过程中突然有事离开或者遇到其他突发事件而中断了观看，则下次再次观看该视频时可以利用 PPTV 的最近观看功能从上次中断处继续观看。

在 PPTV 主界面的左上角单击 PPTV 图标，选择【最近观看】选项，在该选项的级联菜单中保存了最近的观看记录，并显示视频已经播放的长度。

单击想要继续观看的视频记录，即可从上次中断处继续观看该视频。

另外，用户可以注册一个 PPTV 账号。使用自己的账号登录 PPTV 后，那么无论何时何地，PPTV 都会保存和漫游自己的观看记录和对软件的基本设置。

7.3 影视播放软件——暴风影音

暴风影音是北京暴风科技有限公司推出的一款视频播放器，该播放器兼容大多数的视频和音频格式。暴风影音是目前最为流行的影音播放软件。掌握了超过 500 种视频格式使用领先的 MEE 播放引擎，使播放更加清晰流畅。在日常使用中，暴风影音无疑是播放视频文件的理想选择。

7.3.1 常见的视频文件格式

视频文件是指通过将一系列静态影音以电信号的方式加以捕捉、记录、处理、储存、传送和重视的文件。简而言之，视频文件就是具备动态画面的文件，与之对应的就是图片、照片等静态画面的文件。目前，视频文件的格式化多种多样。下面归纳几种最常见的格式进行介绍。

➤ RMVB 格式：RMVB 格式视频文件实际上是 Real Networks 公司指定的 RM 视频格式的升级版本。RMVB 视频不仅质量高、文件小，还具有内置字幕和无须外挂插件支持等独特优点，是目前使用率较高的视频格式之一。

➤ AVI 格式：AVI 格式是 Microsoft 公司推出的视频音频交错格式，是一种桌面系统上的低成本、低分辨率的视频格式。其优点是可以跨多个平台使用，缺点是占用空间大。

➤ WMV 格式：WMV 格式也是 Microsoft 公司推出的。其优点包括可扩充的媒体类型、本地或网络回放、可伸缩的媒体类型、优先级化、多语言支持、扩展性强等。

➤ MPEG 格式：MPEG 包括了 MPEG-1、MPEG-2 和 MPEG-4 在内的多种视频格式。其中，MPEG-1 被广泛地应用在 VCD 的制作和一些视频片段下载的网络应用上面；MPEG-2 则应用在 DVD 的制作和 HDTV(高清晰电视广播)等一些高要求视频编辑；MPEG-4 则是目前最流行的 MP4 格式，它可以在其中嵌入任何形式的数据，具有高质量、低容量的优点。

➤ FLV 格式：FLV 格式全程为 Flashvideo，是在 Sorenson 公司的压缩算法的基础上开发出来的。它的文件极小、加载速度极快，是目前各在线视频网站比较受欢迎的视频格式。

7.3.2 认识暴风影音操作窗口

将暴风影音安装到计算机上以后，启动软件，其中各组成部分的作用分别如下。

▶ 播放界面：该区域用于显示所播放视频的内容。在其上右击，在打开的快捷菜单中，可通过不同命令来实现文件的打开、播放的控制和界面尺寸的调整等操作。

▶ 播放工具栏：该栏中集合了暴风影音的各种控制按钮。通过单击该按钮可实现对视频播放的控制、工具的启用、播放列表和暴风盒子的显示与隐藏等操作。

▶ 播放列表：该列表主要由两个选项卡组成。其中，"在线影视"选项卡中罗列了暴风影音整理的各种网络视频选项；"正在播放"选项卡中显示的则是当前正在播放和添加到该选项卡中准备播放的视频文件。

▶ 暴风盒子：该区域专门针对观看网络视频时使用，通过该组成部分可以更加方便地查找和查看网络视频。

7.3.3　播放本地电影

安装暴风影音后，系统中视频文件的默认打开方式一般会自动变更为使用暴风影音打开。此时直接双击该视频文件，即可开始使用暴风影音进行播放。如果默认打开方式不是暴风影音，用户可将默认打开方式设置为暴风影音。

【例7-8】将系统中视频文件的默认打开方式修改为使用暴风影音打开。 视频

step 1 右击视频文件，选择【打开方式】|【选择默认程序】命令。

step 2 打开【打开方式】对话框。在【推荐的程序】列表中选择【暴风影音5】选项。然后选中【始终使用选择的程序打开这种文件】复选框，单击【确定】按钮。

step 3 即可将视频文件的默认打开方式设置为使用暴风影音打开。此时，视频文件的图标也会变成暴风影音的格式。

知识点滴

单击暴风影音操作界面左上角的暴风影音下拉按钮，在打开的下拉列表中选择【文件】|【打开文件】命令，在打开的对话框中双击视频文件即可播放。

step 4 双击视频文件，即可使用暴风影音播放该文件。

7.3.4 播放网络电影

为了方便用户通过网络观看影片，暴风影音提供了一个【在线影视】功能。使用该功能，用户可方便地通过网络观看自己想看的电影。

【例7-9】通过暴风影音的【在线影视】功能观看网络影片。 视频

step 1 启动暴风影音播放器，默认情况下会自动在播放器右侧打开播放列表。如果没有打开播放列表，可在播放器主界面的右下角单击【打开播放列表】按钮。

step 2 打开播放列表后，切换至【在线影视】选项卡。在该列表中双击想要观看的影片，稍作缓冲后，即可开始播放。

step 3 此时，开始播放电影。在播放器中，单击左下角的【开启"左眼键"】按钮，打开【左眼键】功能。

step 4 在【播放列表】中的【正在播放】列表中，右击播放目录。选择【从播放列表删除】|【清空播放列表】目录，即可清空当前的播放列表。

step 5 单击主界面右下角的【暴风盒子】和【关闭播放列表】按钮，即可关闭暴风盒子和播放列表。

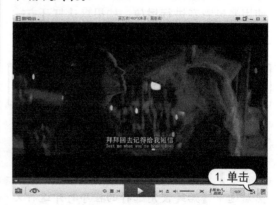

step ⑥ 单击右上角的【皮肤管理】按钮，在展开的列表中选择一种皮肤，下载并自动更换皮肤。

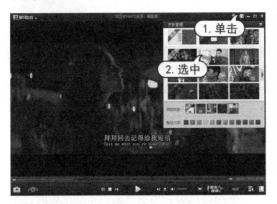

7.3.5　设置播放模式

使用暴风影音播放器时，如果播放列表中的视频项目过多，用户可以根据播放需要，对播放模式进行设置。下面介绍设置暴风影音播放模式的操作方法。

【例7-10】设置暴风影音播放模式。视频

step ① 启动暴风影音播放器，切换到【正在播放】选项卡。在视频播放列表的任意位置右击。在打开的快捷菜单中，选择【循环播放】|【列表循环】选项。

step ② 通过该方法设置即可完成设置暴风影音播放模式的操作。再次播放视频时，暴风影音即可按照【列表循环】模式播放视频。

7.3.6　截取视频画面

使用暴风影音播放器播放视频时，可以截取喜欢的视频画面。下面介绍使用暴风影音截取视频画面的操作。

【例7-11】通过暴风影音截取视频画面。视频

step ① 启动暴风影音播放器，单击暴风影音播放器左下角的【暴风工具箱】按钮。在打开的面板中，选择【截图】选项。

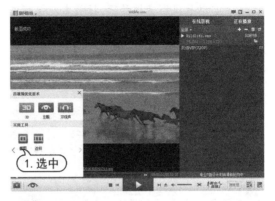

step ② 在播放窗口中，提示【截图成功】信息，单击播放窗口下方的【截图路径】超链接。

step ③ 打开截图文件保存的文件夹，用户可以查看截取的图像信息。通过以上方法即可完成使用暴风影音截取视频图像的操作。

计算机常用工具软件案例教程

7.3.7 截取视频片段

暴风影音可以将视频中的部分内容截取为一段新的视频，但前提是该视频必须为本地截取的视频片段。具体操作如下。

【例7-12】通过暴风影音截取视频片段。●视频

step 1 启动暴风影音播放器，播放本地视频文件。在播放界面中右击，在打开的快捷菜单中选择【视频转码/截取】|【片段截取】命令。

step 2 打开【输出格式】对话框，设置【输出类型】和【品牌型号】，单击【确定】按钮。

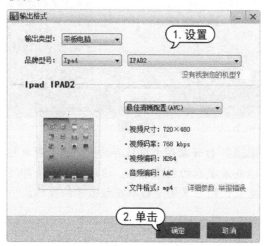

step 3 打开【暴风转码】对话框。在下方的【输出目录】栏中单击【浏览】按钮设置截取视频的保存位置。在右侧的【片段截取】选项卡中通过滑块设置截取开始位置和结束位置，单击【开始】按钮。

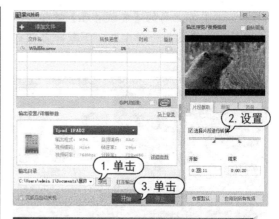

7.3.8 使用视频连拍

使用暴风影音播放器播放本地视频时，不仅可以截取单张图片，还可以对播放的文件进行连拍操作。下面介绍使用暴风影音进行视频连拍的操作方法。

【例7-13】通过暴风影音使用视频连拍。●视频

step 1 启动暴风影音播放器，单击左下角的【暴风工具箱】按钮。在打开的面板中，选择【连拍】按钮。

step 2 在播放窗口中，提示"正在连拍，请等待连拍完成"信息。

step 3 连拍完成后，提示"连拍截图已保存至截图目录"信息。单击播放窗口下方的【截图路径】超链接。

step 4 打开截图文件保存的文件夹对话框。用户可以查看视频连拍截取的图像信息，连拍的截图被合成在一张图片上。通过以上方法即可完成使用暴风影音进行视频连拍的操作。

7.3.9 切换至最小界面

使用暴风影音播放器播放本地视频时，为使播放界面更加简洁直观，可以将播放器标准界面切换至最小界面。下面介绍将暴风影音切换至最小界面的操作方法。

【例7-14】通过暴风影音切换至最小界面。
🎬 视频

step 1 启动暴风影音播放器，单击播放器左上角的暴风影音下拉按钮，在打开的下拉菜单中选择【播放】|【最小界面】命令。

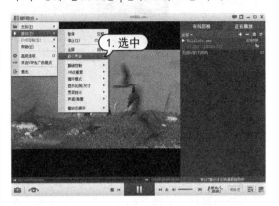

step 2 通过以上方法即可完成将暴风影音切换至最小界面的操作，切换后的暴风影音界面更简洁大方。

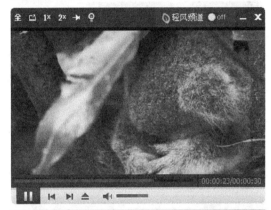

> 🔆 **知识点滴**
>
> 使用暴风影音播放器播放视频时，在键盘上按下快捷键 1，同样可以将暴风影音播放器切换至最小界面。

7.3.10 置顶显示

使用暴风影音播放器播放本地视频时，可以将播放器置顶显示。这样在播放视频中，暴风影音播放器将始终固定在同一位置上，不会被其他程序所覆盖。下面介绍将暴风影音置顶显示的操作方法。

【例7-15】通过暴风影音设置置顶显示。🎬 视频

step 1 启动暴风影音播放器，单击播放器左上角的暴风影音下拉按钮，在打开的下拉菜单中选择【播放】|【置顶显示】|【播放时】命令。

step 2 通过以上方法即可完成将暴风影音置顶显示的操作。置顶后的暴风影音播放器，在播放文件时，将会固定在同一位置，不会被其他程序所覆盖。

step 2 通过以上方法即可完成设置显示比例的操作，设置显示比例后，播放的视频将以 4:3 的比例显示。

7.3.11 设置显示比例

使用暴风影音播放器播放本地视频时，可对播放视频的显示比例进行设置。暴风影音提供了多种显示比例。下面介绍设置暴风影音显示比例的操作方法。

【例7-16】通过暴风影音设置显示比例。📹视频

step 1 启动暴风影音播放器，单击播放器左上角的暴风影音下拉按钮。在打开的下拉菜单中选择【播放】|【显示比例/尺寸】|【按4:3 比例显示】命令。

💡 知识点滴

使用暴风影音播放器播放视频时，在键盘上按 Enter 键后，可以快速地将播放器全屏显示，并播放当前视频。

7.3.12 常用快捷操作

在使用暴风影音看电影时，如果能熟记一些常用的快捷键操作，则可增加更多的视听乐趣。常用的快捷键如下。

➤ 全屏显示影片：按 Enter 键，可以全屏显示影片，再次按下 Enter 键即可恢复原始大小。

➤ 暂停播放：按 Space(空格)键或单击影片，可以暂停播放。

➤ 快进：按右方向键→或者向右拖动播放控制条，可以快进。

➤ 快退：按左方向键←或者向左拖动播放控制条，可以快退。

➤ 加速/减速播放：按 Ctrl+↑键或 Ctrl+↓键，可使影片加速/减速播放。

➤ 截图：按 F5 键，可以截取当前影片显示的画面。

➢ 升高音量: 按向上方向键 ↑ 或者向前滚动鼠标滚轮。

➢ 减小音量: 按向下方向键 ↓ 或者向后滚动鼠标滚轮。

➢ 静音: 按 Ctrl+M 组合键可关闭声音。

7.3.13 使用暴风盒子

暴风盒子是一种交互式播放平台。它不仅可以指导用户选择需要的视频文件, 也允许用户进行实时评论。使用该盒子的几种常用操作分别如下。

➢ 使用类型导航: 利用暴风盒子上方的类型导航栏, 可以按视频类别选择所有需要观看的对象, 包括电影、电视、动漫、综艺、教育、资讯、游戏、音乐和记录等多种类别可供选择。例如, 单击【电影】超链接, 便可根据需要继续在暴风盒子中进行筛选, 包括按地区、按类别、按年代和按格式筛选等, 从而方便更准确地搜索需要观看的视频对象。

➢ 搜索影片: 直接在暴风盒子上方的文本框中输入视频名称, 单击右侧的【搜索】

按钮可快速搜索相关视频。

➢ 查看并管理影片: 当找到需要观看的视频后, 可将鼠标指针移至该视频的缩略图上, 并单击出现的【详情】超链接。此时, 将显示该视频的选项内容, 包括评分、演员和剧情介绍等。用户可在【格式】栏中选择需要观看的视频格式, 单击【播放】按钮即可播放视频, 单击 ➕ 按钮可将该视频添加到播放列表。

7.4 视频格式转换工具——格式工厂

格式工厂(FormatFactory)是套万能的多媒体格式转换器, 提供以下功能: 所有类型视频、音频转换。用户可以在格式工厂中文版界面的左侧列表中看到软件提供的主要功能, 如视频转换、音频转换、图片转换、DVD/CD/ISO 转换, 以及视频合并、音频合并、混流等高级功能。格式工厂强大的格式转换功能和友好的操作性, 无疑使格式工厂成为同类软件中的佼佼者。

7.4.1 认识格式工厂软件

将格式工厂软件安装完成后, 启动该软件, 其主要组成部分的作用分别如下。

➢ 工具栏: 单击该工具栏上的按钮, 可实现更改输出文件夹, 设置格式工厂参数和管理任务列表(包括删除任务、开始任务和停止任务)等操作。

➢ 功能区: 该区域集合了视频、音频、图片和光驱设备等各种格式转换的功能, 切换到需要转换的类型后, 单击相应的格式图标即可设置并开始格式转换。

➢ 任务列表: 在其中, 主要显示需要进行格式转换的任务和转换进行等信息。

7.4.2 设置选项

单击格式工厂工具栏中的【选项】按钮，打开【选项】对话框。单击左侧列表框中的某个图标，即可在界面右侧进行参数设置。完成后单击【确定】按钮应用设置，单击【缺省】按钮可恢复到默认设置。

7.4.3 转换视频文件设置

使用格式工厂转换视频文件格式的方法为：单击功能区中某个目标视频格式对应的图标，在打开的对话框中添加需要转换的视频文件。再根据需要进行输出设置，并指定转换后视频文件存储的文件夹。确认设置并在格式工厂操作窗口中单击【开始】按钮即可开始转换。

7.4.4 转换视频文件

使用格式工厂将 WMV 格式的视频文件转换为 480p 分辨率的 MP4 格式文件，通过转换实现文件大小的降低和声音的消除。

【例7-17】使用格式工厂转换视频文件。 视频

step ① 启动格式工厂，单击功能区中【视频】栏下的 MP4 图标。

step ② 打开 MP4 对话框，单击右上角的【添加文件】按钮。

step ③ 打开【打开】对话框。选择文件"野生动物"，单击【打开】按钮。

step ④ 返回 MP4 对话框，单击【输出配置】按钮。

step ⑤ 打开【视频设置】对话框，在【预设配置】下拉列表框中选择 AVC 480p 选项。

在下方列表框中的【关闭音效】选项右侧单击，选择当前设置的选项。单击下拉按钮，在打开的下拉列表中选择【是】选项，单击【确定】选项。

step 6 返回 MP4 对话框。单击右下角的【改变】按钮，打开【浏览文件夹】对话框。设置路径，单击【确定】按钮。

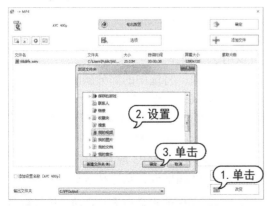

step 7 再次返回 MP4 对话框。单击【确定】

按钮。

step 8 此时，所选视频文件将添加到任务列表中。单击工具栏上的【开始】按钮。

step 9 开始转换视频文件并显示转换进度。

step 10 当出现提示音且进度条上显示【完成】字样后，即表示本次转换操作成功。

7.5 音频编辑软件——GoldWave

GoldWave 是一个功能强大的数字音乐编辑器,是一个集声音编辑、播放、录制和转换的音频工具。它还可以对音频内容进行转换格式的处理。它体积小巧,功能却无比强大。它支持许多格式的音频文件,包括 WAV、OGG、VOC、IFF、AIFF、AIFC、AU、SND、MP3、MAT、DWD、SMP、VOX、SDS、AVI、MOV、APE 等格式。用户也可从 CD、VCD 和 DVD 或其他视频文件中提取声音。内含丰富的音频处理特效,从一般特效如多普勒、回声、混响、降噪到高级的公式计算(利用公式在理论上可以产生任何想要的声音),可呈现多种效果。

7.5.1 裁剪 MP3 文件

裁剪 MP3 文件广泛用于手机铃声的制作。一般手机铃声只需要一首歌曲的高潮部分即可,而用 GoldWave 来操作非常方便。

【例 7-18】使用 GoldWave 裁剪 MP3 文件。
◎视频

step① 启动 GoldWave 软件,单击【打开】按钮。

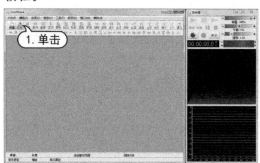

1. 单击

step② 在打开的【打开声音文件】对话框中,选择需要编辑的 MP3 格式的音乐文件。单击【打开】按钮,将选择的 MP3 文件载入到 GoldWave 中。

1. 选中

2. 单击

step③ 载入 MP3 文件后,在 GoldWave 窗口中,可以看到绿色和红色波形。

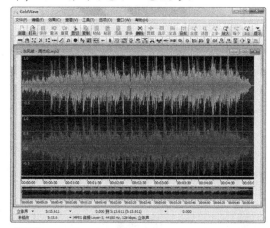

step④ 此时,用户可以在主界面窗口和控制器窗口中将显示出对该声音文件进行编辑的一些按钮。

其中,比较常用的按钮含义如下。

➤ 撤销:当用户编辑 MP3 文件时,如果不小心操作错了,按该按钮可以返回上一步操作。

➤ 重复:如果执行了【撤销】操作后,发现刚才做的操作是正确的,无须撤销,就可以用这个操作。

➤ 删除:将选中的部分删除掉。

➤ 剪裁:将选择的声音波形删除,也就是相当于将声音文件中某一段剪裁掉。

➤ 显示:显示 MP3 所有波形。

➤ 播放:从 MP3 最开始播放。

➤ 双竖线播放:从选择区域播放。

step⑤ 在 MP3 波形区域进行拖动,选择歌曲的高潮部分(单击双竖线播放按钮，听一遍记下高潮部分的位置)。

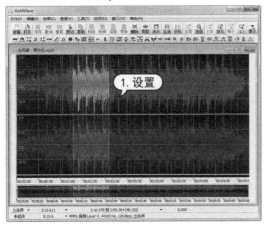

step 6 在【控制器】窗口中，单击【双竖线播放按钮】按钮，试听所选区域是否满意。

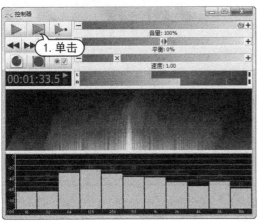

step 7 如果用户对当前的音乐效果不满意，可以将鼠标放到所选区域边上的青色线上调整所选区域。

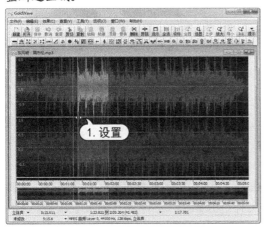

step 8 选择好所剪裁的区域后，单击主界面工具栏中的【剪裁】按钮，即可将选择的区域剪裁下来。

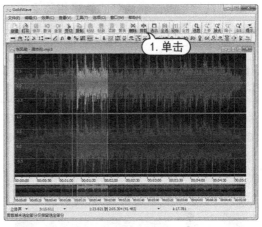

step 9 最后，选择【文件】|【另存为】命令。

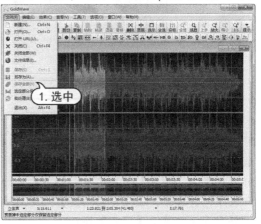

step 10 最后，选择【文件】|【另存为】命令，在打开的【保存声音为】对话框中，修改其文件名称，单击【保存】按钮即可。

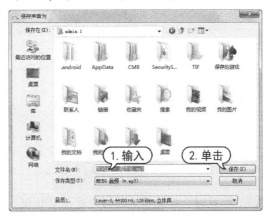

7.5.2 提高声音质量

用 GoldWave 修改 MP3 格式文件声音大小的方法比较多,其达到的效果相差不远。但是,用户选择什么样的方法,需要根据具体的情况而决定。

【例7-19】使用 GoldWave 提高声音质量。
🔘视频

step 1 启动 GoldWave 软件,打开需要修改音量的 MP3 文件。然后,选择【效果】|【音量】|【自动增益】命令。

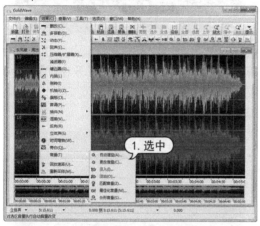

step 2 在打开的【自动增益】对话框中,用户可以单击【预置】下拉按钮,并在打开的列表中选择方案。在【自动增益】对话框中调整声音后,单击【确定】按钮。

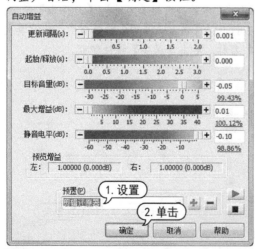

step 3 此时,系统将自动打开进度对话框,

并自动返回到主界面中。在主界面中,用户可以查看声音波形的变化情况。

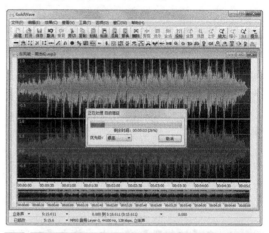

💧 知识点滴

用户可以选择【效果】|【音量】|【更改音量】命令。在打开的【更改音量】对话框中,选择预置方案或者拖动滑块来调整音量的大小。

7.5.3 处理、合并音频文件

通过裁剪、增大音量和设置淡入等操作处理"01.MP3",然后将其与"02.MP3"文件合并,并为合并后的文件增加回声效果。

【例7-20】使用 GoldWave 处理并合并音频文件。
🔘视频

step 1 启动 GoldWave 软件,单击【打开】按钮。

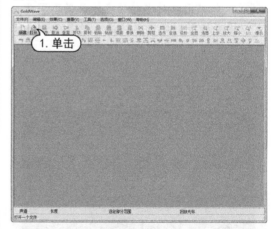

step 2 打开【打开声音文件】对话框,选择文件"01.MP3",单击【打开】按钮。

step 3 在编辑显示窗口选择除前面没有波形显示的所有音频部分,单击工具栏上的【剪裁】按钮。

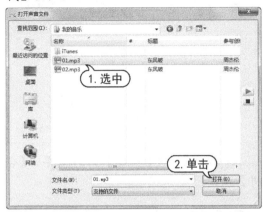

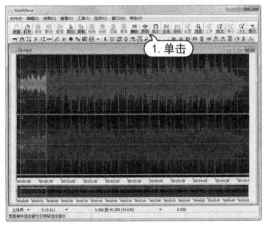

step 4 保持所选音频内容,选择【效果】|【音量】|【更改音量】命令。

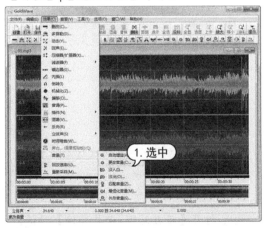

step 5 打开【更改音量】对话框。在【预置】下拉列表框中,选择【两倍】选项,单击【确

定】按钮。

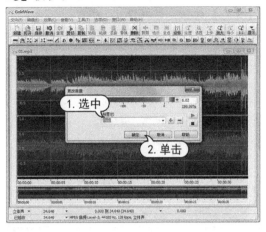

step 6 选择音频前5秒部分,选择【效果】|【音量】|【淡入】命令。

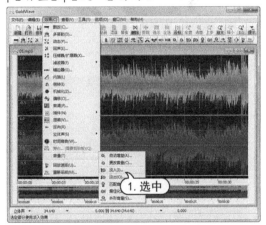

step 7 打开【淡入】对话框。在【预置】下拉列表框中选择【静音到完全音量,直线型】选项,单击【确定】按钮。

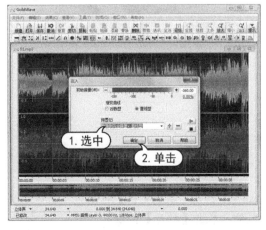

step 8 完成淡入处理后，单击工具栏中的
【保存】按钮，保存修改。

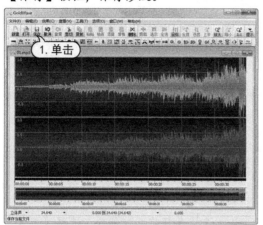

step 9 选择【工具】|【文件合并器】菜单
命令。

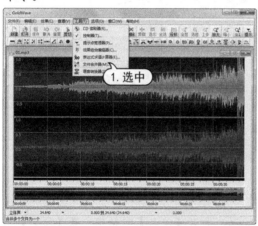

step 10 打开【文件合并器】对话框，单击【添
加文件】按钮。

step 11 打开【添加文件】对话框，选择两个
文件，单击【打开】按钮。

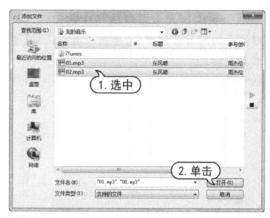

step 12 返回【文件合并器】对话框，单击【合
并】按钮。

step 13 打开【保存声音为】对话框。在【保
存在】下拉列表框中设置路径，在【文件名】
文本框输入【合并】后，在【保存类型】下
拉列表框中选择最后一项 WMA 格式对应的
选项，单击【保存】按钮。

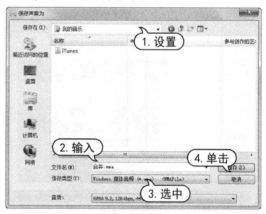

step 14 打开【正在处理 合并文件】对话框，
稍等文件进行合并处理。

拉列表框中选择【隧道混响】选项，单击【确定】按钮。

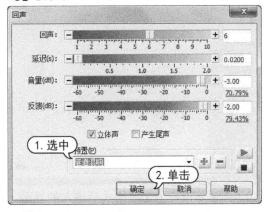

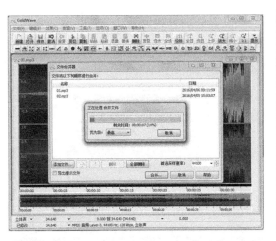

step 15 保持合并后音频的所选内容，然后选择【效果】|【回声】命令。

step 17 再次单击工具栏中的【保存】按钮，保存修改，完成操作。

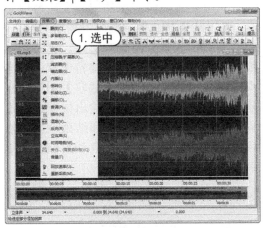

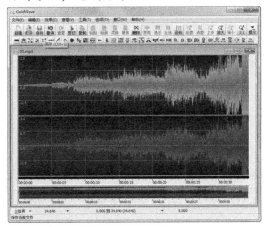

step 16 打开【回声】对话框，在【预置】下

7.6 视频编辑软件——视频编辑专家

视频编辑专家是一款专业的视频编辑软件，包含视频合并专家、AVI MPEG 视频合并专家 、视频分割专家、 视频截取专家 、RMVB 视频合并专家等所有功能。其具有操作简单、工作稳定等优点，是目前使用率较高的视频编辑工具软件。

7.6.1 视频编辑与转换

使用视频编辑专家不仅可以实现各种视频格式的转换操作，同时还支持在转换时对视频的对比度、亮度、音量、尺寸和内容等进行各种编辑。编辑与转换视频的方法为：启动视频编辑专家，单击操作界面中的【编辑与转换】图标。

按要求添加视频文件、指定转换格式、编辑视频内容和指定输出位置即可。

添加并指定了转换格式后进入的界面。在其中可添加、删除、清空、编辑和截取视频文件。

7.6.2　视频分割

视频布局的视频分割功能，可以把一个视频文件分割成任意大小和数量的视频文件，其方法为：启动视频编辑专家，单击操作界面中的【视频分割】图标，按要求添加视频文件、设置分割方式和指定输出位置，然后分割视频即可。

设置分割方式为手动分割并添加分割点的效果。

7.6.3　视频文件的截取

利用视频编辑专家的视频文件截取功能，可以从视频文件中提取出需要的部分，并将其制作成独立的视频文件。视频文件截取的方法为：启动视频编辑专家，单击操作界面中的【视频文件截取】图标，按要求添加视频文件、指定输出位置、通过滑块设置截取的开始位置和结束位置，然后截取视频即可。设置截取开始位置和结束位置的效果。

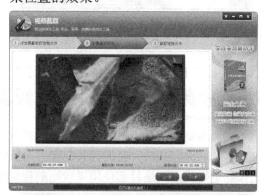

7.6.4　视频合并

视频合并功能可以把多个不同或相同的视频格式文件合并成一个视频文件，其方法为：启动视频编辑专家，单击操作界面中的【视频合并】图标，按要求添加需要合并的多个视频文件、指定输出位置和合并后的文件名、设置合并后的视频格式，然后合并视频即可。

设置合并后文件的名称、保存位置和格式的效果。

7.6.5 配音配乐

配音配乐是指为视频文件添加声音内容。其中，配音指录制声音，配乐指添加音频文件。在视频编辑专家中为视频文件进行配音配乐的方法为：启动视频编辑专家，单击操作界面中的【配音配乐】图标。

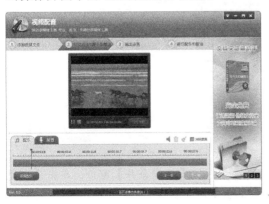

添加视频文件，根据需要进入【配乐】选项卡或【配音】选项卡，通过选择音频文件为视频增加音乐或直接利用麦克风进行配音。完成后指定输出位置和格式即可。

7.6.6 字幕制作

视频编辑专家可以为视频制作字幕，从而实现在指定时间显示设置的文字效果。其方法为：启动视频编辑专家，单击操作界面中的【字幕制作】图标，添加视频文件。新增行并指定时间段，输入字幕内容并设置格式即可。完成后指定视频的输出位置和格式。

7.6.7 视频截图

视频截图可以将视频中的任意内容保存为指定格式的图片，其方法为：启动视频编辑专家，单击操作界面中的【视频截图】图标，添加视频文件并指定输出位置。然后设置截图模式、图片模式和图片宽度等参数，单击【截图】按钮。

7.6.8 合并、编辑视频并配乐

使用视频编辑专家合并多个视频文件，并转换为 MP4 格式。然后在编辑视频效果和为其添加配乐使视频内容更加完整和美观。

【例7-21】使用视频编辑专家合并多个视频文件，并转换格式。 视频

step 1 启动视频编辑专家，单击操作窗口中的【视频合并】图标。

step 2 打开【视频合并】窗口，单击左上方的【添加】按钮。

step 3 打开【打开】对话框，选择文件，单击【打开】按钮。

step 4 返回【视频合并】窗口，单击【下一步】按钮。

step 5 在显示的界面中撤销选择【快速合并】复选框，单击【更改目标格式】按钮。

step 6 在打开的对话框中选择 MP4 图标，单击【确定】按钮。

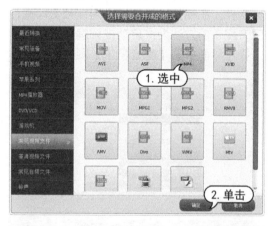

step 7 返回【视频合并】窗口，单击【浏览计算机】按钮。

step 8 打开【另存为】对话框。在左侧列表框中选择路径，在【文件名】文本框中输入 dongwu，单击【保存】按钮。然后在【视频合并】窗口中，单击【下一步】按钮。

step 9 开始合并视频，完成后单击【合并结果】对话框中的【确定】按钮。然后单击【关闭】按钮，返回视频编辑专家主窗口。

step 10 单击【编辑与转换】图标，打开【视频转换】窗口。

step 11 单击【添加文件】按钮，即可打开【打开】对话框。选择合并后的 dongwu.mp4 文件选项，单击【打开】按钮。

step 12 打开【选择转换成的格式】对话框。选择 MP4 图标，单击【确定】按钮。

step 13 返回【视频转换】窗口，单击【编辑】
按钮。

step 14 在显示的界面中选择【效果】选项卡，
依次将【亮度】、【对比度】和【饱和度】
数值框中的数字设置为-10、30、50，单击
【确定】按钮。

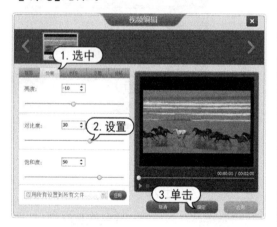

step 15 返回【视频转换】窗口，单击【下一
步】按钮。

step 16 设置输出目录，文件名和视频格式保

持默认设置，单击【下一步】按钮。

step 17 开始转换视频，完成后单击【转换结
果】对话框中的【确定】按钮。然后单击【关
闭】按钮。

step 18 返回视频编辑专家主窗口。单击【配
音配乐】图标。

step 19 打开【视频配音】窗口，单击【添加】
按钮，打开【打开】对话框。添加前面转换
后的 dongwu(1).mp4 文件选项，单击【打开】
按钮，返回【视频配音】窗口。单击【下一

步】按钮。

step 20 在显示的界面中选择【配乐】选项卡，单击【新增配乐】按钮。

step 21 打开【打开】对话框设置路径，选择 dongwu.wma，单击【打开】按钮。

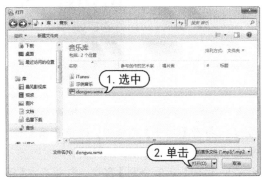

step 22 返回【视频配音】窗口，选中【消除原音】复选框，单击【下一步】按钮。

step 23 单击【浏览计算机】按钮，打开【另存为】对话框。设置输出位置、文件名，单击【下一步】按钮。

step 24 开始为视频合并选择的声音，完成后在打开的【配乐和配音结果】对话框中，单击【确定】按钮，完成操作。

7.7 音频格式转换工具——音频转换专家

音频转换专家具有强大的音频格式转换功能，同时还支持音频分割、截取、合并以及手机铃声制作等操作。该软件简单易用、功能强大、稳定性高，是目前使用较为普遍的音频格式转换工具之一。

7.7.1 转换音频格式

音频转换专家可以在多种音频格式之间进行转换，包括 MP3、WAV、WMA、APE 和 FLAC 等主流音频格式。其转换方法为：启动音频转换专家软件，打开音频转换专家窗口，单击【音乐格式转换】图标。

打开【音乐转换】窗口，单击【添加】按钮添加需要转换格式的音频文件。单击【下一步】按钮，并按照提示设置转换的格式、效果和输出位置即可。

7.7.2 分割音乐文件

分割音乐文件是指将一个音乐文件分割

成若干个小音乐文件。音频转换专家在分割音乐文件时，支持按时间长度、尺寸大小、平均分配手动和自动分配等多种方式。具体操作如下。

【例7-22】使用音频转换专家软件，分割音乐文件。 ⊙视频

step 1 启动音频转换专家软件，单击操作窗口中的【音乐分割】图标。

step 2 打开【音乐分割】窗口，单击【添加文件】按钮。

step 3 打开【打开】对话框，选择音乐文件，单击【打开】按钮。

step 4 返回【音乐分割】窗口，单击下方【保存路径】文本框右侧的【浏览计算机】按钮，打开【浏览计算机】对话框。在其中选择分

割后的保存文件夹，单击【确定】按钮。

step⑤ 在当前窗口左侧可单击选中某个分割方式对应的选项。本例选中【平均分割】选项。将下方数值框中的数字设置为 4，依次单击【分割】按钮和【下一步】按钮。

💡 **知识点滴**

若在设置分割方式的窗口中选中【手动分割】单选按钮，则可手动拖动右侧滑块到指定位置。然后单击【设置】按钮，按此方法确定多个分割点后，单击【下一步】按钮完成手动分割操作。

step⑥ 音频转换专家将根据设置开始分割文件，完成后将打开提示对话框。单击【确

定】按钮即可。

7.7.3　截取音乐文件

音频转换专家的截取音乐功能，可以将一段音频中的部分内容提取出来，并制作成一个独立的音频文件。启动音频转换专家，在其窗口中，单击【音乐截取】图标。

此时，将进入【音乐截取】窗口。单击【添加】按钮添加需要截取的音频文件，并在音频栏下方拖动左侧滑块确定开始位置；拖动右侧滑块确定结束位置。并设置截取后的文件保存位置和名称，单击【开始转换】按钮。

7.7.4 合并音乐文件

使用音频转换专家可以将多个音频文件合并为一个音频文件，具体操作方法如下。

【例7-23】使用音频转换专家软件，合并音乐文件。
视频

step 1 启动音频转换专家软件，单击操作窗口中的【音乐合并】图标。

step 2 打开【音乐合并】窗口。单击【添加】按钮，将多个需要合并的音频文件添加到窗口中。在【输出格式】下拉列表框中选择合并后的音频格式，在【保存路径】文本框中单击【浏览计算机】按钮。设置合并后音频文件的保存位置和名称，单击【开始合并】按钮，完成后单击【确定】按钮。

知识点滴

合并音乐文件时，不仅可以将多个相同格式的音频文件进行合并，也可将不同格式的音频文件进行合并，其操作方法完全相同。

7.7.5 制作手机铃声

利用音频转换专家还可将某个音频制作为 Iphone 的铃声。其方法为：启动音频转换专家，在窗口中单击【Iphone 铃声制作】图标。

打开【Iphone 铃声制作】窗口。单击【添加】按钮添加音频文件。在音频栏下方拖动左侧滑块确定开始位置，拖动右侧滑块确定结束位置。并设置文件的保存位置和名称，单击【开始转换】按钮即可。

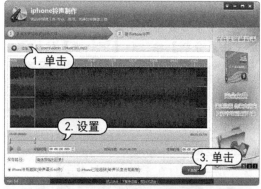

知识点滴

在音频转换专家窗口中单击【MP3 音量调节】图标，可在打开的窗口中添加MP3格式的音频文件。并在不影响音质的情况下通过设置【目标音量】文本框中的数值来调整该音频的音量大小。

7.7.6 转换、截取音频制作铃声

把MP3格式的音频文件转换为CD音质的 WMA 格式文件，然后截取转换后文件的前15秒内容，将其制作为手机铃声。

【例7-24】使用音频转换专家软件，转换、截取音频制作铃声。视频

step ① 启动音频转换专家软件，在打开的窗口中单击【音乐格式转换】图标。

step ② 打开【音乐转换】窗口，单击【添加】按钮。

step ③ 打开【打开】对话框。选择文件，单击【打开】按钮。

step ④ 返回【音乐转换】对话框，单击【下一步】按钮。

step ⑤ 在当前窗口的【转换的格式】下拉列表框中选择WMA格式对应的选项，在【转换效果】下拉列表框中选择【CD音质】选项。单击【输出目录】文本框右侧的【浏览计算机】按钮。

step ⑥ 打开【浏览计算机】对话框。选择文件夹，单击【确定】按钮。返回【音乐转换】窗口，单击【下一步】按钮。

step ⑦ 开始转换音频文件。完成后在打开的对话框中单击【确定】按钮。然后单击窗口右上角的【关闭】按钮。

step 8 返回到音频转换专家主窗口，单击【音乐截取】图标。

step 9 打开【音乐截取】窗口，单击【添加文件】按钮。

step 12 打开【请设置保存路径】对话框。在左侧列表框中选择路径，在【文件名】文本框输入【铃声】，单击【保存】按钮。

step 10 打开【请添加音乐文件】对话框，选择前面转换后的文件，单击【打开】按钮。

step 11 返回【音乐截取】窗口，拖动音频栏右侧滑块至时间长度显示为"00：00:15:00"的位置(可直接在【结束时间】数值框中输入)。单击【输出目录】文本框右侧的【浏览计算机】按钮。

step 13 返回【音乐截取】窗口，单击【截取】按钮。

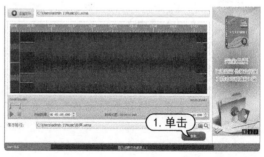

step ⑭ 开始截取音频文件，完成后在打开的对话框中单击【确定】按钮。然后单击窗口右上角的【关闭】按钮。

step ⑮ 返回到音频转换专家主窗口，单击【Iphone铃声制作】图标。

step ⑯ 打开【Iphone铃声制作】窗口，单击【添加】按钮。

step ⑰ 打开【请添加音乐文件】对话框。选择前面截取的文件"铃声"，单击【打开】按钮。

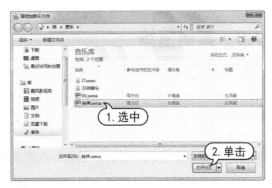

step ⑱ 返回【Iphone铃声制作】窗口，单击【输出目录】文本框右侧【浏览计算机】按钮。

step ⑲ 打开【请填写保存文件名】对话框。在左侧列表框中选择路径，在【文件名】文本框输入"铃声"，单击【保存】按钮。返回【Iphone铃声制作】窗口，单击【开始转换】按钮，开始截取音频文件。

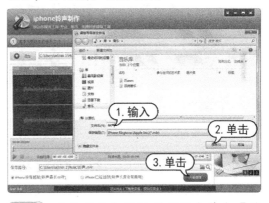

step ⑳ 完成后在打开的对话框中单击【确定】按钮，完成操作。

7.8 案例演练

百度音乐为用户提供海量正版高品质音乐、极致的音乐音效和音乐体验、权威的音乐榜单、极快的独家首发歌曲、极优质的歌曲整合歌单推荐、极契合用户的主题电台、极全的MV视频库、人性化的歌曲搜索，让用户更快地找到喜爱的音乐，还原音乐本色，带给用户全新的音乐体验。百度音乐(原千千静听已正式更名为百度音乐)是一款完全免费的音乐播放软件，集播放、音效、转换、歌词等众多功能于一体。

百度音乐是一款完全免费的音乐播放软件，它集播放、音效、转换、歌词等众多功能于一身，不仅可以支持高级音频流输出方式、64bit、Addin 插件扩展技术等功能，而且还具有资源占用低、运行速度快、扩展功能强等特点。下面将详细介绍使用百度音乐播放软件播放音乐的操作方法和实用技巧。

【例7-25】使用百度音乐软件，播放音乐。

step 1 启动百度音乐软件，在默认的【在线音乐】选项卡中，单击歌曲名对应的【播放】按钮，播放歌曲。

step 2 对于喜欢的在线音乐，单击播放进度栏上方的【收藏歌曲】按钮，收藏该歌曲。

step 3 在【在线音乐】选项卡中的【电台】

选项组中，单击【时光隧道】|【经典老歌】中的【播放】按钮。播放该电台内的歌曲。

step 4 播放歌曲过程中，单击播放工具栏中的【歌词】按钮，可转换到歌词模式中。

step 5 选择【我的音乐】选项卡，在【试听列表】中，单击【播放全部】按钮，可播放所有的歌曲。

step ⑥ 在【我收藏的歌曲】列表中,单击【导入歌曲】按钮,在列表中选择【导入本地歌曲】选项。

step ⑦ 在打开的【打开】对话框中,选择音乐文件,单击【打开】按钮。

step ⑧ 即可将歌曲导入到播放列表中,单击【播放】按钮,播放歌曲。

step ⑨ 在手机上安装百度音乐后,选择【我的】选项卡。单击右上角的【设置】按钮,选择【电脑导歌】选项。此时,会在页面中显示一个连接码。

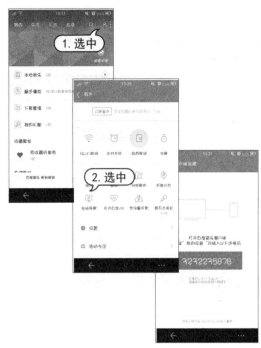

step ⑩ 在计算机中,选择【我的设备】选项卡。在【使用WIFI连接电脑】文本框中输入手机中获取的连接码,并单击【连接设备】按钮。手机端显示"已通过WI-FI与电脑连接。"

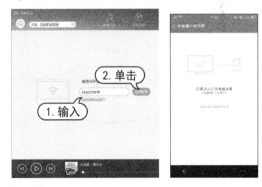

step ⑪ 连接手机之后,选择【我的音乐】列表。单击歌曲名后面的【手机】按钮,即可将该歌曲发送到手机设备中。

step⑫ 等待歌曲发生至手机端播放器中。在【我的设备】选项卡中，将显示发送状态和发送进度条。

step⑬ 在手机端，显示"已接受1首本地音乐"。选择【去查看接受的歌曲】选项，在【本地音乐】列表中，查看到导入的歌曲。

1.选中

第8章

网络应用与通信工具软件

　　随着计算机技术的飞速发展，以及家用计算机的日益普及，越来越多的用户已经开始习惯在互联网上浏览新闻、查阅邮件和进行网络即时聊天等。而这一系列的操作，都必须依赖于网络应用与通信软件，如网页浏览器、电子邮件、网络传输软件、网络通信和远程工具等。

对应光盘视频

8.1 网页浏览器——Internet Explorer

要上网浏览信息必须要用到浏览器。IE 浏览器的全称是 Internet Explorer，绑定于 Windows 7 操作系统中。这款浏览器功能强大、使用简单，是目前最常用的浏览器之一。用户可以使用它在 Internet 上浏览网页，还能够利用其内置的功能在网上进行多种操作。

8.1.1 常用浏览器

浏览器是指可以显示网页服务器或者文件系统的 HTML 文件内容，并让用户与这些文件交互的一种软件。网页浏览器主要通过 HTTP 协议与网页服务器交互并获取网页。

目前，办公人员最常用的浏览器有以下几种。

➢ IE浏览器：IE浏览器是微软公司Windows操作系统的一个组成部分。它是一款免费的浏览器，用户在计算机中安装了 Windows 系统后，就可以使用该浏览器浏览网页。

➢ 谷歌浏览器：Google Chrome，又称 Google 浏览器，是一款由 Google(谷歌)公司开发的开放原始码网页浏览器。该浏览器基于其他开放原始码软件所编写，包括 WebKit 和 Mozilla，目标是提升稳定性、速度和安全性，并创造出简单且有效率的使用者界面。目前，谷歌浏览器是世界上仅次于微软 IE 浏览器的网上浏览工具，用户可以通过 Internet 下载谷歌浏览器的安装文件。

➢ 火狐浏览器：Mozilla Fire fox(火狐)浏览器，是一款开源网页浏览器。该浏览器使用 Gecko 引擎(即非 IE 内核)编写，由 Mozilla 基金会与数百个志愿者所开发。火狐浏览器是可以自由定制的浏览器，一般计算机技术爱好者都喜欢使用该浏览器。它的插件是世界上最丰富的，刚下载的火狐浏览器一般是纯净版，功能较少，用户需要根据自己的喜好对浏览器进行功能定制。

➢ 搜狗浏览器：搜狗浏览器是一款能够给网络加速的浏览器，可明显提升公网教育网互访速度 2~5 倍。该浏览器可以通过防假

死技术，使浏览器运行快捷流畅且不卡不死，具有自动网络收藏夹、独立播放网页视频、flash 游戏提取操作等多项特色功能。

知识点滴

除了上面介绍的几种浏览器以外，目前还有遨游浏览器、Opera 浏览器、360 浏览器、TT 浏览器等其他浏览器。

8.1.2　浏览器的功能

网页浏览器是进行网页浏览的必备软件。网页技术的发展，也使浏览器不断进步。如今的网页浏览器，不仅支持各种文本、图像、动画、音频和视频等多媒体文件，还具备了很强的交互能力。同时，各种浏览器在用户界面以及使用的便捷性方面在不断地改进。

随着网络浏览器的不断发展，其功能也逐渐增强。目前，流行的网页浏览器通常具备以下功能。

➢ 网页浏览：网页浏览是网页浏览器最基本的功能。早期网页浏览器只支持浏览文本。随着 HTML(Hyper Text Markup Language，超文本标记语言)、CSS(Cascading Style Sheets)和 JavaScript 脚步语言的出现和发展，网页浏览器逐渐可以显示文本和图像，并可以被各种编程语言控制，与用户进行交互。

➢ 收藏夹管理：自早期的 Mosaic 浏览器开始，多数网页浏览器都支持收藏夹管理功能，允许用户将感兴趣的网页收藏起来，

随时访问。

➢ 下载管理：网页浏览器除了可以浏览网页以外，还可以从互联网中下载文件，将文件保存到本地计算机中。有些浏览器还可以帮助用户整理已下载的文件，并对下载的文件进行分类管理。

➢ Cookie 管理：Cookie 原译是小型文字档案，是一些网站为免去用户重复登录的麻烦，在用户的计算机中写入的加密数据。目前，大多数浏览器都支持 Cookie，并可以对 Cookie 进行管理。

➢ 安装插件：多数浏览器都可以通过安装各种第三方插件，来播放动画、音频和视频。同时，还可以实现一些复杂的交互行为。

➢ 其他功能：除了以上的几种主要功能外，较新的浏览器往往还支持分页浏览、禁止弹出广告、广告过滤、防恶意程序、仿冒地址筛选、电子证书安全管理等。

8.1.3　认识 IE 浏览器

IE 浏览器的最新版本为 IE11。它的操作界面主要由标题栏、地址栏、选项卡、状态栏和滚动条等几个部分组成。

1. 地址栏

地址栏用于输入要访问网页的网址。此外，在地址栏附近还提供了一些 IE 浏览器常用功能按钮，如【前进】、【后退】、【刷新】等。

2. 选项卡

IE浏览器支持多页面功能,用户可以在一个操作界面中的不同选项卡中打开多个网页,单击选项卡标签即可轻松切换。

3. 滚动条

若访问网页的内容过多,无法在浏览器的一个窗口中完全显示时,则可以通过拖动滚动条来查看网页的其他内容。

8.1.4 使用 IE 浏览器

浏览网页是上网中最常见的操作。通过浏览网页,可以查阅资料和信息。

【例8-1】使用IE浏览器访问网易的首页。📹视频

step ① 启动IE浏览器,在地址栏中输入要访问的网站网址www.163.com。

step ② 按下Enter键,即可打开网易的首页。单击页面上的链接,可以继续访问对应的网页。例如,单击【数码】超链接。

step ③ 使用IE浏览器会自动打开网易的数码信息页面。

step ④ 在打开的网页中,用户可以通过单击

某个报道标题的超链接,打开对应的报道页面,查看报道的具体内容。

💡 知识点滴

用户在使用 IE 浏览器浏览网页时,当光标移动至网页上某处变为手指形状时,表示该处有超链接。单击该处可以打开对应的网页。

8.1.5 使用选项卡浏览新网页

IE 浏览器自带了选项卡功能,可以在同一个浏览器中通过不同的选项卡来浏览多个网页。从而可以避免启动多个浏览器,节省内存占用率。

【例8-2】使用 IE 选项卡,在浏览器中同时打开多个网页。📹视频

step ① 启动IE浏览器,并访问百度首页,然后单击网站标签右侧的【新选项卡】按钮。

step ② IE浏览器即可打开一个新的选项卡,其中会显示用户经常访问的网站名称。

step ③ 在新选项卡的地址栏中输入网址,按下Enter键,即可在该选项卡中打开网页。例如,本例输入"www.sina.com.cn",然后按下Enter键,即可在该选项卡中访问新浪的首页,

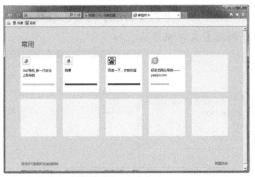

step④ 另外，右击超链接，在弹出的快捷菜单中选择【在新选项卡中打开】命令，如下图所示。即可打开一个新的选项卡并且打开该链接网页。

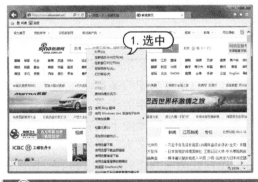

💧 知识点滴

在 IE 浏览器中浏览网页时，按 F5 快捷键可刷新当前页面。

8.1.6 收藏感兴趣的网址

使用浏览器浏览网页时，常常会有一些经常需要访问或比较喜欢的网页，用户可以将这些网页的网址保存到 IE 收藏夹中。当下次需要打开收藏的网页时，直接在收藏夹中选择该网页地址即可。

用户可将自己感兴趣的网址添加到收藏夹中，以方便下次访问。下面通过一个实例介绍将网址添加到收藏夹的方法。

【例 8-3】将新浪网页的网址添加到 IE 浏览器的收藏夹中。 🔘视频

step① 启动 IE 浏览器，并访问新浪首页。右击网页空白处，在打开的快捷菜单中选择【添加到收藏夹】命令。

step② 打开【添加收藏】对话框。在【名称】文本框中输入添加到收藏夹的网页名称，在【创建位置】下拉列表中选中添加到收藏夹的位置。然后单击【添加】按钮，即可添加网址到收藏夹。

step③ 在 IE 浏览器界面的左上角，单击【添加到收藏夹栏】按钮，可直接将当前页面的网址添加到收藏夹栏中。

💧 知识点滴

在收藏夹栏中，单击保存的网页名称图标即可快速访问该网页。

8.1.7 整理收藏夹

将网页添加到收藏夹后，可以根据实际需要整理收藏夹，包括在收藏夹中创建文件夹、重命名文件夹或网页等。

【例8-4】 在收藏夹中创建一个名称为【门户网站】的文件夹，并将收藏夹中的新浪网页添加到该文件夹中。 📀视频

step 1 在IE浏览器中单击【查看收藏夹、源和历史记录】按钮★，打开【收藏夹】窗口。

step 2 单击【添加到收藏夹】后的倒三角按钮，选择【整理收藏夹】命令。

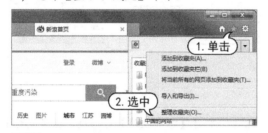

step 3 打开【整理收藏夹】对话框，单击【新建文件夹】按钮，可以新建一个文件夹。输入文件夹名称"门户网站"，按下Enter键即可。

step 4 在【整理收藏夹】对话框的列表中，选择要移动的网页或文件夹。这里选择的是【新浪】，然后单击【移动】按钮。

step 5 打开【浏览文件夹】对话框，单击要移至的文件夹名称。这里选择【门户网站】文件夹，然后单击【确定】按钮。

step 6 返回【整理收藏夹】对话框，在收藏

夹列表中即可看到【新浪】网页已移动至【门户网站】文件夹下。

step 7 另外，在【整理收藏夹】对话框中，选择不想要收藏的网页后，单击【删除】按钮，可以删除收藏夹中已经保存的网页。单击【重命名】按钮，可以重新命名已收藏的文件夹名称。

> **知识点滴**
>
> 若将收藏夹中收藏的网页移动到【收藏夹栏】文件夹中，则该网页的超链接会显示在IE11浏览器的收藏夹栏中，方便用户访问。

8.1.8 保存网页中感兴趣的内容

在浏览网页的过程中，如果看到有用的资料，可以将其保存下来，以方便日后使用。这些资料包括网页中的文本、图片等。为了方便用户保存网络中的资源，IE浏览器本身提供了一些简单的资源下载功能，用户可方便地下载网页中的文本、图片等信息。

用户在浏览网页时经常会碰到自己比较喜欢的文章或者是对自己比较有用的文字信息。此时，可以将这些信息保存下来以供日后使用。

要保存网页中的文本，最简单的方法就是选定该文本。然后在该文本上右击，在弹出的快捷菜单中选择【复制】命令。然后再打开文档编辑软件(记事本、Word 等)，将其粘贴并保存即可。

【例8-5】保存网页中的文本信息。 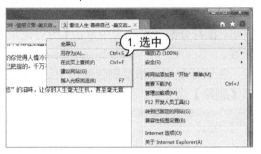视频

step 1　在要保存的网页中单击【工具】按钮。选择【文件】|【另存为】命令，如下图所示。

step 2　打开【保存网页】对话框。在该对话框中设置网页的保存位置，然后在【保存类型】下拉列表中选择【文本文件】选项。

step 3　选择完成后，单击【保存】按钮，即可将该网页保存为文本文件的形式。

step 4　双击保存后的文本文件，即可查看已经保存的网页内容。

8.1.9　保存网页中的图片

网页中具有大量精美的图片。这些图片往往使人爱不释手，用户可将这些图片保存在自己的计算机中。

要保存网页中的图片，可在该图片上右击，在弹出的快捷菜单中选择【图片另存为】命令，打开【保存图片】对话框。

在【保存图片】对话框中设置图片的保存位置和保存名称，然后单击【保存】按钮，即可将图片保存到本地计算机中。

8.1.10　保存整个网页

如果用户想要在网络断开的情况下也能浏览某个网页，可将该网页整个保存下来。这样即使在没有网络的情况下，用户也可以对该网页进行浏览。

【例8-6】在IE浏览器中保存整个网页。 视频

step 1　在要保存的网页中单击【工具】按钮 ⚙，选择【文件】|【另存为】命令，如下图所示。

step 2　打开【保存网页】对话框。在该对话框中设置网页的保存位置，然后在【保存类型】下拉列表中选择【网页，全部】选项。选择完成后，单击【保存】按钮，即可将整个网页保存下来。

step 3　设置完成后，在图像文件中单击创建

计算机常用工具软件案例教程

起始点，沿图像文件中云朵对象的边缘拖动。

8.1.11　查看浏览历史记录

在浏览网页时，浏览器会自动记录用户的浏览记录。当用户需要查询以前浏览过的网页时，可以通过该浏览记录进行查找。

打开 IE 浏览器，单击浏览器右上角的 ★ 按钮，在打开的下拉列表中单击【历史记录】标签。

在该标签中可以看到最近的浏览历史记录。例如，单击【今天】链接，可查看今天浏览过的历史记录。

单击其中的网址，即可直接访问对应的网页。

💡 知识点滴

在历史记录标签上方的下拉列表框中，可以根据不同的查看方式查看浏览历史记录。

8.1.12　删除浏览历史记录

历史记录功能虽然给用户提供了很大的方便，但是也存在着安全隐患。必要时，用户可将重要浏览历史记录删除。

1. 删除单条历史记录

用户若要删除单条历史记录，可参照以下方法。

打开 IE 浏览器，单击浏览器右上角的 ★ 按钮，在打开的下拉列表中单击【历史记录】标签。

在该标签中右击要删除的历史记录，选择【删除】命令。

打开【警告】对话框，单击【是】按钮，即可删除该条历史记录。

另外用户还可删除某天的历史记录。例如，要删除星期二的历史记录，可右击【星期二】链接，选择【删除】命令；在打开的【警告】对话框中单击【是】按钮，即可完成删除操作。

176

2. 清空所有历史记录

要清空所有历史记录，可单击浏览器右上角的【工具】按钮 ⚙，选择【安全】|【删除浏览历史记录】命令。

打开【删除浏览历史记录】对话框，选中要删除的记录类型。然后单击【删除】按钮，即可将指定浏览历史记录清空。

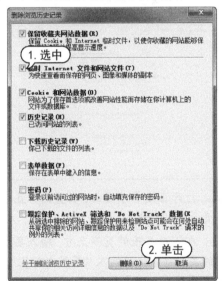

8.1.13　搜索互联网中的信息

Internet 是知识和信息的海洋，几乎可以找到所需的任何资源。那么如何才能找到自己需要的信息呢？这就需要使用到搜索引擎。

目前，常见的搜索引擎有百度和搜狗等，使用它们可以从海量的网络信息中快速、准确地找出用户需要的信息，提高查找的效率。

1. 使用百度搜索网页

搜索网页是百度最基本，也是用户最常用的功能。百度拥有全球最大的中文网页库，收录中文网页已超过 20 亿，这些网页的数量每天正以千万倍的速度在增长。同时，百度在中国各地分布的服务器，能直接从最近的服务器上把所搜索到的信息返回给当地用户，使用户享受到极快的搜索传输速度。

【例 8-7】使用百度搜索关于【平板电脑】方面的网页。📹视频

step 1　启动 IE 浏览器，在地址栏中输入百度的网址：www.baidu.com，访问百度页面。

step 2　在页面的文本框中输入要搜索网页的关键字。本例输入"平板电脑"，然后单击【百度一下】按钮。

💡 **知识点滴**

使用百度搜索时，若一个关键字无法准确描述要搜索的信息时，则可以同时输入多个关键字，关键字之间以空格隔开。此外，百度对于一些常见的错别字输入，在搜索结果上方有纠错提示。

step 3　百度会根据搜索关键字自动查找相关网页，查找完成后，在新页面中以列表形式显示相关网页。

step 4　在列表中单击超链接，即可打开对应

的网页。例如，单击【最热平板电脑大全 ZOL 中关村在线】超链接，即可在浏览器中访问对应的网页。

2. 使用百度搜索图片

百度图片拥有来自几十亿中文网页的海量图库，收录数亿张图片，并在不断增加中。用户可以在其中搜索想要的壁纸、写真、动漫、表情或素材等。

【例8-8】在百度图库中，搜索有关【星际传奇】的图片。视频

step 1 启动IE浏览器，打开百度首页。在其中单击【图片】超链接，切换到图片搜索页面。

step 2 在页面的文本框中输入图片关键字，这里输入"星际传奇"，然后单击【百度一下】按钮。

step 3 百度将搜索出满足要求的图片，并在网页中显示图片的缩略图。

step 4 在页面中单击图片的缩略图，可以显示大图，使用户能够更好地查看图片。

3. 使用百度搜索歌曲

在百度音乐中，用户可以便捷地找到最新、最热门的歌曲，更有丰富、权威的音乐排行榜，指引华语音乐的流行方向。

【例8-9】在百度 MP3 中，搜索【爸爸去哪儿】主题曲。视频

step 1 启动IE浏览器，打开百度首页，在其中单击【音乐】超链接。

step 2 打开百度音乐页面，在页面中显示了各类音乐的排行榜。

step 3 在百度音乐的页面上方，输入要搜索歌曲的关键字。这里输入"爸爸去哪儿"，然后单击【百度一下】按钮。

step ④ 在打开的页面中，显示有关【爸爸去哪儿】的相关歌曲列表。

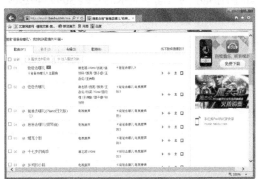

💡 **知识点滴**

在歌曲列表页面中，单击【播放】按钮 ，可以在线试听对应的歌曲。

8.1.14　使用百度高级搜索

使用百度搜索引擎的高级功能，可以搜索复杂的条件和关键字。

【例8-10】使用百度搜索引擎搜索不包括散文的文学作品。📹视频

step ① 启动IE浏览器，在地址栏中输入网址 www.baidu.com，然后按下Enter键，打开百度搜索引擎的主页。

step ② 单击【设置】链接，选择【高级搜索】选项。

step ③ 在【包含以下全部的关键词】文本框中输入"文学作品"。在【不包括以下关键词】文本框中输入"散文"。单击【高级搜索】按钮。

step ④ 此时，即可按照设置的条件搜索出相关的内容。

8.2　通信软件——腾讯QQ

要想在网上与别人聊天，就要有专门的聊天软件。腾讯QQ就是当前众多的聊天软件中比较出色的一款。QQ提供在线聊天、视频聊天、点对点断点续传文件、共享文件、网络硬盘、自定义面板、QQ邮箱等多种功能，是目前使用最为广泛的聊天软件之一。

8.2.1 申请 QQ 号码

腾讯 QQ 既是当前众多聊天软件中比较出色的一款。它支持在线聊天、视频电话、点对点断点续传文件、共享文件、网络硬盘、自定义面板、QQ 邮箱等多种功能，是目前使用最为广泛的聊天软件之一。

要使用 QQ 与他人聊天，首先要有一个 QQ 号码，这是用户在网上与他人聊天时对个人身份的特别标识。用户可以在腾讯的官网进行申请注册。

首先打开 IE 浏览器，在地址栏中输入网址：http://zc.qq.com/chs/index.html。然后按 Enter 键，打开 QQ 注册的首页。

输入昵称、密码、确认密码、验证码、手机号码等文本框中的内容，并单击【获取短信验证码】按钮，以获得手机短信验证码再输入文本框。然后，再单击【提交注册】按钮。

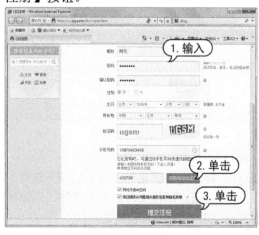

如果申请成功，将打开【申请成功】页面。如下图所示的页面中显示的号码 3099546296，就是刚刚申请成功的 QQ 号码。

8.2.2 登录 QQ 号码

QQ 号码申请成功后，就可以使用该 QQ 号码了。在使用 QQ 前，首先要登录 QQ。

双击系统桌面上的 QQ 的启动图标，打开 QQ 的登录界面。在【账号】文本框中输入 QQ 号码，然后在【密码】文本框中输入申请 QQ 时设置的密码。输入完成后，按 Enter 键或单击【登录】按钮。

此时，即可开始登录 QQ。登录成功后将显示 QQ 的主界面，如下图所示。

8.2.3 设置个人资料

在申请 QQ 的过程中，用户已经填写了部分资料。为了能使好友更加了解自己，用户可在登录 QQ 后，对个人资料进行更加详细的设置。

　　QQ 登录成功后，在 QQ 的主界面中，单击其左上角的头像图标，打开一个界面。单击其中的【编辑资料】按钮，将展开可编辑个人资料的界面。

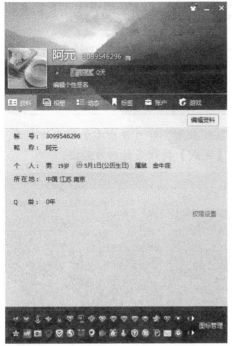

　　单击头像图标画面，将打开【更换头像】窗口。用户可以选择自拍照片以及本地计算机图片作为 QQ 头像，也可以选择软件提供的图像作为 QQ 头像。这里选择【经典头像】选项卡，可选择一个自己喜欢的头像，然后单击【确定】按钮。

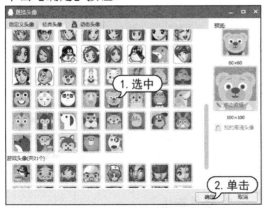

　　在个人资料界面的其他选项区域中，用户可根据提示设置自己的昵称、个性签名、生肖、

血型等详细信息。完成设置后，单击【保存】按钮即可。

8.2.4　添加与查找好友

　　资料填写完成后，用户也许已经迫不及待地要和好友聊天了。先不要着急，QQ 首次登录后还没有好友，因此，需要先来添加好友。

1. 精确查找并添加好友

　　如果知道要添加好友的 QQ 号码，可使用精确查找的方法来查找并添加好友。

【例8-11】添加 QQ 号码，为用户为好友。🔘视频

step 1　当QQ登录成功后，单击其主界面下方的【查找】按钮。

step 2　打开【查找】对话框。在【查找方式】选项区域选中【精确查找】单选按钮，在【账号】文本框中输入好友 QQ 账号，单击【查找】按钮。

step 3 系统即可查找出 QQ 上的相应好友，选中该用户，然后单击按钮 +好友。

step 4 在【添加好友】对话框中要求用户输入验证信息。输入完成后，单击【下一步】按钮。

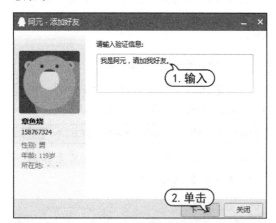

step 5 接着可以输入备注姓名和选择分组，这里默认保持原样，单击【下一步】按钮。

step 6 此时，即可发出添加好友的申请，单击【完成】按钮等待对方验证。

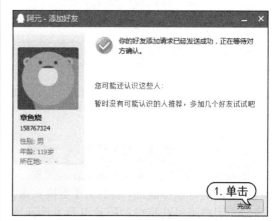

step 7 对方同意验证后，即可成功地将其添加为自己的好友，自动弹出对话框进行聊天。

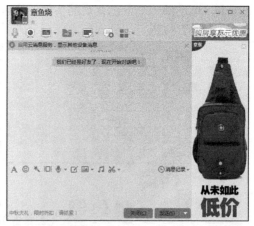

2. 条件查找

如果想要添加一个陌生人，结识新朋友，

可以使用 QQ 的条件查找功能。

例如，用户想要查找"江苏省南京市，年龄在 40 岁以上的女性"用户，可在【查找】对话框中打开【找人】选项卡，在【性别】下拉列表框中选择【女】；在【所在地】下拉列表框中选择【中国 江苏 南京】；在【年龄】下拉列表框中选择【40 岁以上】；然后单击【查找】按钮，即可查找出所有符合条件的用户。

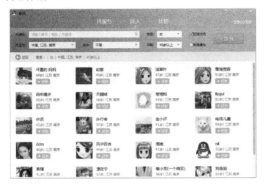

在搜索结果中，单击用户头像右侧的 + 好友 按钮，然后给对方发送验证信息。等对方通过验证后，即可将其添加为好友。

💡 知识点滴

在添加好友时，如果对方没有设置验证信息，则可以直接将其加为好友，而无须等待验证。

8.2.5　进行 QQ 对话

QQ 中有了好友后，就可以与好友进行对话了。用户可在好友列表中双击对方的头像，打开聊天窗口，即可开始进行聊天。

1．文字聊天

在聊天窗口下方的文本区域中输入聊天的内容，然后按下 Ctrl+Enter 键或者单击"发送"按钮，即可将消息发送给对方。

同时该消息以聊天记录的形式出现在聊天窗口上方的区域中，对方接到消息后，若对用户进行了回复，则回复的内容会出现在聊天窗口上方的区域中。

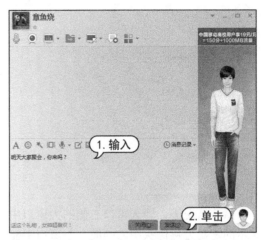

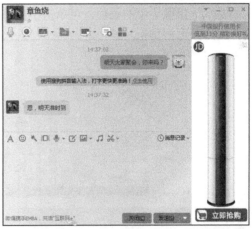

如果用户关闭了聊天窗口，则对方再次发来信息时，任务栏通知区域中的 QQ 图标 🐧 会变成对方的头像并不断闪动。使用鼠标单击该头像即可打开聊天窗口并查看信息。

2．语音视频聊天

QQ 不仅支持文字聊天，还支持语音视频聊天，要与好友进行语音视频聊天，计算机必须要安装摄像头和耳麦。与计算机正确的连接后，用户就可以与好友进行语音和视频聊天了。

用户登录 QQ，然后双击好友的头像，打开聊天窗口。单击上方的【开始语音通话】按钮或者【开始视频通话】按钮，给好友发送视频聊天的请求，等对方接受后，双方就可以进行视频聊天了。

默认情况下，聊天窗口右侧的大窗口中显示的是对方摄像头中的画面，小窗口中显示的是本地摄像头中的画面，可单击小窗口进行双方画面的切换。

8.2.6 使用 QQ 传输文件

QQ 不仅可以用于聊天，还可以用于传输文件。用户可通过 QQ 把本地计算机中的资料发送给好友。

【例 8-12】通过 QQ 给好友发送一个压缩文件。
🎬视频

step ① 双击好友的头像，打开聊天窗口。单击上方的【传送文件】按钮，在打开的下拉列表中选择【发送文件/文件夹】命令。

step ② 打开【选择文件/文件夹】对话框，选中要发送的文件，然后单击【发送】按钮

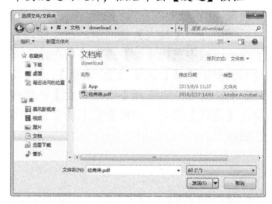

知识点滴

使用 QQ 不但可以给好友发送单个文件，还可以给好友发送整个文件夹。在上图中选择【传文件设置】命令，可在打开的窗口中设置收发文件的相关参数。

step ③ 向对方发送文件传送的请求，等待对方的回应。

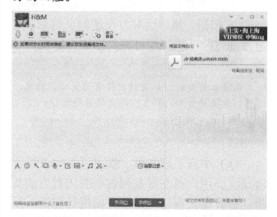

知识点滴

如果对方长时间没有接收文件，可以单击【转离线发送】选项，将文件上传到中转服务器。服务器会为用户免费保存 7 天，7 天之内对方都可以从服务器接收该文件。

step ④ 当对方接受发送文件的请求后，即可开始发送文件。发送成功后，将显示发送成功的提示信息。

8.2.7　加入 QQ 群

　　QQ 群是腾讯公司推出的一个多人聊天服务。当用户创建了一个群后，可邀请其他的用户加入到一个群中共同交流。在其中可以很容易地找到一些志同道合的朋友。

　　用户可在 QQ 的主界面中单击【查找】按钮，打开【查找】窗口。选择【找群】选项卡，在左侧的不同类型的选项卡里，寻找个人有兴趣的类型群。例如，单击【旅行】链接。

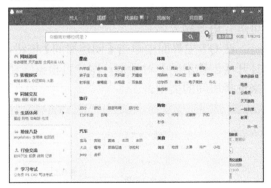

　　此时，显示多个群的简介，选择一个群，单击【加群】按钮，将会打开【添加群】对话框。

　　在【添加群】对话框中输入验证信息，单击【下一步】按钮。

　　如果知道一个群的号码，就可以方便的加入该 QQ 群了。在【查找】窗口的【找群】选项卡中的文本框内输入群号码，单击【搜索】按钮。出现该群后，单击【加群】按钮。然后出现【添加群】对话框，以后步骤和前面加群的步骤一致。

　　加入群后，单击 QQ 主面板上的【群/讨论组】按钮，切换至群选项卡。双击群名称即可打开群聊天窗口和群友进行聊天了。

8.3　语音通信工具——QT语音

QT语音是腾讯公司推出的一款支持多人语音交流的通信工具，适用于多人语音沟通的办公和家庭用户。该软件小巧、灵活、上手简单，性能卓越，能以极小的带宽占用，穿越防火墙，提供清晰高质的语音服务。

8.3.1　下载与登录QT语音

要使用QT语音，首先要下载和安装QT客户端程序。

下载完成后，使用QQ号，即可登录QT语音。

首次登录时，会打开下图所示界面，要求用户设置一个QT名。设置完成后单击【立即进入】按钮，即可进入QT主界面。

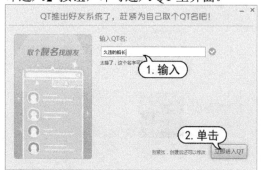

在QT的主界面中会显示一些推荐频道，用户可选择加入这些频道。

8.3.2　创建一个QT房间

用户可创建一个自己的QT房间，然后邀请好友加入，所有在同一个房间的好友即可进行语音聊天。

在QT主界面中单击【创建房间】按钮，打开【创建房间】对话框。用户可根据需要来选择房间的类型。

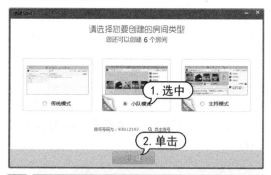

> **知识点滴**
>
> 在创建房间时，系统会自动为用户分配一个房间号。如果用户不喜欢该房间号，可单击【自助选号】选项，来选择自己喜欢的号码。

选择完成后，单击【创建】按钮，即可开始创建房间，并自动进入所创建的房间中。

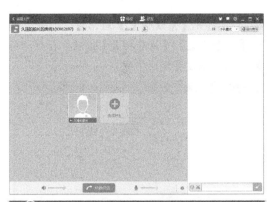

房间号显示在房间的左上角，将该房间号告诉好友，好友即可加入房间。

8.3.3　加入别人的 QT 房间

要加入别人的 QT 房间，可在 QT 主界面上方的【请输入房间号码】文本框中输入要加入的房间号。然后按下 Enter 键，即可加入该房间。

8.3.4　设置自己的 QT 资料

用户可设置自己的 QT 资料，以方便好友能够简单地了解自己。

【例 8-13】在 QT 语音中设置自己的资料。 视频

step 1　在 QT 主界面的左上角单击自己的头像或者昵称，打开【我的资料】对话框。在该对话框中可对个人资料进行设置。

step 2　单击【更换头像】按钮，打开【更换个人头像】对话框。

step 3　单击【选择图片】按钮，打开【打开】对话框。

step 4　选择一副要设置为头像的图片，然后单击【打开】按钮。

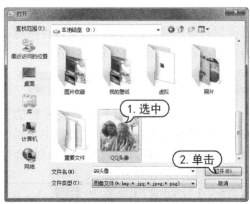

step⑤ 返回【设置个人头像】对话框，设置头像的显示范围，然后单击【确定】按钮，完成个人头像的设置。

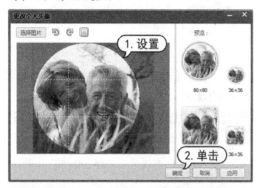

8.3.5　设置按键说话

用户可设置自己的 QT 资料，以方便好友能够简单的了解自己。要更改说话方式可执行以下操作。

【例8-14】在 QT 语音中更改说话方式。 ●视频

step① 在QT主界面的右上角单击【菜单】按钮，选择【系统设置】命令。

step② 打开【系统设置】对话框，打开左侧的【语音设置】|【语音聊天】选项。在对话框的右侧可以设置说话方式。

step③ 按键说话的默认快捷键为F2，要更改该快捷键，可选中【按键说话】单选按钮。然后直接在键盘上按下要设置的快捷键即可。

8.4　多媒体下载软件——迅雷

迅雷是一款基于 P2SP(peer to Server&Peer，即：点对服务器和点)技术的免费下载工具软件，能够将网络上存储的服务器和计算机资源进行整合，构成独特的迅雷网络，各种数据文件能以最快的速度在迅雷网格中进行传递。该软件还自带病毒防护功能，可以和杀毒软件配合使用，以保住下载文件的安全性。

8.4.1　设置下载路径

用户可以在网络上下载一些需要的文件、视频或相关资料，在下载过程中可以设置下载完成后所保存的路径。下面详细介绍设置下载路径的操作方法。

【例8-15】设置迅雷下载路径。 ●视频

step① 启动迅雷软件，单击【系统设置】按钮。

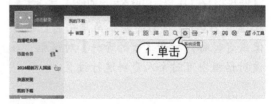

step ② 打开【系统设置】对话框。选择【下载目录】选项卡，单击【选择目录】按钮。

step ③ 打开【浏览文件夹】对话框，选择文件目录，单击【确定】按钮。

step ④ 返回【系统设置】对话框，完成下载路径的设置。

8.4.2　搜索与下载文件

使用迅雷可以快速地在网上搜索并下载

文件，具有下载速度快，而且操作非常简便的特点。下面以下载软件为例，详细介绍搜索与下载文件的操作方法。

【例8-16】使用迅雷下载软件。　视频

step ① 启动迅雷软件，打开浏览器，输入网址www.baidu.com，打开百度搜索引擎。在搜索文本框中，输入"百度影音"，按Enter键。

step ② 单击【百度影音】官网链接。

step ③ 右击【立即下载】按钮，在弹出的快捷菜单中，选择【使用迅雷下载】命令。

step ④ 打开【新建任务】对话框。在存储路径文本框中选择下载文件存储的路径，单击【立即下载】按钮。

step ⑤ 打开迅雷下载页面，其中会显示下载进度、时间等相关信息。文件下载完毕，单击【已完成】选项，可以看到下载完成的任务。通过上述方法即可完成搜索与下载文件的操作。

8.4.3 管理下载任务

利用迅雷成功下载所需要的文件后，可对下载的文件进行管理。例如，以分组的形式将下载文件进行分类、打开下载文件进行分类，打开下载文件保存的目录、打开或运行已下载的文件以及将已下载的文件发送到手机等，其具体操作如下。

【例8-17】使用迅雷管理下载任务。 视频

step 1 文件下载完成后将自动跳转到【已完成】选项卡，单击【目录】按钮。

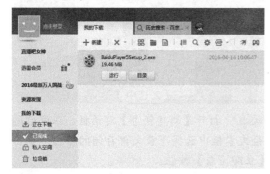

step 2 打开保存下载文件的文件夹，即可查看下载文件。

step 3 返回迅雷，在【已完成】选项下选择下载任务，单击【运行】按钮。自动运行下载的软件，开始安装。

知识点滴

如果下载的是Office文档，如Word、Excel和Powerpoint等，在【已完成】选项卡中选择此类文档后，将显示【打开】按钮。单击该按钮便可打开所选文档。

8.4.4 实现免打扰功能

在迅雷中，系统新增加了【免打扰】模式。使用此模式时，当运行全屏应用时，迅雷将自动关闭各种提示，避免其他程序的各种打扰。下面详细介绍其操作方法。

【例8-18】使用迅雷设置免打扰功能。 视频

step 1 启动迅雷软件，单击【系统设置】按钮。

step 2 打开【系统设置】对话框。选择【启动】选项卡，选中【开启免打扰】模式复选框。

8.4.5　自定义限速

在迅雷中，还可以根据需要对下载的速度进行限制。方便工作的正常运行，下面详细介绍自定义限速的操作方法。

【例8-19】使用迅雷设置自定义限速。📀视频

step 1 启动迅雷软件，在底部工具栏中，单击【下载优先】按钮。在弹出的快捷菜单中，选择【自定义限速】命令。

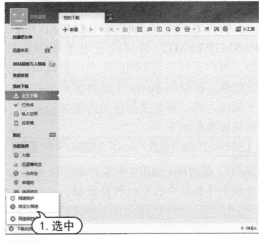

step 2 打开【自定义限速】对话框。在【最大下载速度】文本框和【最大上传速度】文本框中设置数值，单击【确定】按钮。

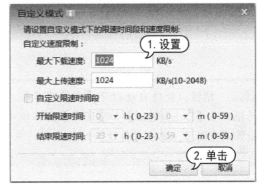

8.5　电子邮件软件——Foxmail

Foxmail是一款优秀的国产电子邮件客户端软件，提供基于Internet标准的电子邮件收发、数字签名和加密、本地邮箱邮件搜索及强大的反垃圾邮件等多项功能。Foxmail致力于为用户提供更便捷、更舒适的使用体验。Foxmail在2005年3月16日被腾讯收购，成为腾讯旗下的一个邮箱。

8.5.1　电子邮件的作用

电子邮件又称E-mail，它可以快捷、方便地通过网络跨地域传递和接收信息。电子邮件与传统信件相比，主要有以下几个特点。

▶ 使用方便：收发电子邮件都是通过计算机完成的，且收发电子邮件无地域和时间限制。

▶ 速度快：电子邮件的发送和接受通常只需要几秒钟的时间。

▶ 价钱便宜：电子邮件比传统信件的成本更低，距离越远越能体现这一优点。

▶ 投递准确：电子邮件按照全球唯一的邮箱地址进行发送，保证准确无误。

▶ 内容丰富：电子邮件不仅可以传送文字，还可以传送多媒体文件，如图片、声音和视频等。

8.5.2 创建并设置邮箱账户

邮件客户端是指使用 IMAP/APOP/POP3/SMTP/ESMTP 协议收发电子邮件的软件。用户无须登录不同的账户网页就可以收发邮件。在使用 Foxmail 邮件客户端收发电子邮件之前，需要先创建相应的邮箱账号，其具体操作如下。

【例 8-20】创建并设置 Foxmail 邮箱账户。〇 视频

step ① 启动 Foxmail 邮件客户端，软件会自动检测计算机中已有的邮箱数据。

step ② 稍候，软件自动打开【新建账号】对话框。在【E-mail 地址】和【密码】文本框中输入对应内容，单击【创建】按钮。

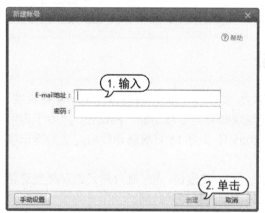

step ③ 软件提示设置成功。单击【完成】按钮。

step ④ 单击主界面右上角的设置按钮 ▤，在弹出的下拉菜单中选择【账号管理】命令。

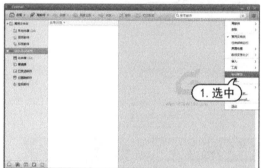

step ⑤ 打开【系统设置】对话框。单击【新建】按钮，打开【新建账号】对话框。按照相同的方法进行设置，即可添加多个电子邮箱账号并依次显示在主界面的左侧，方便用户查看。

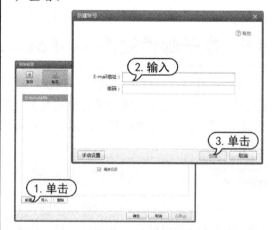

step ⑥ 在左侧列表选择要查看的账号，在右侧选择【设置】选项卡。在其中可以设置 E-mail 地址和密码、显示名称和发信名称等。

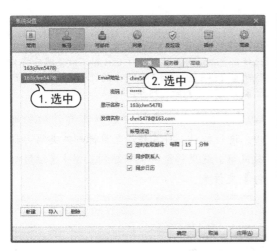

step 7　选择列表中的任一账号，单击【删除】按钮，打开【信息】提示框对话框。依次单击【是】按钮，即可删除该账号的所有信息。

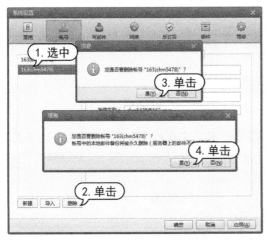

8.5.3　接收和回复邮件

使用 Foxmail 邮件客户端来接收和发送邮件是最基本和最常用的操作。下面将使用 Foxmail 来接收邮件，并查看已接收邮件的具体内容。

【例 8-21】在 Foxmail 邮箱客户端中接收和回复邮件账户。🎥 视频

step 1　启动 Foxmail 邮件客户端，在左侧的邮件列表框中选择要收取邮件的邮箱账号。选择邮箱账号下的【收件箱】选项。此时，右侧列表框中将显示该邮箱中的所有邮件。其中，"深蓝色"图标表示该邮件未阅读，"浅蓝色"图标表示该邮件已阅读。选择邮件，

在其右侧列表框中将显示该邮件的内容。

step 2　在中间的邮件列表框中双击邮件，将弹出邮件对话框。阅读完邮件后，单击工具栏中的【回复】按钮进行答复。

step 3　在打开的窗口中，程序已经自动填写【收件人】和【主题】，并在编辑窗口中显示原邮件的内容。根据需要输入回复内容后，单击工具栏中的【发送】按钮，即可完成回复邮件的操作。

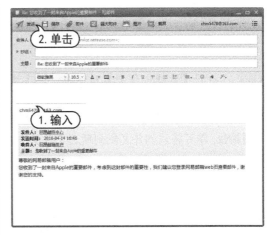

step 4　如果要将接收的电子邮件转发给其他人，可以单击工具栏中的【转发】按钮。在打开的窗口中填写收件人地址后，再单击工具栏中的【发送】按钮。

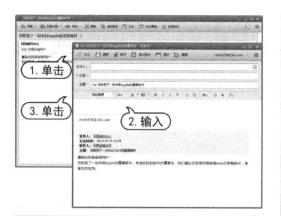

8.5.4 管理邮件

在 Foxmail 邮件客户端可以对邮件进行复制、移动、删除和保存等管理操作，使邮件的存储更符合用户的需求。

【例 8-22】在 Foxmail 邮箱客户端中，管理邮件。
▶ 视频

step 1 启动Foxmail邮件客户端，在邮件列表框中选择需复制的邮件。右击该邮件，在打开的快捷菜单中选择【移动到】|【复制到其他文件夹】命令。

step 2 打开【选择文件夹】对话框。在【请选择一个文件夹】列表框中选择目标文件夹。本例选择【垃圾邮件】文件夹选项，单击【确定】按钮，即可将该邮件复制到所选文件夹中。

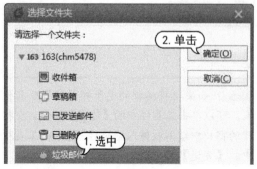

step 3 在邮件列表框中选择需要移动的邮件，进行拖动，将其移动至目标邮件夹后再释放鼠标。这里移至左侧邮箱列表框中【垃圾邮件】文件夹。

step 4 移动完成后，原来的邮件会自动消失。

step 5 在邮件列表框中选择要删除的邮件，这里选择"邮件"。然后按Delete键或右击该邮件，在打开的快捷菜单中选择【删除】命令，

即可将该邮件移动至左侧邮箱列表框中的【已删除邮件】文件夹。

step⑥ 右击【已删除邮件】文件夹,在打开的快捷菜单中,选择【清空"已删除邮件"】命令。

8.5.5 新建地址簿分组

Foxmail 邮件客户端提供了功能强大的地址簿,通过它能够方便地管理邮箱地址和个人信息。地址簿以名片的方式存放信息,一只名片对应一个联系人的信息,其中包括联系人姓名、电子邮件地址、电话号码以及单位等内容。下面将常联系的用户新建一个组,并将所有的同事添加到该组中,然后就可以群发邮件了,其具体操作如下。

【例8-23】在 Foxmail 邮箱客户端中,新建地址簿分组。 ◎视频

step① 启动Foxmail邮件客户端,在左侧邮箱列表框底部单击【地址簿】按钮,切换至【地址簿】界面。在左侧邮箱列表框中选择【本地文件夹】选项,单击界面左上角的【新建联系人】按钮。

step② 打开【联系人】对话框。其中,包括【姓】、【名】、【邮箱】、【电话】和【备注】这5项。这里输入前3项后,单击【保存】按钮。如果需要填写更多的联系人信息,可以单击【编辑更多资料】超链接,展开对话框并在剩余的选项卡中输入。

step③ 单击【新建组】按钮,打开【联系人】对话框。在【组名】文本框中输入设置的名称,输入"同事",然后单击【添加成员】按钮。

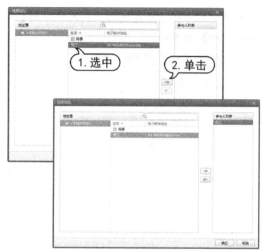

step 4 打开【选择地址】对话框。在【地址簿】列表中显示了【本地文件夹】的所有联系人信息,选择需要添加到【同事】组中的联系人,单击 → 按钮或在联系上双击。此时,右侧的【参与人列表】列表框中就会自动显示添加的联系人,单击【确定】按钮确定。若要移除已添加的成员,只须在【参与人列表】列表框中选择需要移除的联系人,在单击对话框中间的 ← 按钮即可。

step 5 返回【联系人】对话框,在【成员】列表框中将显示所添加的联系人,最后单击【保存】按钮完成组的创建操作。

8.6 远程控制软件

　　远程控制是指在网络上由一台计算机(主控端 Remote/客户端)远距离去控制另一台计算机(被控端 Host/服务器端)的技术。其主要通过远程控制软件实现。计算机中的远程控制技术,始于 DOS 时代。远程控制一般支持下面的这些网络方式:LAN、WAN、拨号方式、互联网方式。

8.6.1 远程控制的原理

　　远程控制软件一般可以分为客户端程序(Client)和服务器端程序(Server)这两部分。通常将客户端程序安装到主控端的计算机上,将服务器端程序安装到被控端的计算机上。使用时客户端程序向被控端计算机中的服务器端程序发出信号,建立一个特殊的远程服务。然后通过这个远程服务,使用各种远程控制功能发送远程控制命令,控制被控端计算机中的各种应用程序运行。

8.6.2 网络人远程控制软件

　　网络人(Netman)远程控制软件是Windows 7 远程桌面连接中速度最快的一款远程桌面连接软件。它通过国家公安部计算机安全检测中心以及 360、毒霸等各大杀毒软件商的检测,获得公安部颁发的计算机信息系统安全专用品销售许可证,拥有微软授权数字签名证书,安全可靠。它是系政府部门主要采购对象。

【例 8-24】使用网络人远程工具。

step 1 启动Netman软件，打开【自启动选项】对话框，单击【确定】按钮。

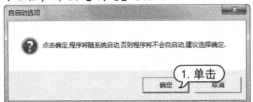

step 2 按下Ctrl+Y组合键，自动打开Netman对话框，单击【免费注册】按钮。

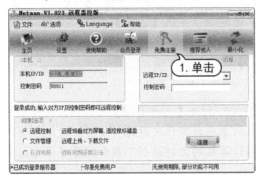

step 3 在【浏览器】程序中，打开【远程监控注册试用】页面。在【用户名】、【密码】、【QQ邮箱】对话框中输入相应内容，单击【同意以下协议并提交】按钮。

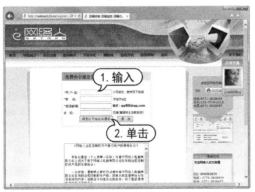

step 4 打开提示框，提示注册成功，单击【确定】按钮。再注册一个账号，两个账号分别用于本地计算机和被远程控制的计算机。

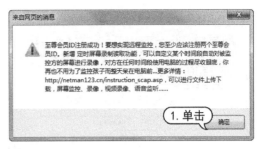

step 5 返回Netman对话框，选择【选项】|【会员登录】命令。

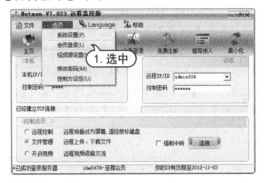

step 6 打开【会员方式登录】对话框。在【会员ID】、【登录密码】对话框中输入相应内容，选中【启动会员登录】复选框，单击【确定】按钮。

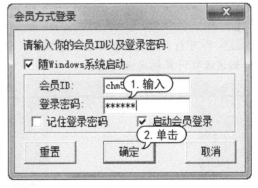

step 7 打开【设置控制密码】对话框。在【控制密码】、【确认密码】对话框中，输入相应的内容，单击OK按钮。

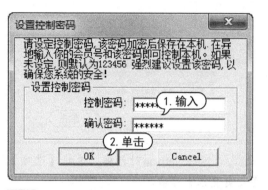

step 8 打开提示框，提示控制密码设置成功，单击【确定】按钮。在被远程控制的计算机中运行Netman程序并登录会员。

step 9 返回Netman对话框。在【本机IP/ID】、【控制密码】文本框中输入相应内容，选中【远程控制】单选按钮，单击【连接】按钮。

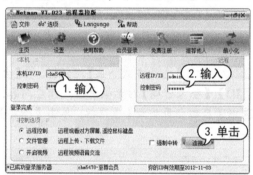

step 10 即可打开【远程屏幕控制】窗口，查看到该远程计算机桌面信息。

step 11 在上方菜单栏中，单击【设置】按钮，打开【远程控制设置】对话框，可以对显示质量、控制对方时是否显示对方鼠标等属性进行设置。

step 12 返回Netman对话框，选中【文件管理】单选按钮，单击【连接】按钮。

step 13 打开【文件管理】对话框。在其中可以对本地计算机文件进行上传，被远程访问的计算机的文件进行下载和删除等操作。

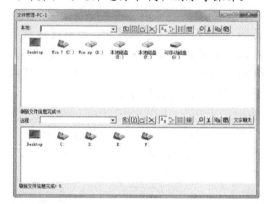

step 14 返回Netman对话框，选中【开启视频】单选按钮，单击【连接】按钮。

step 15 打开聊天视频对话框，选中【发送本地语言】复选框，开启语言对话功能。单击【文字聊天】按钮。

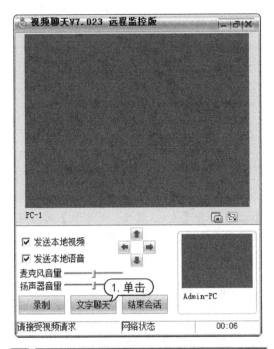

避免使用命令行 Linux 工具。通过所选系统上运行支持 Java 的 Web。

【例8-25】使用 PcAnywhere 远程工具。

step 1 在需要被远程控制的计算机中，双击 Symantec pcAnywhere 软件启动程序，选择【查看】|【转到高级视图】命令。

step 2 在左侧 pcAnywhere 窗口中，选择【主机】选项。在【操作】窗口中，选中【添加】选项。

step 3 打开【连接向导-连接模式】对话框，选中【等待有人呼叫我】单选按钮，单击【下一步】按钮。

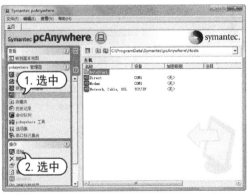

知识点滴

网络人远程控制软件可轻松穿透内网和防火墙，操作简单，无须输入远程桌面连接命令，无须设置远程桌面端口映射，只要登录软件就能实现远程管理。

step 16 打开【文字聊天】对话框，可以和被远程访问的计算机进行文字对话。

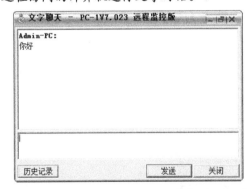

8.6.3 PcAnywhere 远程工具

Symantec PcAnywhere 是一款独特的集成解决方案，它结合了远程控制、全方位的远程管理、高级的文件传输功能和强健的安全性，提高了技术支持效率并减少了呼叫次数。使用 Symantec PcAnywhere，即可实现对 Linux 和 Windows 系统的远程管理，从而

step④ 打开【连接向导-验证类型】对话框。选中【我想使用一个现有的Windows账户】单选按钮，单击【下一步】按钮。

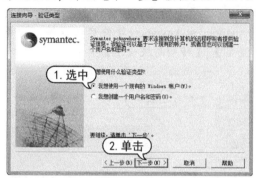

step⑤ 打开【连接向导-选择账户】对话框。在【您想让远程呼叫者使用哪个本地账户】下拉列表中，选择一个账户，单击【下一步】按钮。

step⑥ 打开【连接向导-摘要】对话框。选中【连接向导完成后等待来自远程计算机的连接】复选框，单击【完成】按钮。

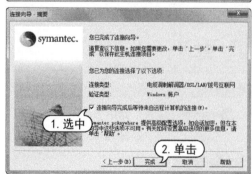

step⑦ 返回Symantec pcAnywhere对话框。在【主机】列表框中，选中【新主机】选项。在左侧【操作】窗口中，选中【属性】选项。

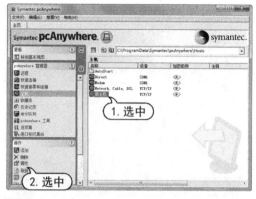

step⑧ 打开【主机 属性：新主机】对话框。根据需要设置各项属性，单击【确定】按钮。

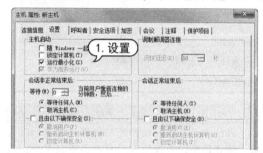

step⑨ 在本地计算机双击Symantecpc Anywhere软件启动程序，选择【查看】|【转到高级视图】命令。在【pcAnywhere管理器】窗口中，选中【远程】选项。在【操作】窗口中，选中【添加】选项。

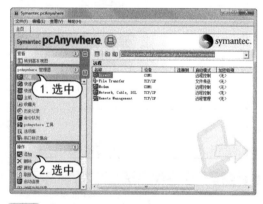

step⑩ 打开【连接向导-连接方法】对话框。选中【我想使用电缆调制解调器/DSL/LAN/拨号互联网ISP】单选按钮，单击【下一步】按钮。

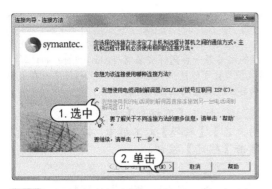

step ⑪ 打开【连接向导-目标地址】对话框。在【您要连接的计算机的IP地址是什么】文本框中输入被远程控制计算机的IP地址，单击【下一步】按钮。

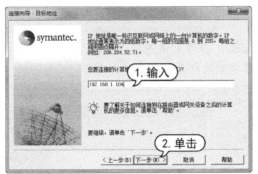

step ⑫ 打开【连接向导-摘要】对话框。选中【连接向导完成后连接到主机计算机】复选框，单击【完成】按钮。

step ⑬ 返回Symantec pcAnywhere对话框，选中新添加的【新远程】选项。在左侧的【操作】窗口中，选中【属性】选项。

step ⑭ 打开【远程 属性：新远程】对话框，选中【远程控制】单选按钮。

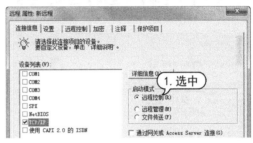

step ⑮ 选择【设置】选项卡，选中【连接后自动登录到主机】复选框。在【登录名】、【密码】文本框中，分别输入目标主机的登录名和密码。然后单击【确定】按钮。

step ⑯ 返回Symantec pcAnywhere对话框。在左侧的【pcAnywhere管理器】窗口中，选中【快速连接】选项。在文本框中输入被远程控制的计算机IP地址，单击【连接】按钮，即可与被远程控制的计算机连接。

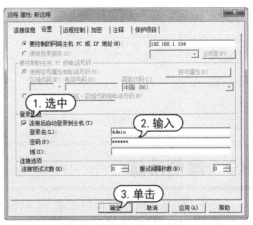

step 17 在左侧的【pcAnywhere管理器】窗口中，选中【快速部署和连接】选项，查看本地计算机所在组。

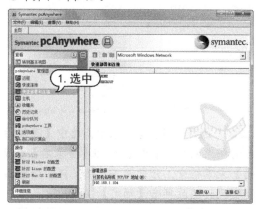

step 18 选中需要连接的被远程控制的计算机名称，单击【连接】按钮。

知识点滴

　　PcAnywhere 可以将用户计算机当成主控端去控制远方另一台同样安装有 PcAnywhere 的计算机(被控端)，可以使用被控端计算机上的程序或在主控端与被控端之间互传文件。

step 19 打开【连接到】对话框，在【域名\用户名】、【密码】文本框中，输入相应内容，单击【确定】按钮。

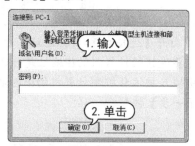

step 20 操作无误连接成功后，即可看到被远程控制的计算机屏幕。

8.7　案例演练

　　本章的实战演练部分包括屏蔽 IE 网页不良信息和导出 IE 收藏夹这两个综合实例操作，用户通过练习从而巩固本章所学知识。

8.7.1　屏蔽 IE 网页不良信息

浏览网页时可能会遇见不良信息，用户可以在 IE 浏览器进行屏蔽设置。

【例 8-26】在 IE 浏览器进行屏蔽设置。

step 1　启动 IE 浏览器，单击【工具】按钮，选择【Internet 选项】命令。

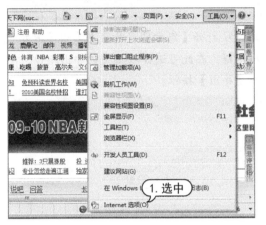

step 2　将打开的【Internet 选项】对话框中切换至【内容】选项卡，然后单击【内容审查程序】区域的【启用】按钮。

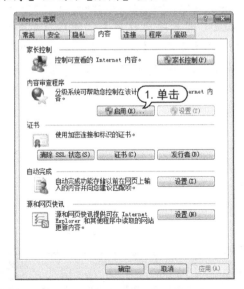

step 3　打开【内容审查程序】对话框。在【分级】选项卡中，用户可在类别列表中选择要设置的审查内容，然后拖动下方的滑块来设

置内容审查的级别。

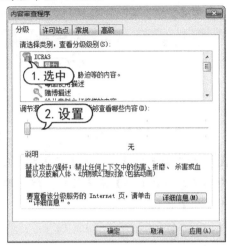

step 4　切换至【许可站点】选项卡，在该选项卡中可设置始终信任的站点和限制访问的站点。例如，用户可在【允许该网站】文本框中输入网址 www.baidu.com，然后单击【始终】按钮，即可将该网站加入到始终信任的列表中；单击【从不】按钮，可将该网站加入到限制访问的列表中。

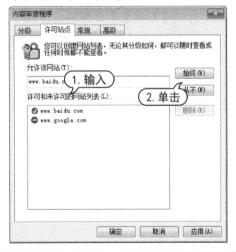

8.7.2　导出 IE 收藏夹

IE 浏览器提供了收藏夹的导入和导出功能。使用该功能可方便地对收藏夹进行备份和恢复。

【例 8-27】在 IE 中导出收藏夹。

step① 启动 IE 浏览器，直接按 Alt+Z 快捷键，在弹出的下拉快捷菜单中选择【导入和导出】命令。

step② 打开【导入/导出设置】对话框，选中其中的【导出到文件】单选按钮，然后单击【下一步】按钮。

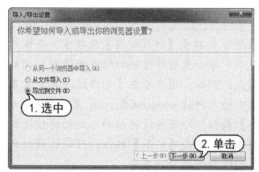

step③ 打开【您希望导出哪些内容?】对话框，在该对话框中选中想要导出的内容，如【收藏夹】、【源】或 Cookie。单击【下一步】按钮。

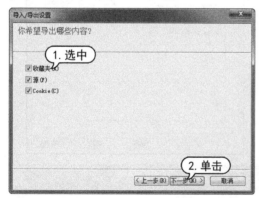

step④ 打开【选择你希望从哪个文件夹导出收藏夹】对话框。在此可选择导出整个收藏夹或导出部分收藏夹，单击【下一步】按钮。

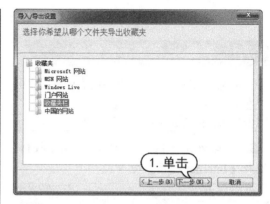

step⑤ 打开【您希望将收藏夹导出至何处?】对话框，在此可选择收藏夹的导出路径，单击【导出】按钮。

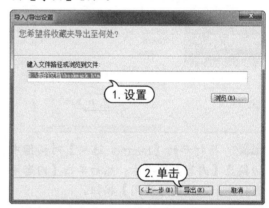

step⑥ 开始导出收藏夹，随后提示导出成功。单击【完成】按钮，完成收藏夹的导出。

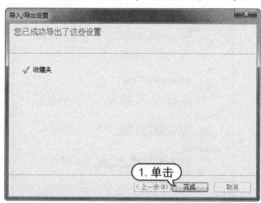

知识点滴

如果重装了IE,将导出的收藏夹文件重新导入,即可恢复收藏夹。

第9章

系统维护工具软件

操作系统的功能、性能和健康程度，决定了计算机硬件所能发挥的最佳状态。也就是说，尽可能地提高操作系统运行速度和效率，是充分发挥计算机硬件性能的关键。因此，人们为操作系统开发了众多的系统优化和维护工具软件，保证计算机在实际应用中性能优越性的充分发挥。

------- **对应光盘视频** -------

例 9-14 使用 Advanced SystemCare

9.1 系统垃圾清理软件——Windows 优化大师

Windows 优化大师是一款功能强大的系统辅助软件，它不仅提供了全面有效且简便的系统检测、系统优化和系统清理功能，而且还提供了系统维护功能以及多个附加的工具软件。

9.1.1 认识垃圾文件

垃圾文件指系统工作时所过滤加载出的剩余数据文件，虽然每个垃圾文件所占系统资源并不来，但是如果不进行清理，垃圾文件会越来越多。

因为，垃圾文件是用户每次鼠标操作，每次按动键盘都会产生的。虽然少量垃圾文件对计算机伤害较小，但建议用户定期清理，避免累积。过多的垃圾文件会影响系统的运行速度。

1. 软件运行日志

操作系统和各种软件在运行时，往往会记录各种运算信息。随着操作系统或软件安装后使用的次数越来越多，这些运行日志占用的磁盘空间也会越来越大。

操作系统和大多数软件，都会扫描这些文件。因此，这些文件的存在，会在一定程度上降低系统与软件的运行效率。对于普通用户而言，这些日志并没有扫描作用。因此，可以将其删除，以提高磁盘使用的效率和系统与软件运行的速度。

常见的日志文件扩展名包括 LOG、ERR、TXT 等。

2. 软件安装信息

为提高软件下载的效率，大多数软件的安装程序都是压缩格式。因此，在安装这些软件时往往需要解压。在解压时，会生成软件的各种信息。这些信息只在软件安装和卸载时才会起作用。

一些软件在更新时，往往会将旧的文件备份起来，以防止更新错误后软件无法使用。在软件可正常运行时，这些文件也可以删除。

软件安装信息文件的种类比较多，其扩展名往往是根据软件开发者的喜好而定的，常见的有 OLD、BAK、BACK 等。

3. 临时文件

Windows 操作系统在运行时，会生成各种临时文件。多数运行于 Windows 操作系统的软件也会通过临时文件存储各种信息。早期的软件并没有临时文件清理机制，只会制造大量的临时文件。而少量较新的软件则已经开始建立临时文件的清理机制。

大量的临时文件不但会影响系统运行速度，也容易造成系统文件的冲突，导致系统稳定性下降。临时文件的扩张名种类也较多，常见的主要包括 TMP、TEMP、~MP、_MP 等。大多数扩展名以波浪线为开头的文件，都是临时文件。

4. 历史记录

操作系统和大多数软件都会记录用户使用操作系统或软件的历史记录。例如，打开软件、关闭软件、在软件中进行的设置、使用软件打开的文档等。这些历史记录对操作系统和软件没有任何价值。因此，用户可以随时将其删除。

5. 故障转储文件

微软公司在开发 Windows 操作系统时，为了方便用户向其报告软件故障和硬件冲突，使用了名为 Dr.Walson 的软件。从而记录发生故障时内存的运行情况以及出错的硬件二进制代码，以对系统进行改进。

对于大多数用户而言，这一功能并没有太大的实际意义，而且往往会占用用户大量的磁盘空间(对于运行过时间较长的操作系统，这类文件占用的空间往往高达数百MB)。因此，用户可以将其删除以释放磁盘空间。

这类文件的扩展名主要是 DMP。

6. 磁盘扫描的丢失簇

在操作系统运行时，如果发生一些不可避免的软件错误造成死机或强行断电等各种非人为的原因导致的文件丢失(例如，一些未保存的临时文件)，可以使用 Windows 自带的磁盘扫描工具将这些文件找出来，重新命名后存储到磁盘中。

这些文件几乎没有任何作用，反而会占用很多磁盘空间。用户可以以将这些文件删除，这类文件的扩展名为 CHK。

9.1.2　优化磁盘缓存

Windows 优化大师提供了优化磁盘缓存的功能，允许用户通过设置管理系统运行时磁盘缓存的性能和状态。

【例9-1】在当前计算机中，通过使用"Windows 优化大师"软件优化计算机磁盘缓存。

step 1 双击系统桌面上的【Windows 优化大师】的启动图标，启动 Windows 优化大师。

step 2 进入"Windows 优化大师"主界面后，单击界面左侧的【系统优化】按钮，展开【系统优化】子菜单。然后单击【磁盘缓存优化】选项。

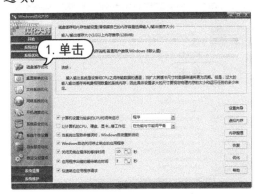

step 3 拖动【输入/输出缓存大小】和【内存性能配置】两项下面的滑块，可以调整磁盘缓存和内存性能配置。

step 4 选中【计算机设置为较多的 CPU 时间来运行】复选框，然后在其后面的下拉列表框中选择【程序】选项。

step 5 选中【Windows 自动关闭停止响应的应用程序】复选框，当 Windows 检测到某个应用程序停止响应时，就会自动关闭程序。选中【关闭无响应程序的等待时间】和【应用程序出错的等待时间】复选框后，用户可以设置应用程序出错时系统将其关闭的等待时间。

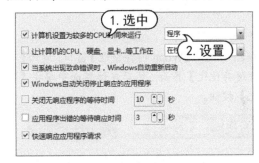

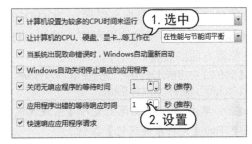

step 6 单击【内存整理】按钮，打开【Wopti 内存整理】窗口。然后在该窗口中单击【快速释放】按钮，单击【设置】按钮。

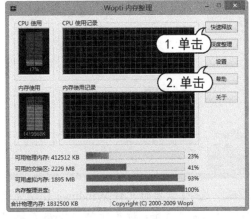

step 7 然后，在打开的选项区域中设置自动整理内存的策略，然后单击【确定】按钮。

step 8 关闭【Wopti 内存整理】窗口,返回【磁盘缓存优化】界面,然后在该界面中单击【优化】按钮。

9.1.3 优化文件系统

　　Windows 优化大师的【文件系统优化】功能包括优化二级数据高级缓存、CD/DVD-ROM、文件和多媒体应用程序,以及 NTFS 性能等方面的设置。

【例9-2】在当前计算机中,通过使用"Windows 优化大师"软件优化文件系统。

step 1 单击 Windows 优化大师【系统优化】菜单下的【文件系统优化】按钮。

step 2 拖动【二级数据高速缓存】滑块,可以使 Windows 系统更好地配合 CPU 获得更高的数据预读命中率。

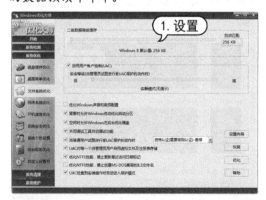

step 3 选中【需要时允许 Windows 自动优化启动分区】复选框,将允许 Windows 系统自动优化计算机的系统分区;选择【优化 Windows 声音和音频设置】复选框,可优化

操作系统的声音和音频。然后单击【优化】按钮。最后关闭 Windows 优化大师,重新启动计算机即可完成优化。

9.1.4 优化网络系统

　　Windows 优化大师的【网络系统优化】功能包括优化传输单元、最大数据段长度、COM 端口缓冲、IE 同时连接最大线程数量,以及域名解析等方面的设置。

【例9-3】在当前计算机中,通过使用"Windows 优化大师"软件优化网络系统。

step 1 单击 Windows 优化大师【系统优化】菜单下的【网络系统优化】按钮。

step 2 在【上网方式选择】组合框中,选择计算机的上网方式。选定后系统会自动给出【最大传输单元大小】、【最大数据段长度】和【传输单元缓冲区】这 3 项默认值,用户可以根据自己的实际情况进行设置。

step 3 单击【默认分组报文寿命】下拉菜单,选择输出报文报头的默认生存期。如果网速比较快,在此选择 128。

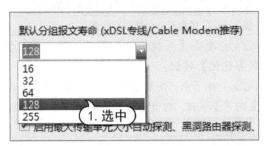

step 4 单击【IE 同时连接的最大线程数】下拉菜单，在下拉列表框中设置允许 IE 同时打开网页的个数。

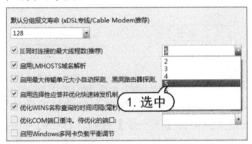

step 5 选择【启用最大传输单元大小自动探测、黑洞路由器探测、传输单元缓冲区自动调整】复选框，软件将自动启动最大传输单元大小自动探测、黑洞路由器探测、传输单元缓冲区自动调整等功能，以辅助计算机网络功能。

step 6 单击【IE 及其他】按钮，打开【IE 浏览器及其他设置】对话框。然后在该对话框中选中【网卡】选项卡。

step 7 单击【请选择要设置的网卡】下拉列表，选择要设置的网卡，单击【确定】按钮。

step 8 在系统打开的对话框中单击【确定】按钮，然后单击【取消】按钮。

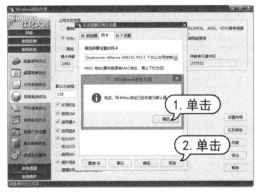

step 9 完成以上操作后，单击【优化】按钮，重新启动计算机，完成优化操作。

9.1.5　优化开机速度

Windows 优化大师的【开机速度优化】功能主要是优化计算机的启动速度和管理计算机启动时自动运行的程序。

【例9-4】通过使用"Windows 优化大师"软件优化计算机系统速度开机。

step ① 单击 Windows 优化大师【系统优化】菜单下的【开机速度优化】按钮。

step ② 拖动【启动信息停留时间】滑块可以设置在安装了多操作系统的计算机启动时，系统选择菜单的等待时间。

step ③ 在【等待启动磁盘错误检查等待时间】列表框中，用户可设定一个时间。例如，设置为 10 秒，如果计算机被非正常关闭，将在下一次启动时 Windows 系统将设置 10 秒(默认值，用户可自行设置)的等待时间让用户决定是否要自动运行磁盘错误检查工具。

step ④ 用户还可以在【请勾选开机时不自动运行的项目】组合框中选择开机时没有必要启动的选项，完成操作后，单击【优化】按钮。

9.1.6 优化后台服务

Windows 优化大师的【后台服务优化】功能可以使用户方便地查看当前所有的服务并启用或停止某一服务。

【例9-5】在当前计算机中，通过使用"Windows 优化大师"软件优化计算机后台服务。

step ① 单击【系统优化】菜单项下的【后台服务优化】按钮。

step ② 接下来，在显示的选项区域中单击【设置向导】按钮，打开【服务设置向导】对话框。

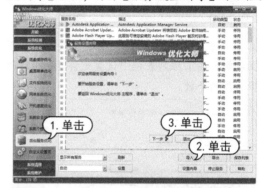

step ③ 在【服务设置向导】对话框中保持默认设置，单击【下一步】按钮，打开的对话框中将显示用户选择的设置。单击【下一步】按钮，开始进行服务优化。

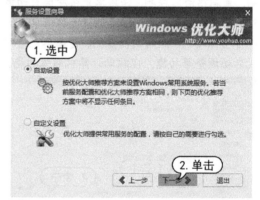

step ④ 完成以上操作后，在【服务设置向导】对话框中单击【完成】按钮。

知识点滴

通过 Windows 优化大师不仅能够有效地帮助用户清理系统垃圾、修复系统故障和安全漏洞，而且还可以检测计算机的硬件信息，维护系统正常运转。

9.2　系统优化软件——魔方优化大师

魔方优化大师是世界首批通过微软官方 Windows 7 徽标认证的系统软件。官网宣称魔方优化大师绿色版的功能全面覆盖 Windows 系统优化、设置、清理、美化、安全、维护、修复、备份还原、文件处理、磁盘整理、系统软硬件信息查询、进程管理、服务管理等。该软件，拥有操作人性化和简洁无广告的界面。

9.2.1　使用魔方精灵

首次启动魔方优化大师时，会启动一个魔方精灵(相当于优化向导)，利用该向导，可以方便地对操作系统进行优化。

【例9-6】使用"魔方精灵"优化 Windows 操作系统。

step 1　启动【魔方优化大师】软件，在【安全加固】对话框中可禁止一些功能的自动运行，单击红色或绿色的按钮即可切换状态。设置完成后单击【下一步】按钮。

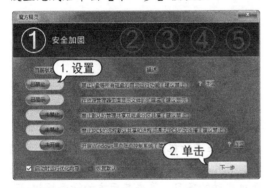

step 2　打开【硬盘减压】对话框。在该界面中可对硬盘的相关服务进行设置，单击【下一步】按钮。

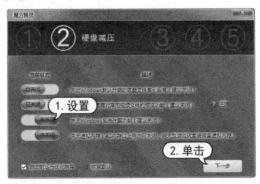

step 3　打开【网络优化】对话框。在该界面中可对网络的相关参数进行设置，单击【下一步】按钮。

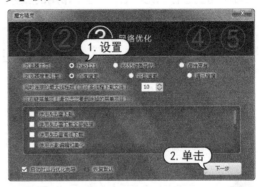

step 4　打开【开机加速】对话框。可对开机启动项进行设置。单击【下一步】按钮。

step 5　打开【易用性改善】界面，可对Windows 7 系统进行个性化设置，单击【下一步】按钮。

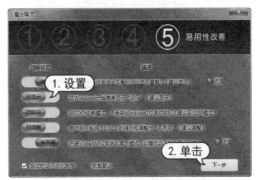

step 6 完成魔方精灵的向导设置。

知识点滴

在这个新版里，全面改进了魔方精灵，把之前的复选框模式改成了开关按钮，直观地显示了各个项目的当前状态，也便于开启和关闭。

9.2.2 使用优化设置大师

使用魔方精灵的优化设置大师，可以对系统各项功能进行优化，关闭一些不常用的服务，使系统发挥最佳性能。

【例9-7】使用优化设置大师对Windows系统进行优化。

step 1 双击【魔方优化大师】程序启动软件，单击主界面中【优化设置大师】按钮。

step 2 单击【一键优化】按钮。在【请选择要优化的项目】列表中，一共有四个大类，分别是【系统优化】、【网络优化】、【浏览器优化】和【服务优化】。每个大类下面有多个可优化项目并附带有优化说明，用户可根据说明文字和自己的实际需求来选择要优化的项目。选择完成后，单击【开始优化】按钮，开始对所选项目进行优化。

step 3 优化成功后，打开【优化成功】对话

框，单击【确定】按钮，完成一键优化。

step 4 单击【系统优化】按钮，切换至【系统优化】界面。在【开机一键加速】标签中，将显示可以禁止的开机启动软件。选中要禁止的项目，然后单击【优化】按钮，可禁止其开机自动启动。

step 5 在【开机启动项管理】选项中，可看到所有开机自动启动的应用程序。选择不需要开机启动的项目，单击其后方的绿色按钮，可将其禁止。

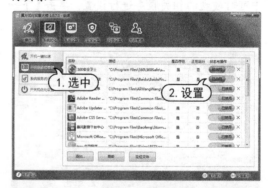

step 6 在【系统服务优化管理】选项中，可看到所有当前正在运行的和已经停止的系统服务。选择不需要的服务，单击【停止】按钮，

可停止该服务；单击【禁用】按钮，可禁用该服务。

step 7 在【开关机优化设置】选项中，可禁用一些特殊服务，以加快系统的开关机速度。例如，可选中【启动时禁止自动检测IDE驱动器】和【取消启动时的磁盘扫描】选项，然后单击【保存设置】按钮，即可使这两项生效。

💡 知识点滴

魔方优化设置应该算是这个软件里的主体，其优化功能全面，囊括了主流的系统优化功能，操作简捷，界面美观。

9.2.3 使用魔方温度检测

夏天使用计算机的时候，用户需要保护自己的计算机，不要使得计算机温度过高，计算机才可以正常工作。魔方优化大师提供了一个温度检测的功能，利用该功能可随时监控计算机硬件的温度，以有效保护硬件的正常工作。

【例9-8】使用温度检测功能。

step 1 启动魔方优化大师，单击其主界面中的【温度检测】按钮，打开【魔方温度检测】对话框(其中显示了CPU、显卡和硬盘的运行

温度，界面右侧还显示了CPU和内存的使用情况)。单击界面右上角的【设置】按钮。

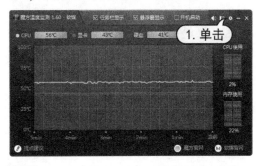

step 2 打开【魔方温度检测设置】对话框。在该对话框中可对【魔方温度检测窗口】中的各项参数进行详细设置，完成后单击【确定】按钮即可。

9.2.4 使用魔方修复大师

魔方优化大师的修复功能可帮助用户轻松修复被损坏的系统文件和浏览器等。

【例9-9】使用魔方修复大师修复浏览器。

step 1 启动魔方优化大师，单击主界面中的【修复大师】按钮。

step 2 打开【魔方修复大师】界面，然后单击【浏览器修复】按钮。

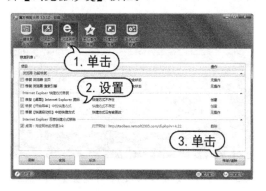

step 3 打开【浏览器修复】界面，选中需要修复的选项，然后单击【修复/清除】按钮即可完成修复。

9.3 进程优化软件——Process Lasso

Process Lasso 是一款用于调试系统中运行程序进程级别的系统优化工具，其主要功能是动态调整各进程的优先级并通过配置合理的优先级以实现为系统减负的目的。该软件可以有效避免计算机出现蓝屏、假死、进程停止响应、进程占用 CPU 时间过多等症状。

9.3.1 检测系统运行信息

利用 Process Lasso 软件，用户可以检测当前系统的运行信息，包括进程运行状态、CPU温度、显卡温度、硬盘温度、主板温度、内存使用情况以及风扇转速等。

【例9-10】使用 Process Lasso 软件检测当前计算机系统的运行信息。

step 1 启动 Process Lasso 软件后，在打开的界面中单击【下一步】按钮。

step 2 在打开的【多用户选择】对话框中单击【完成】按钮。

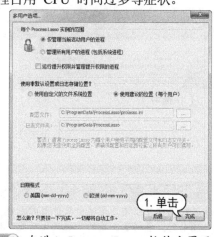

step 3 在进入 Process Lasso 软件主界面后，将显示系统中正在运行的进程信息。

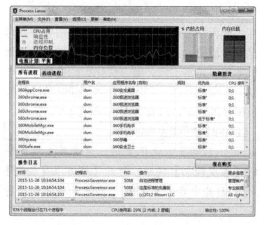

step 4 在软件底部的状态栏中，将显示当前计算机的运行状态。

9.3.2 优化系统进程状态

在 Process Lasso 软件主界面中，用户双击具体的进程名称，在打开的菜单中即可对该进程进行管理。例如，设置进程的当前优先级或规定进程的最大 CPU 占用量。

用户设置了某个进程的最大 CPU 占用量后，若该进程在运行的过程中超越了用户的设置，软件将根据配置情况，终止或重启

相应的进程。

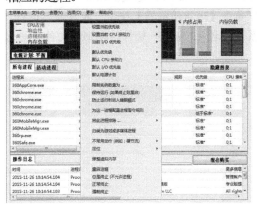

9.4 常用系统优化软件

系统优化软件具有方便、快捷的优点，可以帮助用户优化系统的与保护安全环境。本节介绍几款系统优化软件，使用户了解其软件的使用方法。

9.4.1 CCleaner 垃圾清理软件

CCleaner 是一款来自国外的超级强大的系统优化工具。具有系统优化和隐私保护功能。可以清除 Windows 系统不再使用的垃圾文件，以腾出更多硬盘空间。它的另一大功能是清除使用者的上网记录。CCleaner 的体积小，运行速度极快，可以对临时文件夹、历史记录、回收站等进行垃圾清理，并可对注册表进行垃圾项扫描、清理。

【例 9-11】使用 CCleaner 软件清理 Windows 系统中的垃圾文件。

step 1 双击 CCleaner 程序启动软件，打开【CCleaner-智能 Cookie 扫描】提示框，单击【是】按钮。

step 2 打开软件的主界面，单击【清洁器】按钮。

step 3 打开【清洁器】窗口，选择【应用程

序】选项卡后，用户可以选择所需清理的应用程序文件项目。完成后，单击软件右下角的【分析】按钮，CCleaner 软件将自动检测 Windows 系统的临时文件、历史文件、回收站文件、最近输入的网址、Cookies、应用程序会话、下载历史以及 Internet 缓存等文件。

step 4 Cleaner 软件完成检测后，单击软件右下角的【运行清洁器】按钮，软件开始运行。系统中被 CCleaner 软件扫描到的文件将被永久删除。

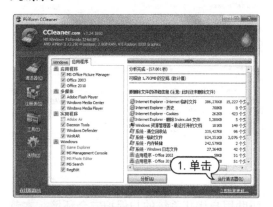

9.4.2 使用 Windows 清理助手

Windows 清理助手能对已知的木马和恶意软件进行彻底的扫描与清理。帮助用户清理 Windows 无法清理或清理不干净的软件、IE 信息和程序。根据脚本文件扫描系统，将符合脚本文件所属特征的文件和注册表信息在用户自主选择的情况下进行删除。独特的清理方式，使清理助手能轻易对付强行驻留系统、变名等一系列恶意行为软件。

【例 9-12】使用 Windows 清理助手清理木马及恶意软件。

step 1 启动【Windows 清理助手】软件，单击【立即扫描】按钮。

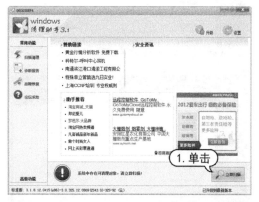

step 2 开始扫描计算机中的间谍软件，并显示扫描出的可疑文件数目。

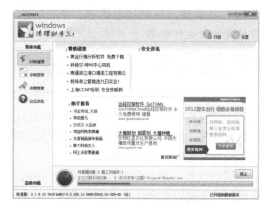

step 3 扫描完毕后，在【扫描清理】窗格中查看可疑文件，选中需要清理的文件前的复选框，单击【执行清理】按钮。

💡 知识点滴

Windows 清理助手目前版本已经能查杀 500 个以上的恶意软件，而这些软件绝大多数杀毒软件无法清理或清理不干净。

step 4 打开提示框，单击【是】按钮，备份相应文件或注册表信息。

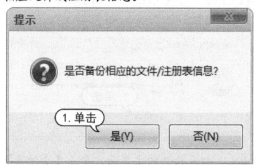

step 5 选择【诊断报告】选项，单击【请点击此处，开始诊断】按钮。

step 6 诊断完毕后,打开提示框。单击【是】按钮,以后提交时不再提示。

step 9 分析完毕后,单击【清理】按钮,清理进程痕迹。

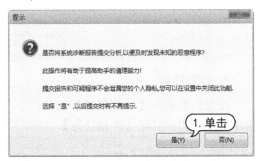

step 7 返回【诊断报告】窗格,查看诊断报告。

知识点滴

　　Windows 清理助手提供系统扫描与清理、在线升级、论坛求助的基本功能,同时在高级功能中包括微软备份工具、文件提取、文件粉碎、IE 浏览器清理、磁盘清理等选项。

step 8 选择【高级功能】|【痕迹清理】选项,选中需要清理的选项前的复选框,单击【分析】按钮。

9.4.3 Wise Disk Cleaner

　　Wise Disk Cleaner 是一个界面友好、功能强大、操作简单快捷的垃圾及痕迹清理工具。通过系统瘦身释放大量系统盘空间,并提供磁盘整理工具。它能识别多达 50 种垃圾文件,可以让人们轻松地把垃圾文件从计算机磁盘上清除。支持自定义文件类型清理,最大限度释放磁盘空间。通过磁盘碎片整理可以有效地提高硬盘速度,从而提高整机性能。

1. 常规清理

　　启动 Wise Disk Cleaner 软件,打开工具软件主界面。选择【常规清理】选项,单击【Windows 系统】左边的扩展按钮,展开【Windows 系统】选项并选择可清理的选项。

分别单击【上网冲浪】和【其他应用程序】扩展按钮，选择可清理的选项。再选择【计算机中的痕迹】选项下的其他需要清理的选项，单击【开始扫描】按钮，进行扫描。

扫描结束后，单击【开始清理】按钮，即可清理选择的对象。并且，在【开始清理】按钮这一行，用户可以看到已经发现的垃圾文件数量、占用磁盘容量大小等内容。

2. 计划任务

在窗口右侧的【计划任务】工具栏中，单击 ON 按钮，启动【计划任务】选项。

在启动计划任务后，如果选中【包含高级清理】复选框，可以对系统进行全面的清理。计划任务包括运行类型、指定日期和设置时间这 3 种选项。

➤ 运行类型：单击该选项右边的下拉按钮。在打开的下拉列表中将显示每天、每周、每月和空闲时这 4 种选项，用户可根据需要进行选择。

➤ 指定日期：单击该选项右边的下拉按钮，在打开的下拉列表中将显示一周的时间选项，用户根据需要进行选择。

➤ 设置时间：单击该选项右边的上、下

按钮，用户根据需要进行时间的设置。

3. 高级清理

在该软件工具中，可以选择【高级清理】选项，在【扫描位置】选项中选择盘符后，单击【开始扫描】按钮，进行磁盘扫描。

扫描结束后，若确认扫描文件为清除文件，即可单击【开始清理】按钮，进行磁盘清理。

4. 系统瘦身

该软件还可以对系统进行瘦身操作，主要包括清除 Windows 更新补丁的卸载文件、安装程序产生的文件和不需要的示例音乐等功能。例如，选择【系统瘦身】选项，在【项目】下拉列表中选中需要清理的选项的复选框，单击【一键瘦身】按钮对选择的项目进行清理。

9.5　注册表管理软件

注册表记载了 Windows 运行时软件和硬件的不同状态信息。在软件反复安装或卸载的过程中，注册表内会积聚大量的垃圾信息文件，从而造成系统运行速度缓慢或部分文件遭到破坏，而这些都是导致系统无法正常启动的原因。

9.5.1　Wise Registry Cleaner

Wise Registry Cleaner 是一款免费安装的注册表清理工具，可以安全快速地扫描、查找有效的信息并清理。该软件具有以下几种特点。

> 扫描速度快。
> 易学易用。

> 支持注册表备份或还原。
> 修复注册表错误和整理注册表碎片。

1. 注册表清理

启动 Wise Registry Cleaner 软件。在打开的【注册表清理】选项窗口中，显示了各种需要清理的无效文件或插件选项。单击左下角【自定义设置】按钮，打开【自定义设置】对话框。

在打开的【自定义设置】对话框中，用户可以选择不需要清除的选项，单击【确定】按钮即可返回【注册表清理】窗口。

确定需要清理的选项后，单击【开始清理】按钮，即可开始清理命令。

2. 系统优化

Wise Registry Cleaner 工具也有系统优化的功能。通过使用该功能可以加快开/关机速度、提高系统运行速度和系统稳定性，以及提高网络访问速度。

选择【系统优化】选项，单击右下角

的【系统默认】按钮，该工具将显示出所有优化项目。

单击【一键优化】按钮，进行系统优化。进入【系统优化】界面后，对于未优化过的系统，该工具将提示用户进行优化。

3. 注册表整理

选择【注册表整理】选项，在打开的注册表整理窗口中，显示在整理过程中的注意事项。

单击【开始分析】按钮，打开【注册表分析】对话框，软件进行注册表分析。

注册表分析完毕后，单击【开始整理】按钮。弹出提示框，单击【是】按钮。

9.5.2 高级注册表医生

Advanced Registry Doctor Pro(高级注册表医生)是一个优秀的注册表修复程序。如果用户想清理注册表以便让系统运行更快、修复经常性的错误或损坏的链接或发现系统严重问题的早期迹象，注册表修复软件非常有必要。

Advanced Registry Doctor Pro 提供一键式解决方案，拥有友好的用户界面，能够移除一些致命的注册表信息。同时，它提供了扫描检测注册表错误、个人撤销功能、注册表备份和系统恢复功能；并且，增加了以风险程序排序的功能，提高了该产品的安全性。

Advanced Registry Doctor Pro 的主要功能如下。

> 自动修复。
> 系统和注册表备份。
> 压缩或整理注册表。
> 快速和完整的注册表扫描。
> 高级和初级模式。
> 独特的撤销功能。

> 日程调度功能。
> 强大的自定义选项。

【例 9-13】使用 Advanced Registry Doctor Pro 工具清理注册表。

step 1 启动 Advanced Registry Doctor Pro 软件，单击【立即扫描】按钮。

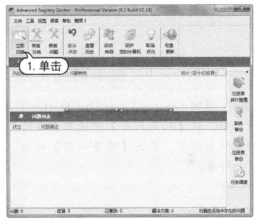

step 2 打开【ARD:立即扫描】对话框，选中【快速扫描】单选按钮。单击【下一步】按钮。

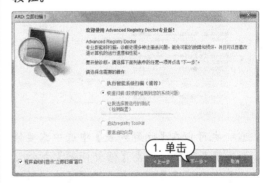

step 3 程序开始扫描系统，扫描完成后，单击【下一步】按钮。

step④ 在【问题列表】列表中，显示扫描出的注册表问题，单击【完成】按钮。

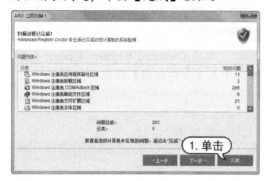

step⑤ 返回Advanced Registry Doctor Pro对话框，在【分类列表】中选中需要修复的注册表问题，单击【修复问题】按钮，进行修复。

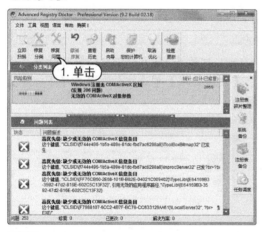

step⑥ 也可以在【问题列表】中选中需要修复的注册表问题，单击【修复问题】按钮，打开【ARD:修复】对话框，设置【选择解决

方案】选项，单击【修复】按钮，进行修复。

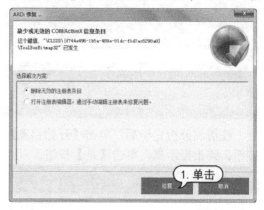

step⑦ 返回Advanced Registry Doctor Pro对话框，单击【注册表碎片整理】按钮，打开【欢迎使用注册表整理】对话框。选择需要整理的注册表配置单元后，单击【执行】按钮，进行注册表文件物理整理。

9.6　案例演练

本章的实战演练部分包括使用 Advanced SystemCare 软件、使用彗星 DNS 优化页面、使用游戏优化大师等综合实例操作，用户通过练习从而巩固本章所学知识。

9.6.1　Advanced SystemCare

Advanced SystemCare 软件是一款能分析系统性能瓶颈的优化软件，该软件通过对系统全方位的诊断，找到系统性能的瓶颈所在，然后有针对性地进行修改、优化。

【例 9-14】使用 Advanced SystemCare 软件优化计算机系统。 ▶视频

step① 启动 Advanced SystemCare 软件，单击界面右上方的【更多设置】按钮，在打开的菜单中选中【设置】按钮。

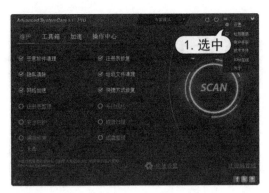

step 2 在打开的【设置】对话框中，选中【系统优化】选项。

step 3 在显示的【系统优化】选项区域中，单击【系统优化】下拉列表按钮，在打开的下拉列表中选择系统优化类型。单击【确定】按钮，返回软件主界面。

step 4 然后在该界面中选中【系统优化】复选框后，单击 SCAN 按钮。

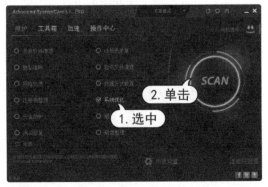

step 5 此时，Advanced SystemCare 软件将自动搜索系统的可优化项，并显示在打开的界面中。单击【修复】按钮。

step 6 Advanced SystemCare 软件开始优化系统，完成后单击【后退】按钮，返回 Advanced SystemCare 主界面。

step 7 在该界面中选择【加速】选项，开始设置优化与提速计算机。

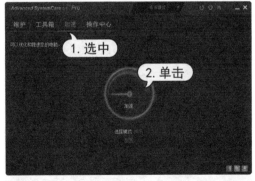

step 8 在打开的界面中，用户可以选择系统的优化提速模式，包括"工作模式"和"游戏模式"这两种模式。选择【工作模式】单选按钮后，单击【前进】按钮。

step ⑨ 打开【关闭不必要的服务】选项区域，在【关闭不必要的服务】选项区域中设置需要关闭的系统服务后，单击【前进】按钮。

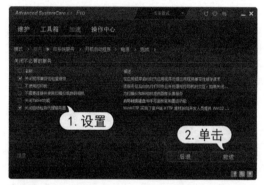

step ⑩ 打开【关闭不必要的非系统服务】选项区域，设置需要关闭的非系统服务后，单击【前进】按钮。

step ⑪ 打开【关闭不必要的后台程序】选项区域，选择需要关闭的后台程序后，单击【前进】按钮。

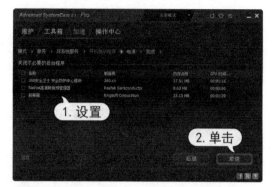

step ⑫ 打开【选择电源计划】选项区域，用户可以根据需要选择是否激活 Advanced SystemCare 电源计划。单击【前进】按钮，完成系统的优化提速设置。

step ⑬ 最后，单击【完成】按钮。Advanced SystemCare 软件将自动执行系统优化，提速设置。

9.6.2 使用彗星 DNS 优化网页

用户可以参考下面介绍的方法，使用"彗星 DNS"软件网页浏览速度。

【例9-15】使用"彗星 DNS"软件优化计算机访问网页的速度。

step ① 安装并启动彗星 DNS 优化器后，在该软件的主界面中单击【一键完成】按钮，开始检测 DNS 地址。

【例 9-16】使用"游戏优化大师"软件优化计算机中的游戏软件运行效果。

step 2 此时,彗星 DNS 优化器将检测列表中当前时段的 DNS 地址,并将其中较好的应用在用户本地连接。完成后用户在打开的对话框中单击【确定】按钮即可。

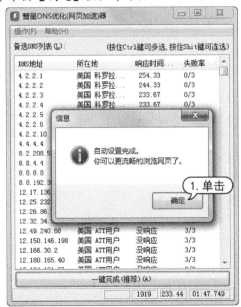

9.6.3 使用游戏优化大师

用户可以参考下面介绍的方法,使用"游戏优化大师"软件优化计算机游戏。

【例 9-16】使用"游戏优化大师"软件优化计算机中的游戏软件运行效果。

step 1 安装并启动游戏优化大师软件后,单击软件主界面中的【添加游戏】按钮,打开【添加游戏】对话框。

step 2 单击【添加游戏】对话框中的【浏览】按钮,然后在打开的对话框中选中需要优化游戏的启动文件后,单击【打开】按钮返回【添加游戏】对话框。

step 3 单击【添加游戏】对话框中的【确定】按钮后,返回游戏优化大师主界面。此时,用户只须单击界面中的【开始检测】按钮对游戏可优化项目进行检测。

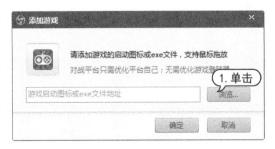

step 4 接下来，单击软件主界面中的【查看优化方案】按钮，打开【优化方案】对话框。

知识点滴

用户在使用游戏优化大师优化计算机游戏时，可以在【优化方案】对话框中自定义配置游戏的优化项目。实现在玩游戏的过程中，控制运行或关闭某些可能对游戏运行产生影响的软件或程序。

step 5 在【优化方案】对话框中单击【开启游戏模式】按钮，游戏优化大师将自动开始对游戏进行优化。

step 6 完成以上操作后，单击游戏启动文件即可享受游戏优化效果。

第10章

虚拟设备工具软件

　　虚拟设备软件，允许在操作系统中用软件创建一个事实上不存在的设备或设备平台，以进行工作。在日常工作和生活中，虚拟设备软件的应用非常广泛。了解虚拟设备软件的使用方法，可以更有效地利用计算机资源，最大限度地挖掘硬件的潜力。

------- 对应光盘视频 -------

例 10-1　创建虚拟光驱　　　　　　　例 10-4　创建虚拟 U 盘
例 10-2　装载映像文件　　　　　　　例 10-5　删除和导入虚拟 U 盘
例 10-3　使用 VSuite Ramdisk 软件　　例 10-6　插入和拔出虚拟 U 盘

10.1　虚拟设备的概念

虚拟设备，顾名思义，是一种"虚拟的"硬件设备。虚拟设备往往通过一个特殊的软件系统，模拟出硬件设备的部分或全部功能，以满足用户的需要。

10.1.1　虚拟设备的特点和用途

计算机中每种物理设备都有其独特功能。例如，光驱可以读取光盘中的内容；硬盘可以存储数据；打印机可以将信息输出到纸张上等。在各种软件的控制下，硬件都可以有条不紊地工作。

然而，并非所有的计算机总是能安装这种硬件设备。有些计算机由于种种原因，往往只安装了一些基本的硬件设备，如 CPU、主板、内存、显卡等，未安装光驱、打印机等可选安装设备。

虚拟设备是一种以软件模拟出来的设备。其在物理计算机中并不存在，只是依靠计算机操作系统内安装的软件，"骗"过操作系统，使操作系统认为存在这一种设备，并且可以使用。

1. 虚拟设备的特点

如果用户在使用计算机时，需要使用到未安装的设备，则需要使用虚拟设备模拟物理硬件的功能。虚拟的设备主要有以下特点。

▶ 设备维护不同：虚拟设备虽然能承担一部分物理设备的功能，但相对于物理设备而言，虚拟设备是看不见摸不着的。当物理设备损坏时，用户可以将物理设备从计算机上拆除下来维修和更换。而虚拟设备损坏时，则无须也无法将其从计算机中拆除下来，只能重新安装虚拟设备所使用的软件。

▶ 占用系统资源：虚拟设备的原理就是牺牲一部分计算机的系统资源，换取对另一些硬件设备功能的模拟和支持。

2. 虚拟设备的用途

虚拟设备的出现是未来计算机的趋势，不管在服务器领域、个人桌面领域，都是逐渐开始发挥出作用。目前的虚拟设备可以实现以下用途。

▶ 提高计算机资源使用效率：在计算机中，当大量系统资源被闲置时，可以使用虚拟设备技术，将一台计算机虚拟化为多台计算机，或将一种硬件设备虚拟化为其他多种硬件设备，满足多项操作或命令的需要。

▶ 满足特殊的软件需要：在使用计算机的软件时，许多软件都需要特殊的硬件设备支持。可以通过虚拟设备技术，消耗一部分计算机资源，模拟出所需的硬件设备，以满足软件需要，保障软件的稳定运行。

▶ 减小物理设备损耗：计算机中，很多硬件设备都是有使用寿命的，频繁使用这些硬件，可能造成硬件性能下降甚至损坏和报废。虚拟设备技术可以有效地保护这些物理设备。

10.1.2　认识虚拟光驱

虚拟光驱是一种模拟光驱的虚拟设备软件。虚拟光驱是将各种光盘中的文件，打包为一个光盘镜像文件，并存储到硬盘中。再通过虚拟光驱软件创建一个虚拟的光驱设备，将镜像文件放入虚拟光驱中使用。

虚拟光驱软件的用途非常广泛。在使用虚拟光驱软件时，只要将原光盘文件存储为硬盘镜像，即可随意将这些镜像方便地插入到虚拟光驱中。无须再使用光盘。虚拟光驱软件主要有以下优点。

▶ 读取速度快：在当前技术水平下，光驱的数据读取速度相比硬盘而言是非常缓慢的。使用虚拟光驱软件，可以将光盘镜像存储到硬盘上。这样，在读取这些光盘内容时，可以获取如硬盘一样的读取速度，大为提高了程序运行的效率。

▶ 使用限制小：很多特殊用途的计算机

往往由于体积、重量等限制，无法安装光驱。用户可以在其他有光驱的计算机中，将光盘制作为光盘镜像，通过网络或其他可移动存储方式，将光盘镜像复制到这些计算机中，再使用虚拟光驱软件导入光盘镜像，安装软件或播放视频。

> 节省设备采购成本：虽然单个光驱的采购价格并不贵，但是对于大型商业用户而言，采购几百上千台计算机时，每台计算机上的光驱是一笔不小的开销。使用虚拟光驱软件后，用户可以只采购少量光驱，在其他无光驱计算机中安装虚拟光驱满足日常应用。

> 提高光盘管理效率：对于购买了大量软件的用户而言，管理这些软件光盘是一项非常繁琐的工作。使用虚拟光驱软件，可以将各种光盘制作成光盘镜像，提高查找光盘内容的效率。

10.1.3 认识虚拟磁盘

虚拟磁盘技术的原理就是从内存或磁盘等存储设备中划分一部分，将其虚拟为一个独立的磁盘分区。根据虚拟的磁盘和源设备，可以将虚拟磁盘划分为内存盘技术和虚拟分区技术这两种。

1. 内存盘技术

早期的计算机中，内存非常昂贵。因此，使用虚拟内存技术，将硬盘中的空间作为内存交换区域，可以节省内存成本。

随着计算机制造技术的进步，内存价格逐渐降低，现在的计算机往往可以安装大容量的内存。或者就是使用内容盘技术，将无法使用的内存空间划拨出来，虚拟成为硬盘。然后再将系统的内存交换文件放在内存盘中，以提高系统的运行速度，同时减少资源的浪费。

内存盘技术在计算机领域应用非常广泛，多数微软公司的操作系统安装光盘都使用了内存盘技术。

2. 虚拟分区技术

虚拟分区技术与内存盘技术在原理上有很大的区别。内存盘技术的本质是以内存换硬盘；而虚拟分区技术的本质则是以硬盘空间模拟独立的硬盘分区，为用户提供一个独立的、永久的存储空间。

虚拟分区技术的出现，可以为用户保护隐私数据提供一种便捷的方法。用户可将一些需要保密的文件存放在虚拟分区中，并进行加密，防止未授权的读取。同时也可以在虚拟分区中模拟各种磁盘的操作，学习磁盘设备的使用方法。

10.1.4 认识虚拟机

虚拟机是另一种常用的虚拟设备软件。它可以通过软件模拟一个计算机系统，将系统完全与物理计算机隔离。通过虚拟机软件，用户可以在一台物理计算机中模拟多个虚拟计算机，同时运行这些计算机中的程序，而这些程序之间互不干扰。

1. 虚拟机的原理

在各种操作系统中，都会提供一些应用程序接口，多数基于这些操作系统的软件，都需要调用操作系统的应用程序接口，以实现各种功能。在不同的操作系统中，应用程序接口也是各不相同的。例如，Windows 操作系统的应用程序接口就和 Linux 操作系统的完全不同。因此，在 Windows 操作系统下可以正常工作的软件，往往不能在 Linux 操作系统下运行。

虚拟机技术是一种特殊的编程技术，其事实上是一种代码模拟技术，作用是读取本地物理计算机操作系统中的各种应用程序接口，然后将其转换为其他操作系统中的应用程序接口，以供虚拟的操作环境使用。

2. 虚拟机的分类

根据具体的用途和与物理计算机的相关性，虚拟机系统可以分为两类，即系统虚拟机和程序虚拟机。

> 系统虚拟机：系统虚拟机会提供一个完整的、可以运行操作系统的高度仿真系统平台。典型的系统虚拟机包括 VMware 公司的 VMware WorkStation 和微软公司的 Virtul PC 系列等。系统虚拟机可以在磁盘上创建一个文件作为虚拟磁盘文件，然后允许用户按照物理计算机的方式，在虚拟磁盘文件中进行分区、格式化、安装操作系统和软件等操作。在一台物理计算机系统中，往往可以允许多台这样的虚拟机系统，为多个用户提供服务。

> 程序虚拟机：在计算机中使用的各种应用程序往往是针对某个平台或某种操作系统，经过代码编译而成的。如果需要移植到另一种平台下，就必须对代码进行重新编译。单独的代码往往是无法直接执行的。程序虚拟机是一种应用非常广泛的虚拟机，其主要是为运行某类计算机程序而设计，往往只支持单进程的程序。

3. 虚拟机的应用

如今，虚拟机技术已经广泛应用于几乎所有的服务器和个人计算机平台上。虚拟机技术的出现对于计算机和网络产业具有重大的意义，虚拟机可以应用在以下几方面。

> 计算机教育：在计算机教育行业，经常需要教授学生一些具有一定危险性的操作，如磁盘格式化、分区、安装操作系统等。如果让学生使用物理计算机来完成这些操作，往往成本比较高，一旦误操作，很容易造成硬件或软件的损坏。虚拟机允许用户在每台计算机上安装一个虚拟的操作系统环境，并允许用户在这个虚拟操作环境中进行任何类似物理计算机的操作而不会造成硬件或软件的损害。

> 服务器托管：在传统的服务器托管业务中，每个用户要想使用服务器，必须租用或者购买一台服务器，并将其放置在通信运营商的机房中。多数用户往往无法使用服务器的所有功能。虚拟机为用户提供一个安全的、低成本的解决方案，即在一台物理服务器中设置多台虚拟服务器，由多个用户合力出资租用或购买服务器安装独立的操作系统并创建加密的虚拟磁盘。这样，用户就可以随时远程登录服务器，对服务器进行维护、更新。

> 软件虚拟化：在编写应用程序时，往往需要针对计算机的 CPU 指令和操作系统的应用程序接口进行编译，程序才能正常执行。虚拟机可以针对不同的 CPU 指令和操作系统的应用程序接口，为代码提供一个统一的执行环境。

10.2　虚拟光驱——DAEMON Tools

DAEMON Tools Lite 是一款功能强大且免费的虚拟光驱软件，它支持 IOS、CCD、CUE 和 MDS 等各种映像文件，且支持物理光驱的特性，如光盘的自动运行等。除此之外，它还可模拟备份、合并保护盘的软件、备份 SafeDisc 保护的软件等。

10.2.1　创建虚拟光驱

DAEMON Tools Lite 最多可支持 4 个虚拟光驱，一般情况下只需要设置一个即可，其具体操作如下。

【例 10-1】创建虚拟光驱。 视频

step ① 启动 DAEMON Tools Lite 虚拟光驱。程序会自动检测虚拟设备，完成后就会出现其操作窗口，并默认创建了一个虚拟光驱。

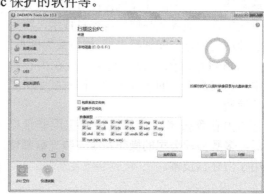

step 2 选择【映象】|【添加设备】选项，在打开的窗口中，单击【添加设备】按钮。

step 3 打开【正在添加虚拟设备】提示框，稍等片刻。

step 4 打开【计算机】对话框，可以看到两个虚拟光驱图标。

10.2.2 装载映像文件

创建所需要的虚拟光驱后，即可开始装载映像文件，也就是将映像文件导入到虚拟光驱中。然后再通过虚拟光驱对该映像文件

中的文件或文件夹进行浏览和运行，达到无需光驱直接浏览映像文件的目的。装载映像文件的具体操作如下。

【例 10-2】在 DAEMON Tools Lite 软件中装载映像文件。
视频

step 1 启动DAEMON Tools Lite虚拟光驱软件，单击添加的虚拟光驱图标。

step 2 打开【打开】对话框，选择需要导入的映像文件后，单击【打开】按钮。

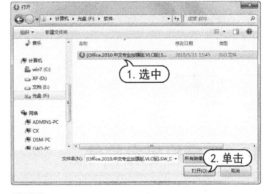

step 3 打开【装载】提示框，开始装载软件。

step 4 返回软件界面中，单击添加映像后的虚拟光驱图标，即可打开光盘。

10.2.3 卸载映像文件

如果要在已经装载映像文件的虚拟光驱中装载其他的映像文件，则需要将原来的映像文件从虚拟光驱中卸载。其方法为：在 DAEMON Tools Life 操作窗口中选择要卸载映像文件的虚拟光驱，单击 ❌ 按钮。

即可看到该虚拟光驱已被删除。

10.2.4 移除镜像文件

移除项目是指将载入的镜像文件移除出去，在窗口中不再显示镜像文件内容。右击载入镜像文件的虚拟光驱，在打开的快捷菜单中，选择【移除】命令。

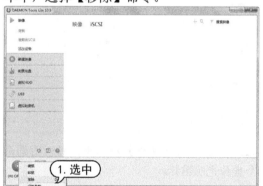

10.3 虚拟磁盘软件

虚拟磁盘是在本地计算机里面虚拟出一个远程计算机里面的磁盘，就像是在本机上的硬盘一样。另外，虚拟磁盘还包含将内存中一部分空间虚拟成一个磁盘，这样操作起来更快捷。

10.3.1 VSuite Ramdisk

VSuite Ramdisk 是一款非常不错的虚拟内存硬盘软件，提供对硬盘性能瓶颈问题的有效解决方案。它采用独特的软件算法，高效率地将内存虚拟成物理硬盘，使得对硬盘文件的数据读写转化为对内存的数据访问，极大地提高数据访问速度，从而突破硬盘瓶颈，飞速提升计算机性能。另一方面，它大减少了对物理硬盘的访问次数，起到延长硬盘寿命的作用。这对于频繁通过网络交换大容量文件的用户尤其有帮助。

VSuite Ramdisk 不仅支持系统中已经识别的内存，还支持 Windows 操作系统无法识别的超过 3.25 的内存，允许用户通过将这些内存虚拟为硬盘，提高系统资源的使用率。

在 VSuite Ramdisk 软件中，即可在其界面中定义各种虚拟硬盘的属性。

VSuite Ramdisk 程序的主界面分为标题栏、导航栏、虚拟硬盘列表和属性设置栏这 4 个部分。用户可进行操作的部分如下。

➤ 导航栏：导航栏用于切换内存虚拟硬盘情况和软件基本设置等内容。

➤ 虚拟硬盘列表栏：显示当前系统中存在的虚拟硬盘列表。

➤ 属性设置栏：设置选择的虚拟硬盘，以及建立和删除虚拟硬盘。

使用 VSuite Ramdisk 可以方便地创建、删除虚拟硬盘，还可以设置虚拟硬盘的属性。

【例 10-3】使用 VSuite Ramdisk 软件。
⊙视频

step 1 启动 VSuite Ramdisk 软件，在窗口中设置【硬盘容量】、【文件系统】、【卷标】以及是否启用压缩等选项。单击【创建】按钮，创建一个虚拟硬盘。

step 2 在打开的【计算机】窗口中，可以查看、使用虚拟的磁盘。

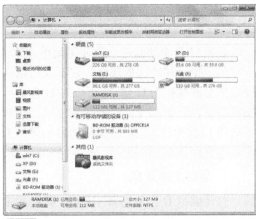

step 3 选择已创建的虚拟硬盘后，用户可单击【删除】按钮，删除已创建的虚拟硬盘。打开提示框，单击【是】按钮。

step 4 如果需要永久保存虚拟硬盘中的数据，则可以选中【使用镜像文件】复选框。在【镜像路径】后面，单击【浏览】按钮。设置镜像保存的路径，每次关闭计算机时，都将虚拟硬盘中的数据保存下来。

10.3.2　虚拟 U 盘驱动器

虚拟 U 盘驱动器是一款使用简单、管理方便的虚拟可移动磁盘软件。它不仅可以将硬盘的空间模拟为 U 盘,还可以对 U 盘进行加密处理,防止未授权的查看和使用。相对普通的 U 盘而言,虚拟 U 盘驱动器创建的 U 盘具有速度快、工作稳定、安全性好的优点。

1. 创建虚拟 U 盘

打开虚拟 U 盘驱动器 V3.30,其界面主要包括标题栏和内容栏这两个部分。

【例 10-4】在虚拟 U 盘驱动器中,创建虚拟 U 盘。
📹视频

step ① 启动虚拟U盘驱动器软件,单击【U盘管理】按钮。

step ② 打开【虚拟U盘管理】对话框,单击【创建新的虚拟U盘】按钮。

step ③ 打开【创建新的虚拟U盘】对话框。单击【保存路径】右侧按钮。

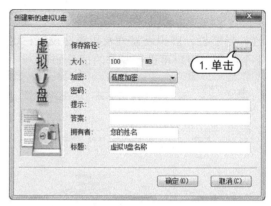

step ④ 打开【打开】对话框,设置保存路径,输入文件名,单击【保存】按钮。

step ⑤ 返回【创建新的虚拟U盘】对话框,设置虚拟U盘基本属性,单击【确定】按钮。

2. 删除和导入虚拟 U 盘

用户可以删除【虚拟 U 盘驱动器】虚拟 U 盘列表中的虚拟 U 盘,也可以将虚拟 U 盘从本地计算机中删除。

【例 10-5】在虚拟 U 盘驱动器中,删除和导入虚拟 U 盘。
📹视频

step 1　启动虚拟U盘驱动器软件，单击【U盘管理】按钮。

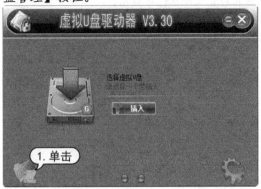

step 2　在打开的【虚拟U盘管理】对话框中，选择虚拟U盘，再单击【从列表移除移除】按钮，将U盘从列表中删除。

step 3　在删除虚拟U盘后，还可以再将其导入到列表中。单击【向列表添加现有的卷】按钮。

step 4　打开【打开】对话框，选择虚拟U盘的edk文件，单击【打开】按钮。

step 5　单击【从HDD删除】按钮，可以将虚拟U盘从列表和本地计算机的磁盘中删除。

知识点滴

　　使用【从列表移除】按钮，删除虚拟U盘后，虚拟U盘仍然会在硬盘中存在。用户也可以在Windows浏览器中将虚拟U盘的edk文件删除。

3. 插入和拔出虚拟U盘

　　在创建虚拟U盘后，可以方便地插入和拔出虚拟U盘。

【例10-6】在虚拟U盘驱动器中，插入和拔出虚拟U盘。　视频

step 1　启动虚拟U盘驱动器软件，单击【插入】按钮，即可将已经创建的虚拟U盘插入。

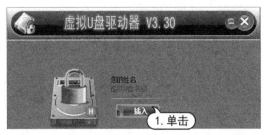

step ② 打开输入密码的对话框，在文本框中输入密码，即可将虚拟U盘插入到计算机中。

step ③ 单击【拔出】按钮，可以将已插入的虚拟U盘从计算机中拔出。

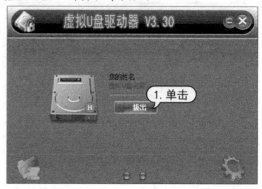

10.4 虚拟打印机

虚拟打印机也是一种虚拟设备程序，其作用是模拟物理打印机的功能。它可以截获操作系统的打印操作，或模拟打印效果，或将打印操作中输出的文档保存和转化为特殊的格式，并可用于不同软件的文档格式转换。

10.4.1 SmartPrinter

SmartPrinter 是一款非常优秀的虚拟打印机软件，用于进行文档的转换，以运行稳定、打印速度快和图像质量高而著称。

SmartPrinter 通过虚拟打印技术可以完美地把任意可打印文档转换成 PDF、TIFF、JPEG、BMP、PNG、EMF、GIF、TXT 等格式。

1. 卸载、安装和测试打印机

启动 SmartPrinter 软件，软件会自动将虚拟打印机添加到系统的【打印机和传真】选项栏中。

使用 SmartPrinter 软件，可以方便地安装和卸载虚拟打印机，单击【卸载】按钮，可以方便地将已经安装好的打印机从系统中删除。要在系统中安装虚拟打印机，可以单击【安装】按钮。

2. 打印机属性

在 SmartPrinter 软件主界面中，单击【打印机属性】按钮，即可打开【SmartPrinter 打印首选项】对话框。在该对话框中显示如下 4 个选项卡。

▶ 页面设置：主要设置打印页面的页面规格、宽度、高度、方向、分辨率等。

▶ 图像质量：主要设置文件格式以及各格式相关设置。例如，在 PDF 格式中，可以设置颜色位数、兼容性、字体嵌入、图像压缩、打开口令等。

▶ 保存选项：提供了对打印文档的保存方式，如手动保存和自动保存。同时，还可以设置保存目录、文件名称、保存结束后自动打开文件等内容。

▶ 转送：可以指定打印文件、打印机名、

打印时偏移，以及 FTP 上传等。

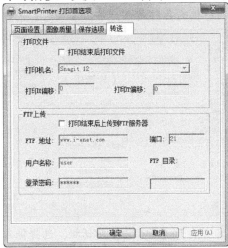

3. 使用虚拟打印机

用户可以像使用物理打印机一样使用 SmartPrinter 虚拟打印机，在各种应用程序中打印文档。

【例 10-7】使用虚拟打印机打印文档。

step 1 打开 Word 文档，输入文档内容。

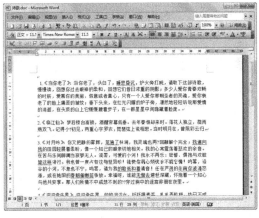

step 2 在文档中，选择【文件】|【打印】命令。

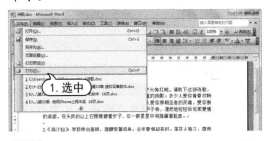

step 3 在打开的【打印】对话框中，在【名

称】下拉列表中，选择SmartPrinter选项。设置打印机的各种属性，单击【确定】按钮。

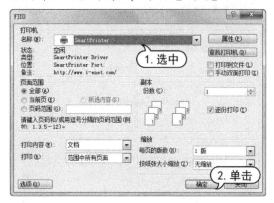

step④ 打开【另存为】对话框。选择保存路径，输入文件名，单击【保存】按钮。

step⑤ 打开所打印的文件，进行查看。

10.4.2 EasyPrinter

EasyPrinter 实现的功能是把指定文档打印到文件，成为标准的 BMP 位图，实现无纸打印。其主要应用在需要把一些文件打印后扫描再处理的场合，或者用作一些需要打印效果的软件的插件。

下面介绍把 Word 文件打印到 BMP 文件，然后进行处理。同样，该软件可以转换任意格式的文档到图片，实现虚拟打印。

【例10-8】使用虚拟打印机打印文档。

step① 启动Easy Printer软件，打开Easy Printer对话框，其界面主要包括标题栏、菜单栏和内容栏这3个部分。

step② 单击【文件】右侧【打开文件】按钮。

step③ 打开【打开】对话框，选择需要导入的文件，单击【打开】按钮。

step④ 返回Easy Printer对话框。单击【保存】目录右侧的【保存文件】按钮。

step⑤ 打开【浏览文件夹】对话框，设置文

件保存路径，单击【确定】按钮。

step 6 返回Easy Printer对话框，单击【设置】按钮。

step 7 打开【打印】对话框，在【名称】下拉列表中，选择Easy Printer选项，单击【确定】按钮。

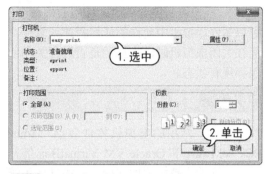

step 8 返回Easy Printer对话框，单击【打印】按钮，即可打印出BMP文件。

10.5　安装虚拟机

随着个人计算机性能的提高，越来越多的用户开始将虚拟机软件安装到个人计算机中，以有效利用计算机的资源。通过虚拟机软件模拟具有完整硬件系统功能的、运行在一个完全隔离环境中的完整计算机系统。

10.5.1　虚拟机名词的概念

在使用虚拟机时，会经常用到一些专有名词，其含义如下。

➤ **主机**：在使用虚拟机时，主机被称为"宿主机"，是指运行虚拟机软件的计算机，即安装虚拟机软件的计算机。

➤ **虚拟机**：指使用 Virtual PC 等虚拟机软件虚拟出的一台计算机。这台计算机同样包括"硬盘"、"内存"和"光驱"等各种虚拟硬件设备。

➤ **虚拟机系统**：也称"客户机系统"，是指虚拟机中安装的操作系统。

➤ **虚拟机硬盘**：由虚拟机软件在主机上创建的一个以文件形式存在的存储空间。虚拟机将它当作真正的硬盘来使用，其容量大小不受主机硬盘的限制，只是一个虚拟的数值。但存放在虚拟机软件中的文件大小不能超过主机硬盘的大小。

➤ **虚拟机内存**：指虚拟机软件运行时所需的内存，是由主机提供的一段物理内存。其容量大小受主机内存的限制，不能超过主机的内存值。

> 虚拟机配置：指对虚拟机的硬盘容量大小、内存大小进行设置的过程。

> 虚拟机暂停与关闭：使用暂停命令，可以暂停虚拟机中允许的任何程序或软件。而在关闭虚拟机时，将提示是否进行关闭或保存现有状态。

10.5.2　常用的虚拟机软件

目前，常用的虚拟机软件包括 Virtual PC、VMware 和 Oracle VM VirtualBox 等几种，不同的虚拟机软件支持安装的操作系统也有所不同。

> Virtual PC：支持多款 Windows 操作系统，包括 Windows 2000、Windows 7 等。

> VMware：相比 Virtual PC，VMware 支持的系统更多，包括 Linux 系统。

> Oracle VM VirtualBox：与 VMware 相比，Oracle VM VirtualBox 软件支持市面上大部分操作系统。

10.5.3　虚拟机的硬件要求

虚拟机运行在主机中，要占用主机的系统资源，特别是对 CPU 和内存资源的占用最为明显。所以如果运行虚拟机需要主机的配置达到一定的要求，这样才不会因为运行虚拟机而使得系统变慢。在虚拟机中可以安装多种操作系统，但是安装不同的操作系统对主机的硬件有一定的要求，如下表所示。

系　统	需　求
Windows 2000	建议主机的磁盘空间不低于 2GB，内存不低于 128MB
Windows XP	建议主机的磁盘空间不低于 2GB，内存不低于 256MB
Windows Vista	建议主机的磁盘空间不低于 3GB，内存不低于 512MB
Windows 7	建议主机的磁盘空间不低于 3GB，内存不低于 1GB
Windows Server 2008	建议主机的磁盘空间不低于 5GB，内存不低于 2GB

10.5.4　安装 Virtual PC 软件

Windows Virtual PC 是最新的 Microsoft 虚拟化技术。可以使用此技术在一台计算机上同时运行多个操作系统，并且只须单击，便可直接在运行 Windows 7 的计算机上的虚拟 Windows 环境中运行许多生产应用程序。

下面将以 Virtual PC 软件为例，介绍在计算机中安装虚拟机的方法。

【例 10-9】在计算机中安装 Virtual PC 虚拟软件。

step 1 双击 Virtual PC 的安装包，打开虚拟机安装向导对话框，并单击 Next 按钮。

step 2 打开 License Agreement 对话框，选择 I accept the terms in the license agreement 单选按钮。单击 Next 按钮。

step 3 打开 Customer Information 对话框，在该对话框中用户可设置用户名和公司名称，其余选项保持默认设置即可。填写完成后，单击 Next 按钮。

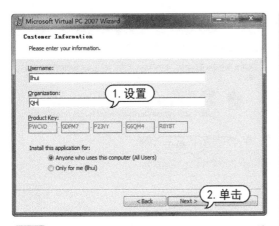

step④ 打开选择程序安装位置的对话框。单击 Change 按钮。

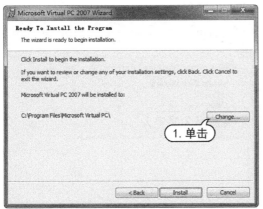

step⑤ 设置程序所要安装的位置，单击 OK 按钮。

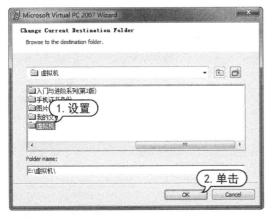

step⑥ 返回程序安装位置的对话框，然后单击 Install 按钮。

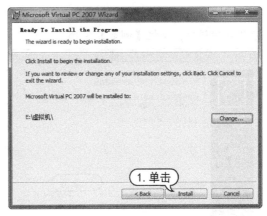

step⑦ 此时，开始安装虚拟机软件，软件安装结束后，单击安装界面中的 Finish 按钮即可。

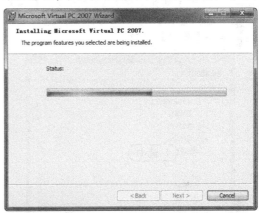

10.5.5 汉化 Virtual PC 软件

　　为了方便使用，用户可以参考下面介绍的方法将 Virtual PC 软件进行汉化。

【例 10-10】汉化 Virtual PC 虚拟软件。

step 1 双击 Virtual PC 的汉化安装包，打开安装进度对话框，单机【浏览】安娜。

step 2 打开【浏览文件夹】对话框，在该对话框中选择虚拟机的安装文件夹，选择完成后，单击【确定】按钮。

step 3 返回安装路径设置对话框，单击【安装】按钮。

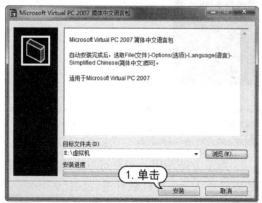

step 4 安装汉化包，安装完成后，打开下图所示对话框，在此选择【这个程序已经正确安装】选项。

step 5 完成安装后，启动 Virtual PC，选择 File | Options 命令。

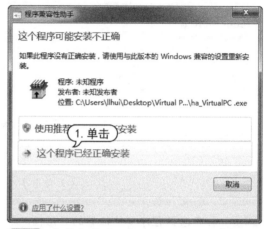

step 6 打开 Virtual PC Options 对话框。选择左侧的 Language 选项，然后在右侧的 Language 下拉列表中选择 Simplified Chinese 选项。单击 OK 按钮。

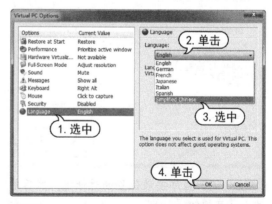

step 7 关闭该对话框，然后关闭 Virtual PC 的主窗口。

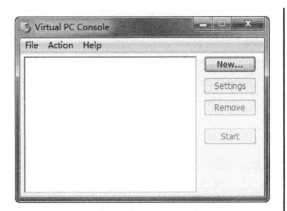

step 8 双击 Virtual PC 的启动程序，再次启动 Virtual PC 即可。

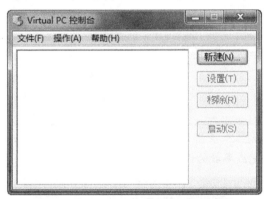

10.5.6　配置虚拟机

在使用虚拟机安装操作系统之前，需要使用虚拟机软件新建虚拟机并对其进行相应的设置(主要包括对虚拟内存、硬盘、光驱和软驱等方面的设置)。然后才能按照真实主机安装操作系统前所做的准备工作顺序，在虚拟机中进行硬盘分区、格式化和安装系统的操作。下面以虚拟机软件 Virtual PC 为基础，通过实例，详细介绍创建与配置虚拟机的方法。

【例 10-11】汉化 Virtual PC 虚拟软件。

step 1 启动 Virtual PC 软件后，选择【文件】|【选项】命令。

step 2 打开【Virtual PC 选项】对话框。选择左侧列表中的【运行设置】选项，选中【Virtual PC 启动时，恢复虚拟机运行的状态】复选框。

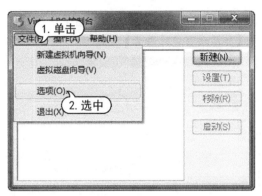

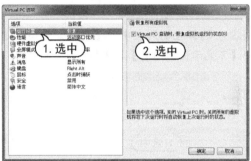

step 3 选择左侧列表中的【性能】选项，选择【分配更多的 CPU 资源给活动窗口中的虚拟机】和【给主机操作系统让路】单选按钮。

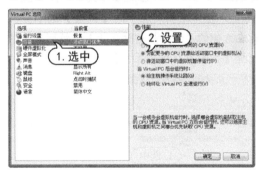

step 4 选择左侧列表中的【全屏模式】选项，选中【调整屏幕分辨率以保证客户机和主机有相同的分辨率】复选框。

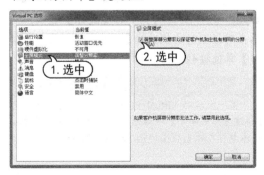

step 5 选择左侧列表中的【声音】选项，选中【非活动窗口时静音】复选框。

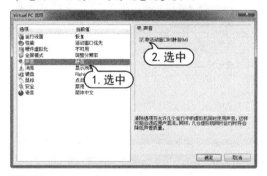

step 6 选择左侧列表中的【消息】选项，选中【不显示任何消息】复选框。

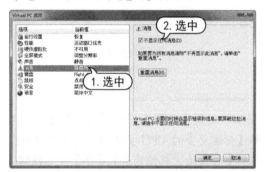

step 7 选择左侧列表中的【键盘】选项，然后在右侧的【组合热键适用于】下拉列表框中选择【在客户机操作系统】选项。

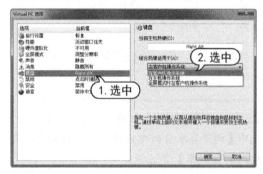

step 8 选择左侧列表中的【鼠标】选项，然后在对话框的右侧选择【点击虚拟机窗口后捕获】单选按钮。

> 💡 **知识点滴**
>
> 第一次启动 Virtual PC 时，该软件会自动打开【新建虚拟机向导】对话框，提示用户创建虚拟机。如果暂时无须创建虚拟机，将其关闭即可。

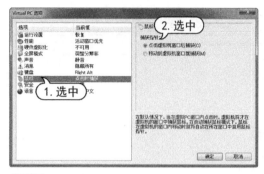

step 9 选择左侧列表中的【安全】选项，然后分别选中【选项】和【设置】复选框。

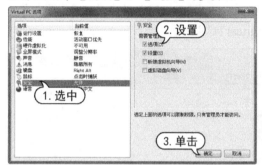

step 10 全部设置完成后，单击【确定】按钮，完成参数的设置。

10.5.7 创建虚拟机

完成虚拟机的配置工作后，就可以通过【新建虚拟机向导】来创建虚拟机了。

【例10-12】通过向导在 Virtual PC 中创建虚拟机。

step 1 在 Virtual PC 软件的主界面中，选择【文件】|【新建虚拟机向导】命令，打开【新建虚拟机向导】对话框。然后单击【下一步】按钮。

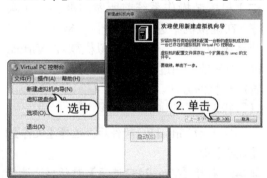

step 2 打开【选项】对话框，在该对话框中选择【新建一台虚拟机】单选按钮，然后单击【下一步】按钮。

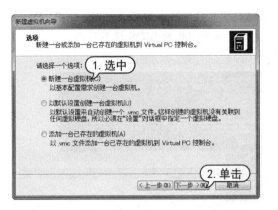

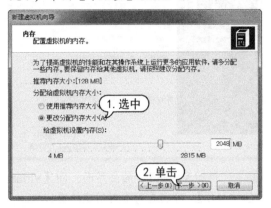

配内存大小】单选按钮，并设置虚拟机内存的大小，单击【下一步】按钮。

step 3 打开【虚拟机的名称和位置】对话框。仔细阅读该对话框中的说明文字，然后在【名称和位置】对话框中进行设置。本例仅设置虚拟机的名称，设置完成后，单击【下一步】按钮。

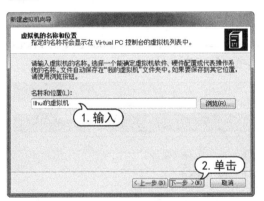

step 6 打开【虚拟硬盘选项】对话框。选择【新建虚拟硬盘】单选按钮，单击【下一步】按钮。

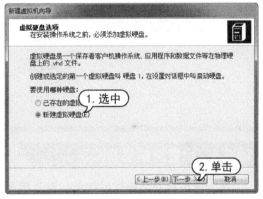

step 4 打开【操作系统】对话框。在【操作系统】下拉列表框中选择要安装的操作系统。本例选择【其他】选项，然后单击【下一步】按钮。

step 7 打开【虚拟硬盘位置】对话框，在该对话框中设置虚拟硬盘的大小，设置完成后，单击【下一步】按钮。

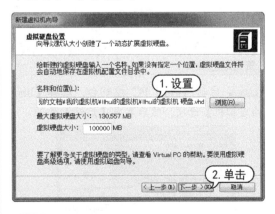

step 5 打开【内存】对话框，选择【更改分

step 8 打开【完成新建虚拟机向导】对话框，单击【完成】按钮。

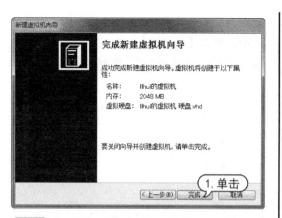

step 9 返回 Virtual PC 的主界面，即【Virtual PC 控制台】。可以看到刚刚创建的虚拟机。

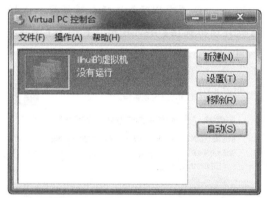

10.5.8 设置虚拟机 BIOS

在为虚拟机安装操作系统前，首先需要设置虚拟机的 BIOS，这样才能使虚拟机像主机一样正确运行并启动所需的硬件设备。

配置虚拟机 BIOS 的操作方法与配置主机 BIOS 的操作方法相似。下面通过具体实例来介绍配置虚拟机 BIOS 的操作方法。

【例 10-13】配置虚拟机 BIOS，将系统启动顺序设置为光盘启动。

step 1 启动 Virtual PC 控制台，选择【llhui 的虚拟机】选项，然后单击【启动】按钮。

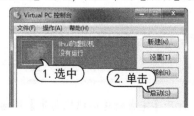

step 2 当虚拟机在进行自检时，按下 Delete 键，进入虚拟机的 BIOS 设置界面。

step 3 使用左、右方向键选择 Boot 选项。然后使用上、下方向键选择 Boot Device Priority 选项，按下 Enter 键。

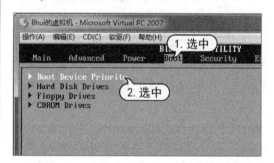

step 4 进入到 Boot Device Priority 选项的设置界面。在该界面中，系统默认设置【1st Boot Device】(第一启动设备)为 Floppy Drive。

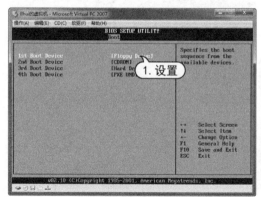

step 5 选择 1st Boot Device 选项，然后按下 Enter 键，在打开的 Options 对话框中选择 CDROM 选项。

step 6 接下来，按下 Enter 键，将 CDROM 设置为计算机的第一启动设备。

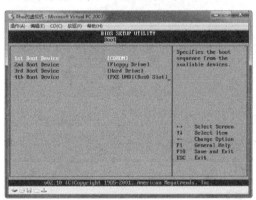

step 7 按 Esc 键返回 Boot 选项，然后使用键盘上的→方向键选择 Exit 选项。打开 Exit 选项卡，此时默认选择 Exit Saving Changes 选项。

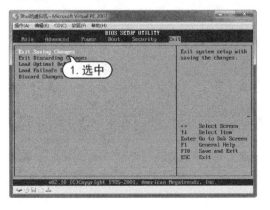

step 8 按下 Enter 键，然后在打开的对话框中选择 OK 选项并按 Enter 键，保存对 BIOS 设置所做修改。

step 9 完成以上操作后，虚拟机将保存所做的 BIOS 设置并重新启动。

step 10 在虚拟机的 BIOS 中设置光驱为第一启动设备以后，虚拟机此时还不能自动从光驱启动。如果用户需要使虚拟机从光驱启动，需要在虚拟机运行后，在其主界面中选择 CD【载入物理驱动器】命令。

10.5.9 虚拟磁盘分区与格式化

虚拟机的硬盘实质上就是一个特殊的文件，要使该文件能够模拟真实的硬盘，仍然需要对其进行分区和格式化操作。

下面将通过实例操作，介绍使用系统安装光盘对虚拟机磁盘进行分区与格式化的具体方法。

【例 10-14】使用系统安装光盘对虚拟机硬盘进行分区和格式化。

step ① 完成虚拟机的 BIOS 设置并重新启动虚拟机后，将系统安装光盘放入光驱，然后在虚拟机窗口中选择CD|【载入物理驱动器 H:】命令。

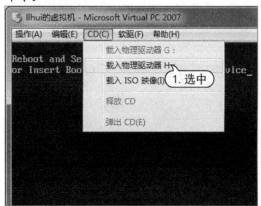

step ② 在虚拟机的主界面中选择【操作】|【复位】命令，重新启动虚拟机。

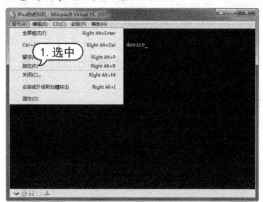

step ③ 虚拟机重新启动后会自动从光盘开始启动，并开始加载安装文件(加载文件的快慢会根据主机速度的快慢来决定，用户应耐心等待)。

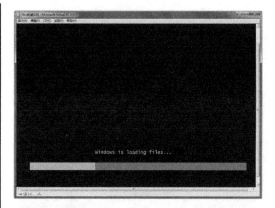

step ④ 安装文件加载完成后，在打开的安装界面中单击【下一步】按钮。

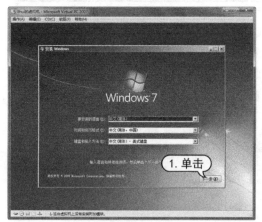

step ⑤ 打开下图所示界面，然后单击【现在安装】按钮。

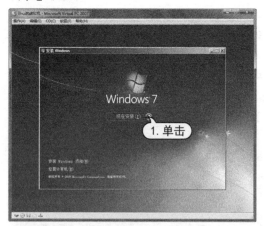

step ⑥ 此时，安装程序将开始启动，如下图所示。

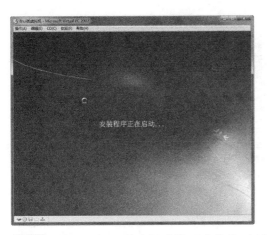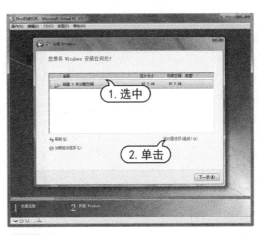

step 7　稍候，打开【请阅读许可条款】对话框。选中【我接受许可条款】复选框。

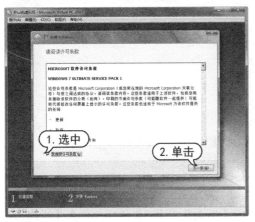

step 8　打开【您想进行何种类型的安装？】界面，选择【自定义(高级)】选项。

step 9　打开【您想将 Windows 安装在何处？】界面，选择【磁盘 0 未分配空间】选项，然后单击【驱动器选项(高级)】链接。

step 10　在打开的界面中，单击【新建】链接。

step 11　在打开的界面中设置要分配的硬盘空间的大小，单击【应用】按钮。

step 12　在打开的【安装 Windows】对话框中单击【确定】按钮即可。

step 13　此时，即可完成第一个分区的创建。选择【磁盘 0 未分配空间】选项，然后单击【新建】链接。

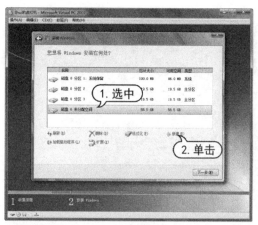

step 14 在打开的界面中输入第二个分区的大小，然后单击【应用】按钮。

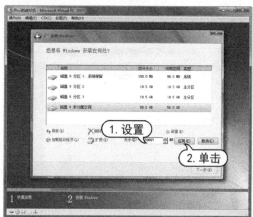

step 17 接下来，为分好区的硬盘进行格式化。选择【磁盘 0 分区 2】选项，单击【格式化】链接。

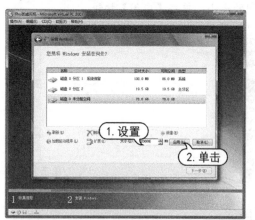

step 15 选择【磁盘 0 未分配空间】选项，然后单击【新建】选项。

step 16 在打开的界面中输入第三个分区的大小，然后单击【应用】按钮，完成第三个分区的创建。

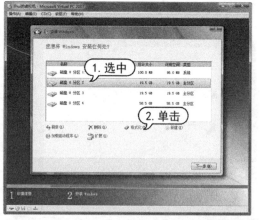

step 18 在打开的提示对话框中，单击【确定】按钮。

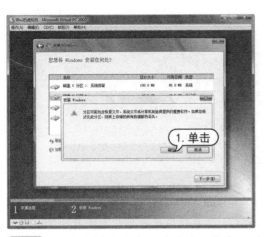

step 19 使用同样的方法，对其他几个分区进行格式化。

💡 **知识点滴**

如果发现分区大小不合适，或者是分错了数值，可选择该分区，然后单击【删除】按钮，将其删除。

10.5.10　使用虚拟机安装操作系统

完成对虚拟机硬盘的分区和格式化后，就可以为虚拟机安装操作系统了。本节将以在虚拟机中安装 Windows 7 系统为例来介绍使用虚拟机安装操作系统的方法。

【例 10-15】在虚拟机中，安装 Windows 7 操作系统。

step 1 完成上例操作后，对硬盘进行分区后和格式化后，选择要安装操作系统的硬盘分区。本例选择【磁盘 0 分区 2】选项，也就是第一个分区。选择分区后单击【下一步】按钮。

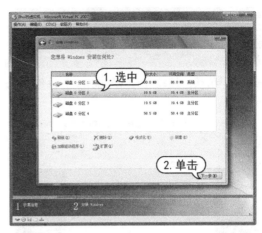

step 2 系统开始复制和展开安装文件，这个过程需要一段时间，具体时间由用户所使用计算机的配置来决定，用户应耐心等待。

step 3 在安装的过程中，虚拟机会自动重启。

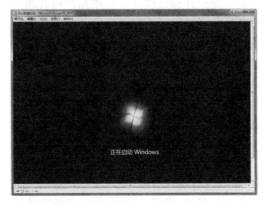

step 4 稍后安装程序开始更新注册表设置。更新完成后打开下图所示界面，安装程序开始启动服务。

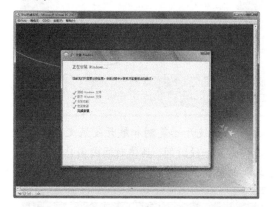

安装程序正在启动服务

step 5 稍候，继续进行 Windows 7 操作系统的安装。

step 6 接下来，打开下图所示界面，虚拟机重新启动。

安装程序将在由新启动您的计算机后继续

step 7 安装程序开始为首次使用计算机作准备，然后进入 Windows 7 操作系统的个人设置界面。用户根据界面提示对系统各项参数逐步进行设置即可。

安装程序正在为首次使用计算机做准备

10.6　案例演练

本章的实战演练部分包括安装 VMware 虚拟机、新建 VMware 虚拟机、安装操作系统这 3 个综合实例操作。用户通过练习从而巩固本章所学知识。

10.6.1　安装虚拟机

VMware Workstation 是一款功能强大的桌面虚拟计算机软件，提供用户可在单一的桌面上同时运行不同的操作系统，和进行开发、测试、部署新的应用程序的最佳解决方案。

VMware Workstation 可在一部实体机器上模拟完整的网络环境，以及可便于携带的虚拟机器，其更好的灵活性与先进的技术胜过了市面上其他的虚拟计算机软件。对于企业的 IT 开发人员和系统管理员而言，VMware 在虚拟网路，实时快照，拖动共享文件夹，支持 PXE 等方面的特点使它成为必不可少的工具。

【例 10-16】安装 VMware 虚拟机。

step 1 双击【VMware 10.0】软件启动程序，开始进行程序安装。

step 2 程序加载完毕，打开【欢迎使用 VMware Workstation 安装向导】对话框，单击【下一步】按钮。

step 3 打开【许可协议】对话框，选择【我接受许可协议中的条款】单选按钮，单击【下一步】按钮。

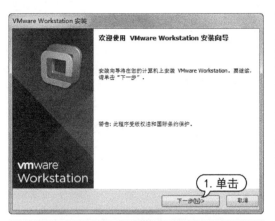

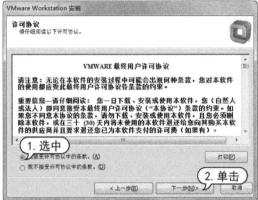

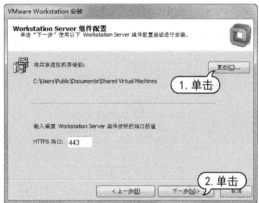

step④ 打开【安装类型】对话框，单击【自定义】按钮。

step⑦ 打开【软件更新】对话框。选中【启动时检查产品更新】复选框，单击【下一步】按钮。

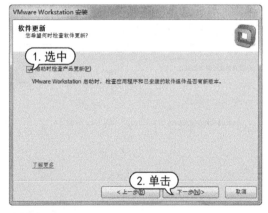

step⑤ 选中【核心组件】复选框和【VIX 应用程序编程接口】复选框，单击【更改】按钮，设置安装路径。

step⑥ 打开【Workstation Server 组件配置】对话框。单击【更改】按钮，设置共享虚拟机储存路径，再单击【下一步】按钮。

step⑧ 打开【用户体验改进计划】对话框。选中【帮助改善 VMware Workstation】复选框，单击【下一步】按钮。

step⑨ 打开【快捷方式】对话框，选中【桌面】和【开始菜单程序文件夹】复选框，单击【下一步】按钮。

step 13 打开【安装向导完成】对话框，单击
【完成】按钮。至此 VMware 虚拟机安装完成。

VMware 的安装方法与其他软件相似，用户根
据屏幕提示进行操作即可。

step 10 打开【已准备好执行请求的操作】对
话框，单击【继续】按钮。

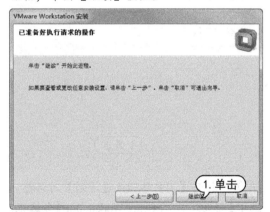

step 11 完成安装前设置，等待程序进行文件
安装。

step 12 打开【输入许可证密钥】对话框。输
入序列号，也可以稍后再输入，单击【跳过】
按钮。

10.6.2 新建 VMware 虚拟机

VMware 程序安装完成后，会在桌面上
显示对应的快捷图标。要创建安全的测试环
境，首先要在 VMware 虚拟机中创建一台虚
拟机，并设置其中的选项。

【例10-17】在 VMware10.0 程序中创建一个
Windows 8 虚拟机。

step 1 双击 VMware 软件启动程序, 选择【创建新的虚拟机】选项。

💡 知识点滴

　　VMware Workstation 10 延续了 VMware 的一贯传统, 提供专业技术人员每天所依赖的创新功能。它支持 Windows 8.1、平板电脑传感器和即将过期的虚拟机, 是一款完美的工具, 可使用户的工作无缝、直观、更具关联性。

step 2 打开【欢迎使用新建虚拟机向导】对话框, 选择【自定义】单选按钮, 单击【下一步】按钮。

step 3 在打开的【选择虚拟机硬件兼容性】对话框中, 保存系统默认设置即可, 单击【下一步】按钮。

step 4 在打开的【安装客户机操作系统】对话框中, 选择【稍后安装操作系统】单选按钮, 单击【下一步】按钮。

step 5 打开【选择客户机操作系统】对话框。在【客户机操作系统】选项中, 选择 Microsoft Windows 单选按钮, 在【版本】下拉列表框中, 选择 Windows 8 选项, 单击【下一步】按钮。

step 6 打开【命名虚拟机】对话框。在【虚拟机名称】文本框中, 输入 Windows 8。单击【浏览】按钮, 设置安装位置后, 单击【下一步】按钮。

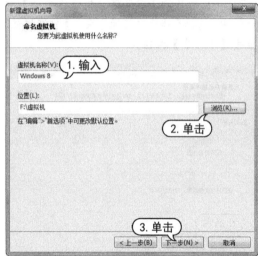

step 7 打开【处理器配置】对话框，保存系统默认设置，单击【下一步】按钮。

step 8 打开【此虚拟机的内存】对话框，保存系统默认设置，单击【下一步】按钮。

step 9 打开【网络类型】对话框，选择【使用桥接网络】单选按钮，单击【下一步】按钮。

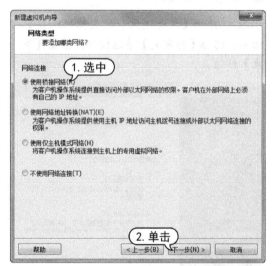

step 10 打开【选择 I/O 控制器类型】对话框中，保存系统默认设置。单击【下一步】按钮。

step⑪ 打开【选择磁盘类型】对话框，保存系统默认设置，单击【下一步】按钮。

step⑫ 打开【选择磁盘】对话框。选择【创建新虚拟磁盘】单选按钮，单击【下一步】按钮。

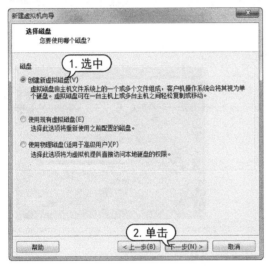

step⑬ 打开【指定磁盘容量】对话框。选中【立刻分配所有磁盘空间】复选框，选择【将虚拟磁盘存储为单个文件】单选按钮。单击【下一步】按钮。

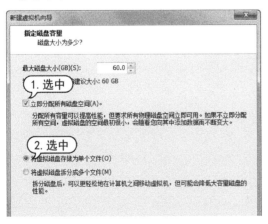

step⑭ 打开【指定磁盘文件】对话框，(创建一个 60GB 的磁盘文件)保存系统默认设置，单击【下一步】按钮。

step⑮ 打开【已准备好创建虚拟机】对话框，单击【完成】按钮。等待创建磁盘。

10.6.3　安装 Windows 8 系统

创建了虚拟机之后，用户还要准备 Windows 7 的镜像文件，然后将其添加到 VMware 中的虚拟光驱中便可以开始安装操作系统了。

【例 10-18】在 VMware10.0 虚拟机中安装 Windows 8 操作系统。

step 1 启动 VMware 软件，选择【编辑虚拟机设置】选项。

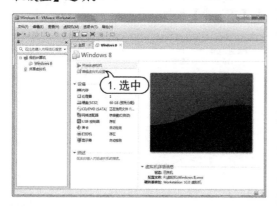

step 2 打开【虚拟机设置】对话框。在左侧的窗格中，选择 CD/DVD(SATA)选项。在右侧的【连接】窗格中，选择【使用 ISO 映像文件】单选按钮。单击【浏览】按钮，设置 ISO 镜像路径，单击【确定】按钮。

step 3 返回 VMware 对话框，选择【开启此虚拟机】选项。

step 4 所创建的 Windows 8 虚拟机开始启动，稍后开始运行系统安装界面。进入 Windows 7 安装界面，按照正常安装操作系统的方法即可完成。

第11章

安全防范工具软件

在生活和工作中，提到的"计算机安全"一般并非指现在定义上的概念，而广泛指通过 Internet 上网受到外部一些程序(计算机病毒)的侵害，而造成无法正常运行、内容丢失、计算机设备的损坏等。本章介绍在计算机安全方面的一些辅助性软件，如杀毒软件、安全卫士、网络监控等。

对应光盘视频

例 11-3　使用木马专家查杀木马

11.1　计算机安全概述

一般来说,安全的系统会利用一些专门的安全特征来控制对信息的访问,只有经过适当授权的人,或者以这些人的名义进行的进程可以读、写、创建、和删除这些信息。

11.1.1　了解计算机安全

计算机网络安全是指通过各种技术和管理措施,使网络系统正常运行,从而确保网络数据的可用性、完整性和保密性。所以建立网络安全保护措施的目的是为了确保经历过网络传输和交换的数据,不会发生增加、修改、丢失和泄露等。

一般来讲,网络安全威胁有以下几种。

➤ 破坏数据完整性:破坏数据完整性表示以非法手段获取对资源的使用权限、删除、修改、插入或重发某些重要信息,以取得有益于攻击者的响应;恶意添加、修改数据,以干扰用户的正常使用。

➤ 信息泄露或丢失:它是指人们有意或无意地将敏感数据对外泄露或丢失。它通常包括信息在传输中泄露或丢失,信息在存储介质中泄露或丢失,以及通过建立隐蔽隧道等方法窃取敏感信息等。例如,黑客可以利用电磁漏洞或搭线窃听等方式窃取机密信息,或通过对信息流向、流量、通信频度和长度等参数的分析,推测出对自己有用的信息(用户账户、密码等)。

➤ 拒绝服务攻击:拒绝服务攻击是指不断地向网络服务系统或计算机系统进行干扰,以改变其正常的工作流程,执行无关程序使系统响应减慢甚至瘫痪。从而影响正常用户使用,甚至导致合法用户被排斥不能进入计算机网络系统或不能得到相应的服务。

➤ 非授权访问:是指没有预先经过同意就使用网络或计算机资源。例如,有意避开系统访问控制机制,对网络设备及资源精选非正常使用,或擅自扩大权限,越权访问信息。非授权访问有假冒、身份攻击、非法用户进入网络系统进行违规操作、合法用户以未授权方式操作等形式。

➤ 陷门和特洛伊木马:通常表示通过替换系统的合法程序,或者在合法程序里写入恶意代码以实现非授权进程,从而达到某种特定的目的。

➤ 利用网络散步病毒:是指编制或者在计算机程序中插入的破坏计算机功能或者破坏数据,影响计算机使用并能够自我复制的一组计算机指令或者程序代码。目前,计算机病毒已对计算机系统和计算机网络构成了严重的威胁。

➤ 混合威胁攻击:混合威胁是新型的安全攻击。它主要表现为一种病毒与黑客编制的程序相结合的新型蠕虫病毒,可以借助多种途径及技术潜入企业、政府、银行等网络系统。

➤ 间谍软件、广告程序和垃圾邮件攻击:近年来在全球范围内最流行的攻击方式是钓鱼式攻击,它利用间谍软件、广告程序和垃圾邮件将用户引入恶意网站,这类网站看起来与正常网站没有区别,但通常犯罪分子会以升级账户信息为理由要求用户提供机密资料,从而盗取可用信息。

11.1.2　病毒的特点

计算机病毒可以通过某些途径潜伏在其他可执行程序中,一旦环境达到病毒发作的时候,便会影响计算机的正常运行,严重的甚至可以造成系统瘫痪。Internet 中虽然存在着数不胜数的病毒,分类也不统一,但是特征可以分为以下几种。

➤ 繁殖性:计算机病毒可以像生物病毒一样进行繁殖。当正常程序运行的时候,它也进行运行自身复制。是否具有繁殖、感染的特征是判断某段程序是否为计算机病毒的首要条件。

➤ 破坏性:计算机中毒后,可能会导致

正常的程序无法运行，把计算机内的文件删除或受到不同程度的损坏。通常表现为增、删、改、移。

> 传染性：计算机病毒不但本身具有破坏性，更有害的是具有传染性，一旦病毒被复制或产生变种，其速度之快令人难以预防。传染性是病毒的基本特征。

> 潜伏性：有些病毒像定时炸弹一样，它的发作时间是预先设计好的。例如，黑色星期五病毒，不到预定时间一点都觉察不出来，等到条件具备的时候一下子就爆炸开来，对系统进行破坏。

> 隐蔽性：计算机病毒具有很强的隐蔽性，有的可以通过病毒软件检查出来，有的根本就查不出来。有的时隐时现、变化无常，这类病毒处理起来通常很困难。

> 可触发性：病毒因某个事件或数值的出现，诱使病毒实施感染或进行攻击的特性称为可触发性。为了隐蔽，病毒必须潜伏，少做动作。如果完全不动，一直潜伏，病毒既不能感染也不能进行破坏，便失去了杀伤力。

11.1.3 木马病毒的种类

木马(Trojan)这个名字来源于古希腊传说(荷马史诗中木马计的故事，Trojan 一词的特洛伊木马本意是特洛伊的，即代指特洛伊木马，也就是木马计的故事)。"木马"程序是目前比较流行的病毒文件。与一般的病毒不同，它不会自我繁殖，也并不"刻意"地去感染其他文件。它通过将自身伪装吸引用户下载执行，向施种木马者提供打开被种主机的门户，使施种者可以任意毁坏、窃取被种者的文件，甚至远程操控被种主机。木马病毒的产生严重危害着现代网络的安全运行。

> 网游木马：网络游戏木马通常采用记录用户键盘输入、Hook 游戏进程 API 函数等方法获取用户的密码和账号。窃取到的信息一般通过发送电子邮件或向远程脚本程序提交的方式发送给木马作者。

> 网银木马：是针对网上交易系统编写的木马病毒，其目的是盗取用户的卡号、密码，甚至安全证书。此类木马种类数量虽然比不上网游木马，但它的危害更加直接，受害用户的损失更加惨重。

> 下载类木马：功能是从网络上下载其他病毒程序或安装广告软件。由于体积很小，下载类木马更容易传播，传播速度也更快。通常功能强大、体积也很大的后门类病毒，如"灰鸽子"、"黑洞"等，传播时都单独编写一个小巧的下载型木马，用户中毒后会把后门主程序下载到本机运行。

> 代理类木马：用户感染代理类木马后，会在本机开启 HTTP、SOCKS 等代理服务功能。黑客把受感染计算机作为跳板，以被感染用户的身份进行黑客活动，达到隐藏自己的目的。

> FTP 型木马：FTP 型木马打开被控制计算机的 21 号端口(FTP 所使用的默认端口)，使每一个人都可以用一个 FTP 客户端程序来不用密码连接到受控制端计算机，并且可以进行最高权限的上传和下载，窃取受害者的机密文件。新 FTP 木马还加上了密码功能，这样，只有攻击者本人才知道正确的密码，从而进入对方计算机。

> 发送消息类木马：此类木马病毒通过即时通讯软件自动发送含有恶意网址的消息。其目的在于让收到消息的用户点击网址中毒，用户中毒后又会向更多好友发送病毒消息。此类病毒常用技术是搜索聊天窗口，进而控制该窗口自动发送文本内容。

> 即时通信盗号型木马：主要目标在于即时通信软件的登录账号和密码。原理和网游木马类似。盗得他人账号后，可能偷窥聊天记录等隐私内容，或将账号卖掉。

> 网页点击类木马：恶意模拟用户单击广告等动作，在短时间内可以产生数以万计的点击量。病毒作者的编写目的一般是为了赚取高额的广告推广费用。

11.1.4 木马的伪装

鉴于木马病毒的危害性，很多人对木马的知识还是有一定了解的，这对木马的传播起了一定的抑制作用。因此，木马设计者开发了多种功能来伪装木马，以达到降低用户警觉，欺骗用户的目的。

➤ 修改图标：木马可以将木马服务端程序的图标改成 HTML、TXT、ZIP 等各种文件的图标。这有相当大的迷惑性，但是目前还不多见，并且这种伪装也不是无懈可击的，所以无须过于担心。

➤ 捆绑文件：是将木马捆绑到一个安装程序上。当安装程序运行时，木马在用户毫无察觉的情况下，偷偷地进入了系统。被捆绑的文件一般是可执行文件。

➤ 出错显示：有一定木马知识的人都知道，如果打开一个文件，没有任何反应，这很可能就是个木马程序。木马的设计者也意识到了这个缺陷，所以已经有木马提供了一个叫作出错显示的功能。当服务端用户打开木马程序时，会打开一个假的错误提示框，当用户信以为真时，木马就进入系统。

➤ 定制端口：老式的木马端口都是固定的，只要查一下特定的端口就知道感染了什么木马，所以现在很多新式的木马都加入了定制端口的功能，控制端用户可以在 1024~65535 之间任选一个端口作为木马端口，这样就给判断所感染木马类型带来了麻烦。

➤ 自我销毁：为了弥补木马的一个缺陷。当服务端用户打开含有木马的文件后，木马会将自己拷贝到 Windows 的系统文件夹中，原木马文件和系统文件夹中的木马文件的大小是一样的，那么中了木马的只要在近来收到的信件和下载的软件中找到原木马文件，然后根据原木马的大小去系统文件夹找相同大小的文件，判断一下哪个是木马就行了。而木马的自我销毁功能是指安装完木马后，原木马文件将自动销毁，这样服务端用户就很难找到木马的来源，在没有查杀木马的工具帮助下，就很难删除木马了。

➤ 木马更名：安装到系统文件夹中的木马的文件名一般是固定的，只要在系统文件夹查找特定的文件，就可以断定中了什么木马。所以现在有很多木马都允许控制端用户自由定制安装后的木马文件名，这样就很难判断所感染的木马类型了。

11.2 防范计算机病毒

计算机在为用户提供各种服务与帮助的同时也存在着危险，各种计算机病毒、流氓软件、木马程序时刻潜伏在各种载体中，随时可能会危害计算机的正常工作。因此，用户在使用计算机时，应为计算机安装杀毒软件与防火墙，并进行相应的计算机安全设置，以保护计算机的安全。

11.2.1 认识和预防病毒

所谓计算机病毒在技术上来说，是一种会自我复制的可执行程序。对计算机病毒的定义可以分为以下两种：一种定义是通过磁盘、磁带和网络等作为媒介传播扩散，会"传染"其他程序的程序；另一种是能够实现自身复制且借助一定的载体存在的具有潜伏性、传染性和破坏性的程序。

因此，确切地说计算机病毒就是能够通过某种途径潜伏在计算机存储介质(或程序)里，当达到某种条件时即被激活的具有对计算机资源进行破坏作用的一组程序或指令集合。

1. 计算机感染病毒后的症状

如果计算机感染上了病毒，用户如何才能得知呢？一般来说感染上了病毒的计算机会有以下几种症状。

➤ 程序载入的时间变长。

可执行文件的大小不正常的变化。

对于某个简单的操作，可能会花费比平时更多的时间。

硬盘指示灯无缘无故地持续处于点亮状态。

开机出现错误的提示信息。

系统可用内存突然大幅减少，或者硬盘的可用磁盘空间突然减小，而用户却并没有放入大量文件。

文件的名称或是扩展名、日期、属性被系统自动更改。

文件无故丢失或不能正常打开。

如果计算机出现了以上几种症状，那就很有可能是计算机感染上了病毒。

2. 预防计算机病毒

在使用计算机的过程中，如果用户能够掌握一些预防计算机病毒的小技巧，那么就可以有效地降低计算机感染病毒的几率。这些技巧主要包含以下几个方面。

最好禁止可移动磁盘和光盘的自动运行功能，因为很多病毒会通过可移动存储设备进行传播。

最好不要在通过一些不知名的网站下载软件，这样很有可能病毒会随着软件一同被下载到计算机上。

尽量使用正版杀毒软件。

经常从所使用的软件供应商那边下载和安装安全补丁。

对于游戏爱好者，尽量不要登录一些外挂类的网站，很有可能在用户登录的过程中，病毒已经悄悄地侵入了计算机系统。

使用较为复杂的密码，尽量使密码难以猜测，以防止钓鱼网站盗取密码。不同的账号应使用不同的密码，避免雷同。

如果病毒已经进入计算机，应该及时将其清除，防止其进一步扩散。

共享文件要设置密码，共享结束后应及时关闭。

要对重要文件应习惯性地备份，以防遭遇病毒的破坏，造成意外损失。

可在计算机和网络之间安装并使用防火墙，提高系统的安全性。

定期使用杀毒软件扫描计算机中的病毒，并及时升级杀毒软件。

11.2.2　使用瑞星查杀病毒

要有效地防范计算机病毒对系统的破坏，可以在计算机中安装杀毒软件以防止病毒的入侵，并对已经感染的病毒进行查杀。瑞星杀毒软件是一款著名的国产杀毒软件，是专门针对目前流行的网络病毒研制开发的产品。它是保护计算机系统安全的常用工具软件。

【例 11-1】使用"瑞星杀毒"软件，查杀计算机病毒。

step 1 启动瑞星杀毒软件，单击【杀毒】按钮，切换至【杀毒】界面。在该界面中有 3 种查杀方式可供选择，本例单击【自定义查杀】按钮，打开【选择查杀目标】对话框。

step 2 在【选择查杀目标】对话框中，用户可选择要进行查杀病毒的对象，然后单击【开

始扫描】按钮，开始查杀计算机病毒。

step ③ 在查杀计算机病毒的过程中，用户可随时单击【暂停查杀】按钮 ▌▌ 或【停止查杀】按钮 ■，来中止病毒的查杀。

step ④ 病毒查杀结束后，将显示扫描和查杀的结果。

11.2.3 配置瑞星监控中心

瑞星监控中心包括文件监控、邮件监控、U盘防护、木马防御、浏览器防护和办公软件防护等功能。用户可以通过配置瑞星监控

中心有效地监控计算机系统打开的任何一个陌生文件、邮箱发送或接收到的邮件或者浏览器打开的网页，从而全面保护计算机不受病毒的侵害。

【例11-2】使用"瑞星杀毒"软件，配置瑞星监控中心。

step ① 启动瑞星杀毒软件，然后单击其主界面的【计算机防护】按钮，打开计算机防护界面。

step ② 在打开的界面中，用户可以选择开启或关闭瑞星软件的实时监控和主动防御功能模块。

step ③ 单击界面右上角的 ⚙ 按钮，然后在打开的对话框中选中【实时监控】选项。

step ④ 在打开的选项区域中，用户可以对瑞星实时监控功能的相关参数进行设置。

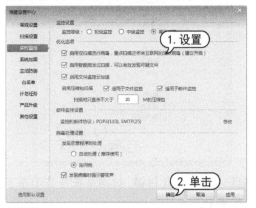

step ⑤ 完成瑞星软件实时监控功能的设置后，单击【确定】按钮即可。

11.2.4　安装瑞星防火墙

对于网络上的病毒与木马病毒，瑞星提供了防火墙软件，使用瑞星防火墙能够更加有针对性地对网络病毒进行查杀。

在瑞星的主界面中单击【安全工具】按钮，打开【安全工具】界面。其中，显示了几种瑞星旗下的工具软件，如下图所示。

单击界面中的【瑞星防火墙】选项，然后在打开的对话框中单击【下载】按钮即可下载并安装瑞星防火墙。

11.3　使用杀毒软件

杀毒软件是用于清除计算机病毒、特洛伊木马和恶意软件的软件。多数计算机杀毒软件都具备监控识别、病毒扫描、清除和自动升级等功能。

11.3.1　使用木马专家

木马专家 2016 是专业防杀木马软件。软件除采用传统病毒库查杀木马外，还能智能查杀未知变种木马，自动监控内存可疑程序，实时查杀内存硬盘木马，采用第二代木马扫描内核，支持脱壳分析木马。

一般情况下，在木马专家软件运行后即进入了监控状态，已经对系统进行了木马防御拦截。但部分隐藏在硬盘的木马并没有运行在内存，所以用户可以使用扫描硬盘功能。

可根据自己系统的情况，可以选择只扫描系统目录，扫描 C 盘，或者全面扫描所有分区，这样能有效地清除硬盘内隐藏的木马。

【例 11-3】使用木马专家查杀木马。 📹视频

step ① 双击【木马专家 2016】软件启动程序。

step ② 单击【扫描内存】按钮，打开【扫描内存】提示框。在该对话框中，显示是否使用云鉴定全面分析，单击【确定】按钮。软件即可对内存所有调用模块进行扫描。

step 3 内存扫描完毕，自动进行联网云鉴定，云鉴定信息在列表中显示。

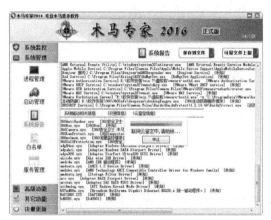

step 4 单击【扫描硬盘】按钮，在【扫描模式选择】选项中，单击下方的【开始自定义扫描】按钮。

step 5 打开【浏览文件夹】对话框。选择需要扫描的文件夹后，单击【确定】按钮。

step 6 进行硬盘扫描，扫描结果将显示在下方窗格中。

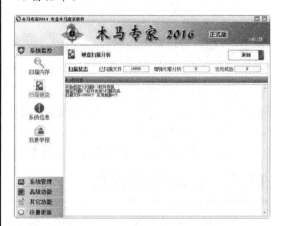

step 7 单击【系统信息】按钮，查看系统各项属性，单击【优化内存】按钮。

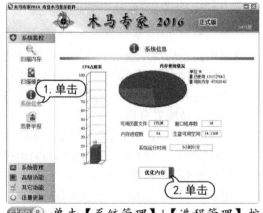

step 8 单击【系统管理】|【进程管理】按钮。选中任意进程后，在【进程识别信息】文本框中，即可显示该进程的信息。若是可疑进程或未知项目，单击【中止进程】按钮，停止该进程运行。

step 9 单击【启动管理】按钮，查看启动项目的详细信息。若发现可疑木马，单击【删除项目】按钮，即可删除木马。

step 10 单击【高级功能】|【修复系统】按钮。根据故障，选择修复内容。

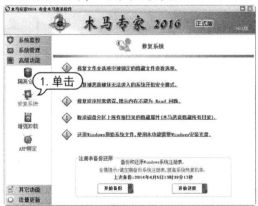

step 11 单击【ARP 绑定】按钮。然后可以在【网关 IP 及网关的 MAC】文本框中，输入 IP 地址和 MAC 地址。选中【开启 ARP 单向绑定功能】复选框。

step 12 单击【其他功能】|【修复 IE】按钮，选择要修复的选项，单击【开始修复】按钮。

step 13 单击【网络状态】按钮，查看进程、端口、远程地址等信息。

step 14 单击【辅助工具】按钮，单击【浏览添加文件】按钮，添加文件。单击【开始粉碎】按钮，删除无法删除的顽固木马。

step ⑮ 单击【其他辅助工具】按钮，合理利用其中工具。

step ⑯ 单击【监控日志】按钮，查看本机监控日志，找寻黑客入侵痕迹。

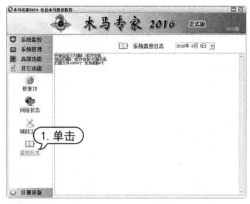

11.3.2 使用 AD-aware 工具

　　木马专家 2016 是专业防杀木马软件。软件除采用传统病毒库查杀木马外，还能智能查杀未知变种木马，自动监控内存可疑程序，实时查杀内存硬盘木马，采用第二代木马扫

描内核，支持脱壳分析木马。

　　AD-aware 是一款很小的系统安全工具，它可以扫描用户计算机中的网站所发送进来的广告跟踪文件和相关文件，并且能够安全地将它们删除掉。使用户不会因为它们而泄露自己的隐私和数据。

　　能够搜索并删除的广告服务主要包括：Conducent/TimeSink 和 CometCursor、Web3000、Gator、Cydoor、Radiate/Aureate、Flyswat。该软件的扫描速度相当快，能够生成详细的报告，并且可在眨眼间把广告服务都删除掉。

【例 11-4】使用 AD-aware 广告杀手。

step ① 双击【AD-aware 广告杀手】软件启动程序，单击左下方【切换为高级模式】按钮。

step ② 打开【高级模式】窗格，单击【扫描系统】按钮。

step ③ 打开【扫描模式】窗格，单击【设置】按钮。

step ④ 打开【扫描设置】对话框，单击【选择文件夹】按钮。

step 5 打开【选择文件夹】对话框。选择要扫描的文件夹，单击【确定】按钮。

step 6 返回【扫描模式】窗格，单击【现在扫描】按钮。

step 7 扫描完成后，单击【建议操作】下拉列表，选择【修复所有】选项。

step 8 打开提示框，单击【确定】按钮，进行修复。选定的操作将不能更改。

step 9 单击右上方的 Ad-Watch 按钮，打开 Ad-Watch 窗格。在其中可以设置监视本机进程、注册表及网络状态。

step 10 单击右上方的【额外】按钮，进入【额外】窗格。

step ⑪ 在 Internet Explorer 列表中，选中对应选项前的复选框，单击【设置】按钮。

step ⑫ 选中【免打扰】复选框。在【语言】下拉列表中，选择【简体中文】选项。单击

【确定】按钮。

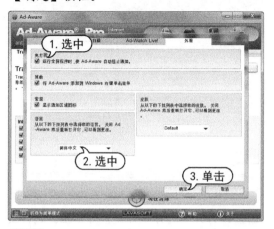

step ⑬ 返回【额外】窗格。单击【现在清除】按钮，清除完成后，打开提示框。单击【确定】按钮，完成操作。

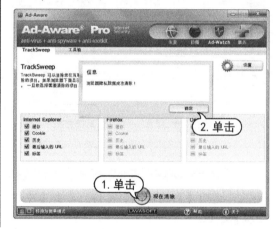

11.4 网络辅助分析工具

网络辅助分析工具又称网络嗅探工具，即协议分析器，是一种监视网络数据运行的软件设备。网络辅助分析器既能用于合法网络管理也能用于窃取网络信息。网络运作和维护都可以采用协议分析器，如监视网络流量、分析数据包、监视网络资源利用、执行网络安全操作规则、鉴定分析网络数据，以及诊断并修复网络问题等。

11.4.1 使用 Sniffer Pro 工具

Sniffe 中文可以翻译为嗅探器，是一种基于被动侦听原理的网络分析方式。可以监视网络的状态、数据流动情况以及网络上传输的信息。当信息以明文的形式在网络上传输时，便可以使用网络监听的方式来进行攻击。将网络接口设置在监听模式，便可以将网上传输的源源不断地进行信息截获。Sniffer 技术被广泛地应用于网络故障诊断、协议分析、应用性能分析和网络安全保障等领域。

【例 11-5】使用 Sniffer Pro 获取并分析网络数据。

step ① 单击【开始】按钮，打开菜单，右击 Sniffer Application 快捷方式，在打开的快捷菜单中，选择【属性】命令。

step 2 打开【Sniffer Application 属性】对话框。选择【兼容性】选项卡，选中【以兼容模式运行这个程序】复选框。单击下拉按钮，选择 Windows XP(Service Pack 3)选项，单击【确定】按钮。

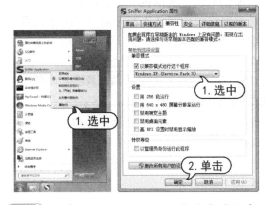

step 3 双击 Sniffer Application 软件启动程序，打开【当前设置】对话框。选择监听的网络接口，单击【确定】按钮。

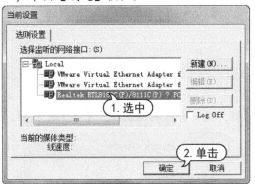

step 4 在软件主界面，选择【监视器】|【定义过滤器】选项。

step 5 打开【定义过滤器-监视器】对话框。选择【地址】选项卡，在【位置1】文本框中输入 Mac 地址 00241D203ADC，在【位置2】文本框中输入"任意的"。

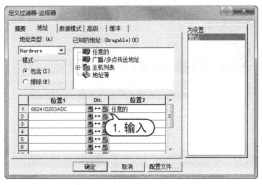

step 6 选择【高级】选项卡，选择 TCP 和 UDP 协议。

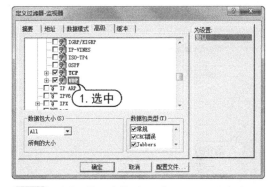

step 7 选择【缓冲】选项卡，设置缓冲属性，单击【确定】按钮。

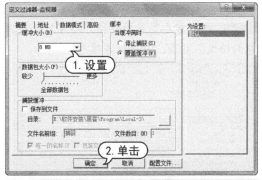

知识点滴

MAC 位址用于定义网络设备的位置。在 OSI 模型中，第三层网络层负责 IP 地址，第二层数据链路层则负责 MAC 位址。因此，一个主机都有一个 IP 地址，而每个网络位置都会有一个专属的 MAC 地址。

step⑧ 在软件主界面，选择【捕获】|【开始】选项，开始捕获数据。

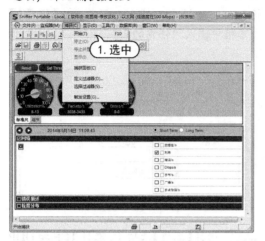

step⑨ 选择 Object | Connection 选项，查看捕获的数据。

step⑩ 双击需要查看的数据，即可显示数据包的协议、站点、IP 地址等信息。

11.4.2　使用艾菲网页侦探工具

艾菲网页侦探是一个 HTTP 协议的网络嗅探器，协议分析器和 HTTP 文件重建工具。它可以捕捉局域网内的含有 HTTP 协议的 IP 数据包，并对其进行分析，找出符合过滤器的那些 HTTP 通信内容。通过它，用户可以看到网络中的其他人都在浏览了哪些网页，这些网页的内容是什么。特别适用于企业主管对公司员工的上网情况进行监控。

【例 11-6】使用艾菲网页侦探工具嗅探浏览过的网页。

step① 双击 EHSniffer 软件启动程序，选择 Sniffer | Select an adapter 选项。

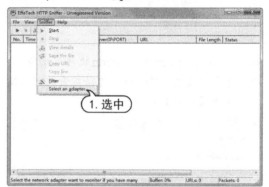

step② 自动打开 Select a Network Adapter 对话框，选择合适的适配器，单击 OK 按钮。

step③ 返回软件主界面，选择 Sniffer | Filter 选项。

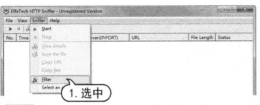

step 4 打开 Sniffer Filter 对话框，在 Content 选项组中，设置嗅探的内容。在 Host 选项组中，设置嗅探的范围，单击 OK 按钮。

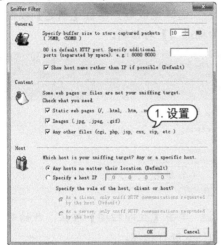

step 5 返回软件主界面，选择 Sniffer | Start 选项。

step 6 此刻，软件开始嗅探，嗅探到的时间、IP 地址、端口号、网站地址等信息将会在下方列表中显示。

step 7 双击需要查看的内容，打开 HTTP Communications Detail 对话框，选择 Detail 选项卡，查看基本信息和数据包列表。

11.5　案例演练

本章的实战演练部分介绍使用 Windows Defender 软件和使用科来网络分析系统综合实例操作，用户通过练习从而巩固本章所学知识。

11.5.1　Windows Defender

Windows Defender 是一款由微软公司开发的免费反间谍软件。该软件集成于 Windows 7 操作系统中，可以帮用户检测及清除一些潜藏在计算机操作系统里的间谍软件及广告程序，并保护计算机不受到来自网络的一些间谍软件的安全威胁及控制。

【例 11-7】在 Windows 7 操作系统中使用 Windows Defender 手动扫描间谍软件。

step 1 单击【开始】按钮，选择【控制面板】命令打开【控制面板】窗口。然后单击 Windows Defender 选项，打开 Windows Defender 窗口。

step 2 在打开的窗口中单击【扫描】按钮右侧的倒三角按钮,会打开3个选项供用户选择。它们分别是【快速扫描】选项、【完全扫描】选项和【自定义扫描】选项。

step 3 选择【自定义扫描】选项,打开【扫描选项】对话框。单击【选择】按钮打开Windows Defender 对话框。

step 4 在该对话框中选择要进行扫描的磁盘分区或文件夹。

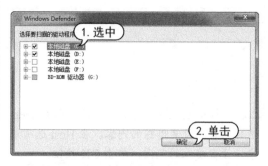

step 5 选择完成后,单击【确定】按钮返回【扫描选项】对话框。

step 6 单击【立即扫描】按钮,开始对自定义的位置进行扫描。

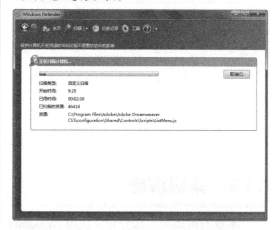

11.5.2 科来网络分析系统

科来网络分析系统是一款由科来软件全自主研发,并拥有全部知识产品的网络分析产品。该系统具有行业领先的专家分析技术,通过捕获并分析网络中传输的底层数据包,对网络故障、网络安全以及网络性能进行全面分析检测、诊断,帮助用户排除网络事故,规避安全风险。

【例 11-8】使用科来网络分析系统工具进行网络分析。

step① 双击【科来网络分析系统】软件启动程序，选中【本地连接】复选框。单击【全面分析】按钮，单击 Start 按钮，开始捕获数据包。

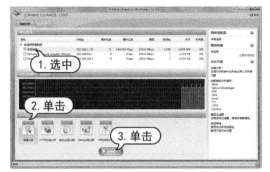

step② 在【分析】选项卡中，单击【过滤器】按钮。

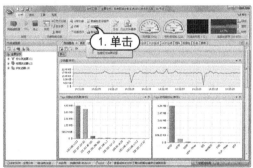

step③ 弹出【过滤器】对话框。在【设置输入数据包过滤器】窗格中，左侧是常用的网络协议网络协议，右侧以流程图的形式显示网络适配器接收的数据送到分析模块的方式。

step④ 选中 HTTP 协议中的【接受】复选框，

单击【确定】按钮，保存过滤器设置。

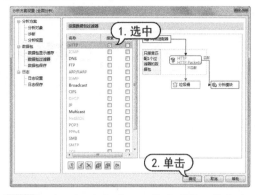

step⑤ 返回软件主界面，单击【停止】按钮，停止当前捕获操作。再单击【开始】按钮，软件重新捕获数据包。弹出【开始分析】对话框，单击【是】按钮。

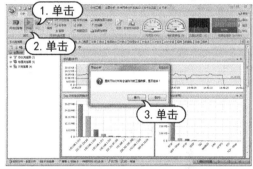

step⑥ 只捕获那些适合过滤器要求的数据包，可以在【主视图区】窗格中，选择各种选项卡查看具体的信息。

🔍 知识点滴

针对部分用户操作习惯，软件增加了中/英文双语解码支持。用户可以根据自己的需求不同，任意切换到中文或英文界面，或者双语界面。大大提高了用户操作的可选择性和交互性。

step 7 在【分析】选项卡中，单击【分析对象】按钮。

step 8 弹出【分析对象设置(全面分析)】对话框。在其中可设置需要启动和分析的网络分析对象、分析协议明细、分析的最大对象数量等。

step 9 在左侧窗格中选择【分析方案】|【诊断】选项。它包含了系统支持的所有诊断事件，用户可根据网络情况，更改诊断事件的设置。

step 10 在左侧窗格中，选择【分析方案】|【分析视图】选项。用户可以设置视图是否显示。被选中的选项才能以选项卡形式出现在【主视图区】窗格中。

step 11 在左侧窗格中，选择【数据包】|【数据包显示缓存】选项，设置数据包缓存及数据包缓存模式。

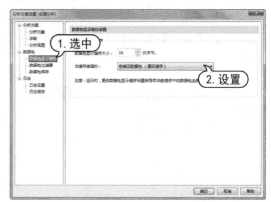

step 12 在左侧窗格选择【日志】|【日志设置】选项，设置保存日志的缓存大小和设置日志类型。单击【确定】按钮。保存更改的设置。

step 13 所有更改的设置将在新的捕获操作中生效。

第12章

手机管理工具软件

目前常用的智能手机，非常类似于个人计算机，具有独立的操作系统，可以由用户自行安装软件、游戏等第三方服务商提供的程序。通过此类程序来不断对手机的功能进行扩充，并可以通过移动通信网络实现网络接入等。本章围绕智能手机，简单介绍如何安装驱动、如何向手机添加软件等操作。

12.1 手机软件概述

手机软件是可以安装在手机上的软件，完善原始系统的不足与个性化。随着科技的发展，现在手机的功能也越来越多、越来越强大。手机软件不再像过去那么简单死板，目前发展到了可以与计算机软件组相媲美的程度。

12.1.1 手机驱动程序

在计算机中，"驱动程序"也称之为"设备驱动程序"，是一种可以使计算机和设备通信的特殊程序，相当于硬件的接口。操作系统只有通过这个接口，才能控制硬件设备的工作。例如，某设备的驱动程序未能正确安装，便不能正常工作。

因此，驱动程序被誉为"硬件的灵魂"、"硬件的主宰"和"硬件和系统之间的桥梁"等。

早期的手机驱动安装起来相对比较复杂。例如，有的手机必须与计算机进行连接后才能安装驱动程序。并且，还有一些手机，在安装手机连接驱动之后，还需要安装手机USB驱动等。

面对于目前的智能手机，则比较简单。对于高版本的计算机操作系统而言，只需要将手机连接计算机即可自动检测并安装该驱动程序。或者，通过无线WI-FI技术，直接连接无线驱动网，并与计算机连接等。

12.1.2 手机操作系统

手机操作系统主要应用在智能手机上。主流的智能手机有Google Android和苹果的iOS等。智能手机与非智能手机都支持JAVA，智能机与非智能机的区别主要看能否基于系统平台的功能扩展，非JAVA应用平台，是否支持多任务等。

手机操作系统一般只应用在智能手机上。目前，在智能手机市场上，中国市场仍以个人信息管理型手机为主，随着更多厂商的加入，整体市场的竞争已经开始呈现出分散化的态势。从市场容量、竞争状态和应用状况上来看，整个市场仍处于启动阶段。目前应用在手机上的操作系统主要有Android(安卓)、iOS(苹果)、windows phone(微软)、Symbian(诺基亚)、BlackBerry OS(黑莓)、windows mobile(微软)等。下面介绍市面上最常用的手机系统。

1. Android(安卓)

是现在最为普遍的操作系统，在国内应该是人们用的最多的智能机操作系统。它是一种基于Linux开发的操作系统，主要使用于移动设备，如智能手机和平板电脑，由Google公司和开放手机联盟领导及开发。尚未有统一中文名称，中国大陆地区较多人使用"安卓"，其英文翻译成中文机器人是意思。Android操作系统最初由Andy Rubin开发，主要支持手机。Android逐渐扩展到平板电脑及其他领域上，如电视、数码相机、游戏机等。

2. iOS(苹果)

智能手机操作系统iOS作为苹果移动设备iPhone和iPad的操作系统，在App Store的推动之下，成为世界上引领潮流的操作系统之一。iOS的用户界面的概念基础上是能够使用多点触控直接操作。控制方法包括滑动、轻触开关及按键。与系统交互包括滑动(Swiping)、轻按(Tapping)、挤压(Pinching，通常用于缩小)及反向挤压(Reverse Pinching or unpinching，通常用于放大)。此外，通过其自带的加速器，可以使其旋转设备改变其 y 轴以使屏幕改变方向，这样的设计使 iPhone 更便于使用。

3. Windows Phone

Windows Phone 相对较新颖的一种操作系统。Windows Phone(简称：WP)是微软发布的一款手机操作系统。它将微软旗下的 Xbox Live 游戏、Xbox Music 音乐与独特的视频体验集成至手机中。2014 年 4 月 Build2014 开发者大会发布 Windows Phone8.1。在 2014 年 6 月份，Windows Phone8 手机部分用户将能收到 Windows Phone8.1 预览版更新。

4. Blackberry OS(黑莓)

智能手机操作系统 Blackberry 系统，即黑莓系统，是加拿大 Research In Motion(简称 RIM)公司推出的一种无线手持邮件解决终端设备的操作系统，由 RIM 自主开发。它和其他手机终端使用的 Android、Windows Mobile、ios 等操作系统有所不同，Blackberry 系统的加密性能更强，更安全。

12.1.3　了解手机刷机

刷机是指通过一定的方法更改或替换手机中原本存在的一些语音、图片、铃声、软件或者操作系统。

通俗来讲，刷机就是给手机重装系统。刷机可以使手机的功能更加完善，并且使手机还原到原始状态。一般情况下手机操作系统出现损坏，造成功能失效或无法开机及运行，也通常使用刷机的方法恢复。

1. 升级与刷机

任何品牌的手机都一样，只要在生产销售，官方会对同一部手机内部软件系统升级，以解决前版的一些缺陷来完善手机。因此，对该品牌、该款号的手机，可以进行升级或者刷机操作。但是，在升级与刷机操作过程中，有着非常大的区别。

升级可以分为"在线升级"和"手动升级"两种方式。不管采用哪种升级方法，其本质都是将手机软件进行更新。例如，将 Windows XP SP1 版，升级为 Windows XP SP3 版。

而刷机能够增加更多新的功能。例如，在计算机中原来安装 Windows XP 操作系统，而通过"刷机"方式将其更改 Windows 7 操作系统，有着相同的意义。

2. 升级注意事项

在线升级是自动识别手机的生产销售地而自动更新。也就是说在中国的手机只能是行货才会升级成中文，不然就会变为英文或其他语言。所以要根据生产销售地代码(CODE 码)来判断是否可升级为中文版。

在手机升级过程中，不管手机是什么版本，都会升级到最高版本。一般用户无法选择版本。如果手机中的版本为最新版，则将提示无最新更新。

3. 刷机常用方法

一般在进行刷机时，都支持线刷方式。目前，安卓操作系统的手机，刷机方法大致可分为如下两种。

➤ 卡刷：把刷机包直接放到 SD(存储)卡上，然后在手机上直接进行刷机。卡刷时常用软件包括一键ROOT Visionary(取得Root)和固件管理大师(用于刷 Recovery)等。

➤ 线刷：通过计算机上的线刷软件，把刷机包用数据线连接手机载入到手机内存中，使其作为"第一启动"的刷机方法。线刷软件都为计算机软件，一般来说不同手机型号有不同的刷机软件。

> **知识点滴**
> 在刷机之前，一定要了解该款手机刷机的方法，并熟悉刷机的整个流程。最重要的是下载与手机型号相匹配的刷机包等内容。

4. 刷机风险

刷机都带有一定的风险，但是正常的刷机操作是不会损坏手机硬件的。并且刷机可以解决手机中存在的一些操作不方便、某些硬件无法使用、手机软件故障等问题。

但是，不当的刷机方式可能带来不必要的麻烦，如无法开机、开机死机、功能失效等后果。有很多 Windows 操作系统的手机、刷机后很容易导致手机恢复出厂设置，变成全英文界面的操作系统，将会造成很难解决的问题，所以刷机是一件严谨的事情。

一般刷机后就不能再保修了，所以不是特别需要的话，最好不要刷。而安卓操作系统的手机，刷机重装系统后一般不会有太大的风险，即使刷机失败，或是 ROM 不合适，只须再换个 ROM 重新刷一次即可。

> **知识点滴**
> ROM 就好比计算机装系统时所需的安装盘，即手机的系统包。刷机就是把 ROM 包"刷"入到手机中，达到更新手机系统的目的。ROM 包一般都是 ZIP、RAR 等压缩包或其他后缀的样式，依品牌和机型的不同而有所区别。

5. 刷机时的注意事项

刷机并不是一件非常简单的操作，在操作之前要做足准备。否则，一点小问题很有可能造成刷机失败。

➤ 只要能与计算机连接，则即使刷机失败，也有可能通过软件恢复系统(用户可以使用不同的软件尝试)。

➤ 普通数据线也能刷机，只要数据线稳定，就能保证数据的传输。

➤ 刷机时不一定要满电，也不要只剩不足的电量(一般需要有 35%以上的电量)。

➤ 刷机的时候，SIM 卡和存储卡不一定要取出。

➤ 不是任何手机都可以刷机。

➤ 不是任何问题都可以通过刷机解决。

➤ 不同类型的手机，都有自己的刷机方法，各种刷机方法不尽相同。所以刷机之前一定要看清教程介绍。

➤ 计算机操作系统中最好是 Windows XP 非精简版以上，关闭一切杀毒软件。

12.2 手机驱动及管理软件

目前，智能手机不断普及，而相对产生的手机管理软件也比较多。虽然，不同的手机管理软件之间没有一个标准化的要求，但不同的手机管理更突显出自己的功能及管理个性等。

12.2.1 安装 USB 驱动

每款手机在连接计算机之时，都需要安装与相匹配的手机驱动。当然，为更方便用户操作，产生了手机 USB 通用性的驱动，即绝大多数常用类型手机，都可以安装该驱动实现手机与计算机之间的连接。

【例 12-1】 安装手机 USB 驱动。

step 1 下载手机USB驱动，并打开所下载文件的文件夹。

step 2 右击驱动文件，在打开的快捷菜单中，选择【以管理员身份运行】命令。

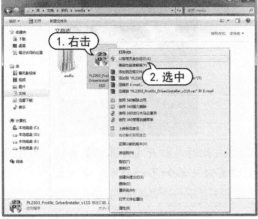

step ③　打开安装向导对话框，单击【下一步】按钮，安装USB驱动程序。

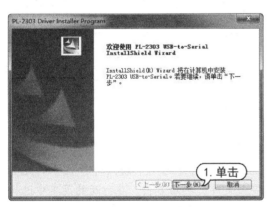

step ④　PL-2303 USB-to-Serial软件进行安装。

step ⑤　安装完成之后，将在对话框中提示"InstallShield Wizard完成"。

12.2.2　复制计算机文件至手机

用户在使用 Android 手机时，可以使用手机直接获取计算机或网络等存储设备中的软件，并完成软件的安装操作。

用户可以参考下面介绍的方法将计算机中的文件复制到手机中。

【例 12-2】利用数据线将计算机中的文件复制到 Android 手机中。

step ①　使用USB数据线将手机与计算机连接在一起后，打开【计算机】窗口，然后双击该窗口中显示的新驱动器图标。

step ②　在打开的手机驱动程序安装向导窗口中单击【下一步】按钮，开始在计算机中安装Android手机的驱动程序。

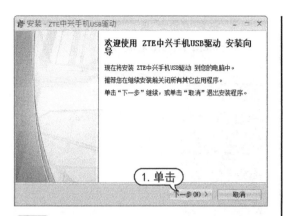

step ③ 接下来，根据驱动程序安装向导窗口的提示连续单击【下一步】按钮，完成手机驱动的安装，在打开的完成安装窗口中单击【完成】按钮。

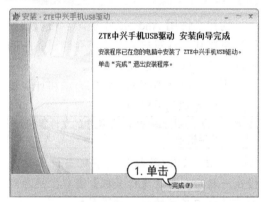

step ④ 此时，按住手机状态栏并向下拖动，在打开的界面中点击【已连接USB】选项。

step ⑤ 进入【USB大容量存储设备】界面后，点击该界面中的【打开USB存储设备】按钮。

step ⑥ 此时，打开【计算机】窗口，可以看到该窗口中添加了一个可移动磁盘。

step ⑦ 找到并选中下载到计算机中的APK安装文件。然后右击，在打开的菜单中选择【发送到】|【可移动磁盘】命令。

step8 打开【可移动磁盘】窗口，即可看到步骤(7)选择的APK安装文件已经复制到手机中。

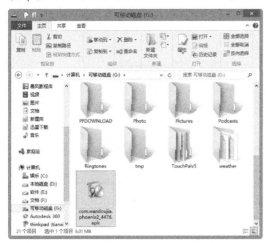

step9 在手机中单击【关闭USB存储设备】按钮，然后进入【应用程序】界面。单击【文件管理】图标运行文件管理，并单击【手机存储】选项即可在打开的界面中看到本例复制到手机中的APK文件。

12.2.3　使用 91 手机助手

91 助手是最受广大智能手机用户喜爱的中文应用市场，是国内最大、最具影响力的智能终端管理工具，也是全球唯一跨终端、跨平台的内容分发平台。智能贴心的操作体验，最多最安全可靠的资源让其成为亿万用户的共同选择。

91 手机助手具有智能手机主题、壁纸、铃声、音乐、电影、软件、电子书的搜索、下载、安装等功能。

1．手机连接计算机

在安装软件之后启动该软件，将手机所随带的 USB 数据线与计算机连接，并与手机连接。

此时，在窗口中将检测手机，并自动安装驱动程序，然后连接手机设备。

手机设备与计算机连接成功后，即可跳转到【我的设备】选项卡窗口，在右侧显示手机的图像，以及当前用户所具有的权限。而右侧显示一些常用的浏览、软件、手机周边内容等。

并且显示手机所安装的软件、应用程序、音乐铃声、照片相簿、主题壁纸、文件管理、通讯录、短信管理、视频管理、备份还原、截屏管理、工具箱选项等。

2. 安装手机软件

将手机与计算机通过 91 手机助手连接完成后，即可安装手机软件。

【例12-3】在91 手机助手中安装手机软件。

step 1 选择【淘应用】选项卡，在【首页】选项卡中，可以查看 91 助手推荐安装的软件。选择需要安装的软件，单击【金山手机卫士】图标。

step 2 查看软件的详细信息，单击【安装】按钮，开始安装软件。

step 3 打开【设置安装位置】对话框。选择应用的安装位置，本例选择【智能选择安装位置】单选按钮，单击【确定】按钮。

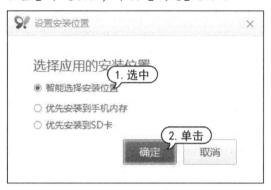

step 4 此时，在右下角显示软件这在进行下载，单击该进度条。

step 5 打开【下载中心】对话框，查看软件下载进度。

step 6 选择【安卓应用】选项卡，选择【金山手机卫士】软件，单击【立即安装】按钮。

step 7 打开【此应用已在安装队列】提示框。软件开始安装。

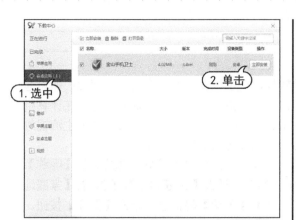

step 8 在【正在进行】选项卡中，查看软件安装进度。

step 9 软件安装完成后，即可在【我的设备】|【应用程序】中，查看到安装的软件。

2. 向手机中添加铃声

下面介绍使用 91 手机助手软件，向手机中添加铃声的方法。

【例 12-4】在 91 手机助手中添加铃声。

step 1 选择【选音乐】|【铃声精选】选项卡，单击铃声所对应的【下载】按钮。

step 2 在右下角查看铃声下载进度。

step 3 铃声下载完成后，打开【铃声上传完成】提示框，单击右下角下载进度条。

step 4 打开【下载中心】对话框。选择【铃声】选项卡，单击【设为铃声】。在打开的扩展按钮中选择【设为通知铃声】命令即可。

12.3 豌豆荚手机助手

豌豆荚手机精灵是一款安装在计算机上的软件，把手机和计算机连接在一起后，即可通过豌豆荚手机精灵在计算机上管理手机中的通讯录、短信、应用程序等资源，也能在计算机上备份中的资料。此外，用户还可以直接一键下载如优酷网、土豆网、搜狐视频等主流视频网站视频到手机中。本地和网络视频将自动转码，视频传入手机即可观看。

12.3.1 使用豌豆荚连接手机

手机连接计算机后，启动该软件，即可打开【正在连接你的手机，请稍候】提示框。

等待手机与计算机连接成功后，将在窗口中左上角显示手机名称及型号，并在窗口中显示手机屏幕内容。

12.3.2 添加联系人

在窗口中，单击左侧【通讯录管理】选项卡，即可在中间列表中显示手机中已经创建的联系人信息。

单击【添加联系人】按钮，然后在窗口

的最右侧，用户可以输入【姓名】、【昵称】、【移动电话】、【家庭邮箱】、【QQ】、【家庭地址】、【公司】等信息，单击【保存】按钮。

12.3.3 升级手机软件

在"豌豆荚手机精灵"软件中，除了安装、卸载软件外，还可以升级已经安装的软件。

【例12-5】在"豌豆荚手机精灵"中，升级手机软件。

step 1 启动豌豆荚手机精灵软件，选择【应用与游戏管理】选项卡。在中间列表中将显示已经安装的软件，需要升级的软件将在其后面显示【升级】按钮。

step 2 在程序后面单击【升级】按钮，即可升级手机中所安装的软件。

step 3 此时，将显示所升级软件的下载进度。单击左下角图标。

step 4 打开已下载软件列表，并显示该软件下载的详细信息。

12.3.4 下载影视内容

下面介绍在"豌豆荚手机精灵"软件中下载影视内容的方法。

【例 12-6】在"豌豆荚手机精灵"中，下载影视内容。

step 1 启动豌豆荚手机精灵软件，选择【更多内容】选项卡，单击【V电影】图标。

step 2 打开【V电影】窗口，单击【搞笑】按钮。

step 3 在打开的视频窗口中，单击视频下方对应的【视频下载】按钮。

step 4 单击左下角的图标，打开下载列表，显示该视频下载进度。

12.4 "刷机精灵"软件

刷机精灵是由深圳瓶子科技有限公司推出的一款运行于 PC 端的 Android 手机一键刷机软件，能够帮助用户在简短的流程内快速完成刷机升级。刷机精灵是最受用户欢迎的安卓一键刷机软件，采用无忧式一键自动刷机。刷机不再是资深手机玩家的专利，普通用户即可轻松简单完成刷机。业界首创的刷机敢赔安全保障，也让刷机更安全放心。

12.4.1 备份手机数据

刷机精灵可以实现智能安装驱动，并告别繁琐操作，只须使用鼠标轻松地单击便可刷机。另外，在刷机过程中该软件可以通过云端发现刷机方案，并通过该方案进行安全可靠的刷机。刷机前需要备份手机数据，以免丢失信息。

【例 12-7】使用"刷机精灵"软件，备份手机数据。

step 1 启动刷机精灵软件，选择【实用工具】选项卡。

step 2 可以看到所包含的【系统还原】、【系统备份】、【资料备份】等相关工具。单击【资料备份】按钮。

step 3 打开【超级备份】对话框，等待软件进行连接。

step 4 打开【选择文件】对话框。选中需要备份的文件对应的复选框，单击【一键备份】按钮。

step 5 打开【开始备份】对话框。等待软件进行备份，可查看备份进度。

step 6 打开【完成】对话框，显示备份成功，单击【关闭】按钮。

12.4.2　还原手机数据

备份完资料后，即可利用备份软件，还原所备份的资料。

【例 12-8】使用"刷机精灵"软件，还原手机数据。

step 1 启动刷机精灵软件，选择【实用工具】选项卡。

step 2 打开【实用工具】窗口，单击【资料还原】按钮。

step 3 打开【超级备份】对话框，等待软件进行连接。

step 4 打开【选择文件】对话框。选中需要还原的文件对应的复选框，单击【一键恢复】按钮。

step 5 打开【开始恢复】对话框。等待软件进行恢复，用户可查看恢复进度。

step 6 打开【恢复成功】对话框，单击【关闭】按钮。

知识点滴

刷机精灵软件可以将危险降至最低，具有一键备份、还原系统功能，可安全引擎扫描，杜绝病毒或流氓软件入侵。

12.5 案例演练

本章的实战演练部分介绍使用卓大师刷机和使用刷机精灵 Root 手机的综合实例操作，用户通过练习从而巩固本章所学知识。

12.5.1 使用卓大师刷机

卓大师(刷机专家)，是由软件应用开发团队 OPDA 继安卓优化大师之后又开发出的一款 PC 端软件。该软件定位为一款运行于 PC 端的 Android 手机刷机辅助工具。该软件可以通过手机与计算机 PC 的连通识别手机型号及系统信息，快速确定刷机方案。用户无须懂得刷机知识，只需简单按照引导提示单击下一步，即可完成刷机。

【例 12-9】使用卓大师刷机。

step 1 使手机保持正常的开机状态，数据线连接至计算机。手机成功连接计算机后，卓大师会自动显示手机的机型并判断手机是否具备刷机条件。

step 2 选择【刷机】选项卡，单击【请选择刷机包】按钮。

step 3 打开【打开】对话框，选择刷机包文件，单击【打开】按钮。

step 4 在执行刷机操作之前，要先备份手机用户数据和系统，选中【需要备份用户数据】、【需要备份系统】、【清空数据】、【清空缓存】复选框。单击【开始刷机】按钮。

step 5 卓大师(刷机专家)会进行刷机引导，并开始刷机，单击【下一步】按钮。

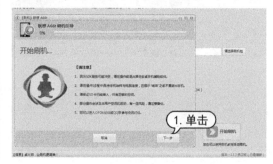

step 6 设置备份文件存放路径，单击【下一步】按钮，卓大师(刷机专家)开始备份数据。

step 7 打包备份数据完成后，会问用户是否查看备份文件，取消选中【如果手机的安全锁状态已知或已进行HTC官方解锁，请勾选此选择框以略过安全锁检查】复选框。(主要针对HTC手机。)单击【下一步】按钮。

step 8 卓大师(刷机专家)会先检查环境和设置，之后拷贝资源到SD卡中，单击【下一步】按钮。

step 9 最后卓大师(刷机专家)会设置启动环

境，完成后手机会自动重启进行刷机操作。下面就耐心等待手机刷机完成。刷机完成后，手机会自动重启，第一次开机会很慢，请耐心等待。为安全起见，请等待刷机完成后，再关闭卓大师。

12.5.2 使用刷机精灵 Root 手机

安卓手机的 Root 即为获取最高的权限，5 计算机获取超级管理员类似。手机没 Root 之前，用户以一个使用者的身份使用此部手机。只能被动地使用里面的一些功能，或者在不影响系统全局的情况下安装一些新的程序。

而 Root 之后就变成了一个开发者的身份。就可以深入地编辑手机了。

除此之外 Root 之后手机还有如下作用。

➢ Root 之后可以刷机，更换手机的系统，使用自己喜欢的系统。

➢ Root 之后可以使用屏幕截图(很多截图软件需要获取 root 权限)。

➢ Root 之后可以最主要的是可以删除系统自带的软件。

➢ ROOT 之后还可以更改游戏，可以使用修改器来修改。

➢ Root 之后安装应用也方便得多。例如，使用手机豌豆荚下载软件时，可自动安装。

【例 12-10】使用刷机大师 Root 手机。

step 1 启动刷机精灵软件，选择【实用工具】选项卡。

step 2 打开【实用工具】窗口，单击【一键Root】按钮。

step 3 打开【Root精灵】对话框，单击【立即进入】按钮。

step 4 软件开始连接手机，自动进行Root。

step 5 稍等片刻即可完成Root，完成获取Root权限。